厚德博學

經濟匡時

U0293798

匡时 统计学系列

回归分析

——概念、方法和应用

王黎明 等 编著

上海财经大学出版社

图书在版编目(CIP)数据

回归分析:概念、方法和应用/王黎明等编著. —上海:上海财经大学出版社,2019.8
ISBN 978 - 7 - 5642 - 3245 - 0/F. 3245

Ⅰ.①回… Ⅱ.①王… Ⅲ.①回归分析 Ⅳ.①O212.1

中国版本图书馆 CIP 数据核字(2019)第 064236 号

责任编辑　李嘉毅
封面设计　张克瑶
版式设计　朱静怡

回归分析——概念、方法和应用

著　作　者：王黎明 等编著
出版发行：上海财经大学出版社有限公司
地　　　址：上海市中山北一路 369 号(邮编 200083)
网　　　址：http://www.sufep.com
经　　　销：全国新华书店
印刷装订：上海叶大印务发展有限公司
开　　　本：787mm×1092mm　1/16
印　　　张：17.75
字　　　数：337 千字
版　　　次：2019 年 8 月第 1 版
印　　　次：2019 年 8 月第 1 次印刷
定　　　价：58.00 元

前　言

　　回归分析是统计学中一个非常重要的分支,是以概率论与数理统计为基础迅速发展起来的一种应用性较强的科学方法。它由一组探求变量之间关系的技术组成,作为统计学应用最广泛的分支之一,在社会经济各部门以及各个学科领域已得到广泛应用。随着我国社会主义现代化建设的发展,人们越来越认识到应用定量分析技术研究问题的重要意义。特别是近年来计算机及有关统计软件的日益普及,为在实际问题中进行大规模、快速、准确的回归分析运算提供了有力手段。在当今大数据环境下,回归建模又被赋予新的使命,就如吴喜之教授所说,机器学习方法已经全面更新了传统回归分析领域的格局,机器学习方法充分显示出其在回归预测上的优越性。在回归建模过程中,回归分析可以看作统计学习(Statistical Learning);在有因变量的前提下,回归分析可以看作指导学习(Supervised Learning);而在没有因变量的回归建模过程中,回归分析可以看作无指导学习(Unsupervised Learning)。

　　大数据时代的到来对回归分析提出了新的要求。现在认为,回归和分类的问题是相同的,仅区别于因变量的形式,最常见的是根据数据建立由自变量来预测因变量的模型,也就是说,用包含自变量和因变量的数据来训练一个模型,然后用这个模型拟合新的自变量的数据来预测新的因变量的值。为了适应新的统计学学科体系和财经类统计专业教学的需要,特别地,我们是以培养应用型人才为目标的应用型本科院校,坚持以提高学生整体素质为基础,以培养学生综合职业能力特别是创新能力和实践能力为主线,突出应用性的专业培养目标,我们决定编写回归分析教材。

　　本书写作的指导思想是:既要保持较为严谨的统计理论体系,又要努力突出实际案例的应用和统计思想的渗透,结合统计软件较全面系统地介绍回归分析的实用方法。为了贯彻这一指导思想,本书将系统介绍回归分析基本理论和方法。在理论上,本书叙述了经典的最小二乘理论,同时结合应用中出现的一些问题给出了对最小二乘估计的改进方法,主题是建立线性回归模型,评价拟合效果,并且得出结论。与此同时,本书也尽力结合中国社会、经济、自然科学等领域的研究实例,把回归分析方法与实际应用结合起来,注意定性分析与定量分析的紧密结合,努力把同行们以及我们在实践中应用回归分析的经验和体会融入其中。

　　本书可以作为应用型本科统计学、数据科学与大数据、数学以及经济学等专业的教材。学习本课程的学生需要熟悉概率论与数理统计的基础知识,也要具备微积分和线性代数等知识。本书以经典的最小二乘理论为基础,较全面地介绍了现代应用回归分析的基本理论和主要方法。全书共分为 11 章。第一章讨论了回归模型的主要任务和回归模型的建模过程;第二章详细介绍了一元线性回归模型,给出了未知参数的最小二乘估计以及极大似然估计,还讨论了一元线性回归模型的预测问题以及数据变换问题;第三章和第四章系统讨论了多元线性回归模型;第五章以残差为重要工具,讨论了回归模型的诊断问题;第六章讨论了有定性变量的回归模型;第七章讨论了回归模型的自变量选择问题,重点介绍较常用的自变量选择的准则和方法;第八章介绍了多重共线性数据在建立回归模型过程中遇到的问题及处理方法,给出了变量间的多重共线性诊断方法;第九章重点介绍了岭估计和主成分估计,同时介绍了其他有偏估计方法;第十章介绍了 Logistic 线性回归模型理论知识和模型建立方法;最后一章简单介绍了非线性回归模型,主要介绍广义线性模型。全书具体计算的实现可以使用 R 软件或 SAS 软件。

　　本书是上海财经大学浙江学院精品课程教材,在写作过程中得到了上海财经大学出版社的支持,大纲和书稿都经过多次认真讨论。本书是由回归分析课程建设团队共同完成的。其中,靳俊娇负责完成第一章;胡志明负责完成第二、三、四章;刘小峰负责完成第五、六章;奚欢负责完成第八、九、十章;孔晓瑞负责完成第十一章;王黎明负责完成第七章,并负责统稿工作。为能更好地完成此课程建设任务,回归分析课程建设团队付出了巨大的努力,每一章的内容都是在大家多次讨论后修改而成的。本书是我们多年教学和科研工作的积累,其中部分案例为体现其典型性而引用了他人的著作。在此,我们谨向对本书出版给予帮助的同行和朋友表示衷心的感谢。由于编者水平有限,在取材及结构上难免会存在不够妥当的地方,错误之处也在所难免,恳请同行专家和广大读者能给予我们宝贵的批评和建议。

王黎明等

2019 年 5 月

于上海财经大学浙江学院

目　录

第一章 回归分析的一般介绍

第一节 变量间的统计关系

在自然科学领域和社会经济领域中,始终存在着相互联系和相互制约的关系。一些现象的数量变化经常会伴随另一些现象的数量变化,我们希望借助统计分析方法来确定变量之间的关系,并探索其内在的规律性。人们在实践中发现,相互联系的现象之间、变量之间,其相互联系的方式及密切程度各不相同,但是总体上可以将各种类型的关系分为两类:一类是确定性的函数关系,另一类是不确定性的统计关系。

函数关系是指现象之间所存在的严格依存的、确定的关系,即一种现象的数量变化完全决定另一种现象的数量变化,这种关系可以通过精确的数学表达式来反映。例如,圆的面积与半径之间的关系就是一种函数关系。又如,某公司销售一批产品 6 万件,每件产品售价 500 元,则该公司的销售收入总额为 3 000 万元,即销售收入总额为 y,产品销量为 x,则变量 y 和 x 的关系可以表示为如图 1.1 所示的关系。

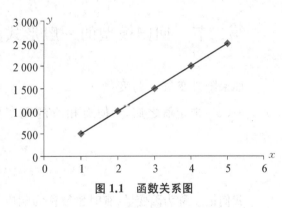

图 1.1 函数关系图

从这个例子可以看出,每给定一个 x,就有一个确定的 y 与之对应,即变量 y 与 x 之间完全表现为一种确定性的关系——函数关系。在实际问题中,这样的例子还有很多。比如,银行的存款利率为年息 2.48%,存入的本金用 x 表示,到期的本息用 y 表示,则 y 与 x 之间有函数关系,对于任意两个变量 y 与 x 的函数关系,可以表示为数学形式 $y = f(x)$。

变量之间除了上述函数关系外,还有更加复杂的不确定性关系。例如,教师的教学水平与学生的学习成绩之间存在密切关系。教师的教学水平越高,学生的学习成绩可能会越好;反之,教师的教学水平越低,学生的学习成绩可能会越差。但是,教师的教学水平并不能完全决定学生的学习成绩,因为学生的学习成绩还受学生的智力水平、努力程度、学校环境等诸多因素的影响。也就是说,教师的教学水平与学生的学习成绩虽然存在密切关系,但两者之间并不是确定性的函数关系。除了上述例子,像粮食产量与施肥量之间、广告费用与销售额之间、人的身高与体重之间等也属于不确定性关系。我们把以上概括为:变量 x 与变量 y 有密切关系,但是又没有密切到可以通过一个变量完全确定另一个变量的程度。它们之间是一种非确定性的关系,我们称这种关系为统计关系或相关关系。

应该指出的是,变量之间的函数关系和相关关系在一定条件下是可以互相转化的。本来具有函数关系的变量,当存在观测误差时,其函数关系往往以相关的形式表现出来;反之,如果能够把影响非确定现象的因素一一辨认出来,并全部纳入变量的依存关系式中,这时变量之间的相关关系就会向函数关系转化。另外,相关关系也具有某种变动规律性,所以,相关关系经常可以用一定的函数形式去近似地描述。函数关系可以用数学分析的方法去研究,而相关关系必须借助于统计学中的相关与回归分析方法。

回归分析就是讨论变量与变量之间的统计关系的一种统计方法。

第二节　回归模型的一般形式

如果随机变量 y 与变量 x_1, x_2, $\cdots$, x_p 之间具有统计关系,那么,每当 x_1, x_2, $\cdots$, x_p 取定值之后,y 便有相应的概率分布与之对应。它们之间的概率模型为:

$$y = f(x_1, x_2, \cdots, x_p) + \varepsilon \tag{1.1}$$

我们把 y 称为因变量(有时也被称为响应变量或被解释变量),x_1, x_2, $\cdots$, x_p 称为自变量(有时也称为预报变量或解释变量)。y 由两部分组成:一部分是由 x_1, x_2, $\cdots$, x_p 能够决定的部分,记作 $f(x_1, x_2, \cdots, x_p)$;另一部分是由众多未加考虑的因素(包括随机因素)所产生的影响,被看成随机误差,记作 ε。由于实际的经济现象是错综复杂的,有限的因素很难准确说明一个经济现象,再加上人们认识的局限性以及其他一些客观原因的限制,随机误差项代表了这些未能考虑进去的因素。回归分析中通常要求 ε 的数学期望为 0,它的出现使得变量之间关系的不确定性得以恰当体现;$f(x_1, x_2, \cdots, x_p)$ 称为 y 对 x_1, x_2, $\cdots$, x_p 的回归函数,或称作 y 对 x_1, x_2, $\cdots$, x_p 的均值回归函数。模型(1.1)称为回归模型的一般形式,它反映了变量之间既有联系又不确定的特点。

当模型(1.1)中的回归函数为线性函数时,即:

$$y = \beta_0 + \beta_1 x_1 + \beta_2 x_2 + \cdots + \beta_p x_p + \varepsilon \tag{1.2}$$

其中,β_0,β_1,$\cdots$,β_p 称为回归系数,β_0 称为截距项,它们一般是未知的,有时也称为模型的回归参数,这些未知参数可由样本数据确定(估计)。通常用希腊字母表示未知参数。这时,我们称(1.2)式为线性回归模型。

在实际应用中,β_0,β_1,$\cdots$,β_p 一般皆是未知的,为了应用,需要把它们估计出来。估计就需要样本数据,假设样本观测值为 x_{i1},x_{i2},$\cdots$,x_{ip};$y_i (i = 1, 2, \cdots, n)$,则线性回归模型可表示为:

$$y_i = \beta_0 + \beta_1 x_{i1} + \beta_2 x_{i2} + \cdots + \beta_p x_{ip} + \varepsilon_i \qquad i = 1, 2, \cdots, n \tag{1.3}$$

假设由这些数据给出了 β_0,β_1,$\cdots$,β_p 的估计值,分别记作 $\hat{\beta}_0$,$\hat{\beta}_1$,$\cdots$,$\hat{\beta}_p$,称:

$$y = \hat{\beta}_0 + \hat{\beta}_1 x_1 + \hat{\beta}_2 x_2 + \cdots + \hat{\beta}_p x_p \tag{1.4}$$

(1.4)式为经验回归方程。

为了估计模型参数,古典线性回归模型通常规定满足的基本假设有:

(1) 解释变量 x_1,x_2,$\cdots$,x_p 是确定性的变量,观测值 x_{i1},x_{i2},$\cdots$,x_{ip} 是已知的常数。

(2) 高斯-马尔可夫(Gauss‐Markov)条件(G‐M 条件):等方差及不相关的假定。

$$\begin{cases} E(\varepsilon_i) = 0, \ i = 1, 2, 3, \cdots, n \\ \mathrm{Cov}(\varepsilon_i, \varepsilon_j) = \begin{cases} 0, \ i \neq j \\ \sigma^2, \ i = j \end{cases} \end{cases}$$

(3) 正态分布的假定条件为:

$$\begin{cases} \varepsilon_i \sim N(0, \sigma^2) \\ \varepsilon_1, \varepsilon_2, \cdots, \varepsilon_n \ 相互独立 \end{cases}$$

(4) 通常为了便于数学上的处理,要求 $n > p$,即样本容量的个数大于解释变量的个数。

在整个回归分析中,线性回归模型最为重要:一是线性回归模型应用最广泛;二是只有在线性回归模型的假定下,才能得到比较深入和一般的结果;三是有许多非线性模型可以转化为线性回归模型。因此,线性回归模型的理论和应用是本书讨论的重点。

对线性回归模型,通常要讨论的统计问题有:

(1) 根据样本 x_{i1}, x_{i2}, $\cdots$, x_{ip}; $y(i=1, 2, \cdots, n)$,求出 β_1, β_2, $\cdots$, β_p 及方差 σ^2 的估计。

(2) 对回归方程及回归系数的种种假设进行检验。

(3) 根据回归方程进行预测和控制并进行实际问题的结构分析。

第三节　回归方程与回归名称的由来

回归分析是处理变量 x 与 y 之间关系的一种统计方法和技术。这里所研究的变量之间的关系是给定 x 的值,y 的值不能确定,只能通过一定的概率分布来描述。于是,我们称给定 x 时 y 的条件数学期望如下:

$$f(x) = E(y \mid x) \tag{1.5}$$

(1.5)式为随机变量 y 对 x 的回归函数,或称为随机变量 y 对 x 的均值回归函数。(1.5)式从平均意义上刻画了变量 x 与 y 之间的统计规律。在实际问题中,我们把 x 称为自变量,y 称为因变量。如果要由 x 预测 y,就是要利用 x 和 y 的观察值,即由样本观测值 (x_1, y_1), (x_2, y_2), $\cdots$, (x_n, y_n) 来建立一个公式,当给定 x 值后,就代入此公式中,算出一个 y 值,这个值就称为 y 的预测值。如果要建立这个公式,我们就需要从样本观测值出发,观察样本点在平面直角坐标系中的分布情况。如果样本点基本上分布在一条直线的周围,那么就可以用线性回归函数来刻画 x 与 y 之间的关系,相应的解释变量前面的系数称为回归系数。

特别地,当(1.5)式为一元线性函数时,即:

$$E(y \mid x) = \beta_0 + \beta_1 x \tag{1.6}$$

(1.6)式称为一元线性回归方程。其中,β_0 是直线在 y 轴上的截距,是当 x 等于 0 时 y 的期望值;β_1 是直线的斜率,表示 x 变动一单位时,y 的平均变动值。

"回归"一词是由英国著名统计学家弗朗西斯·高尔顿(Francis Galton, 1822—1911)首先提出来的。高尔顿主要致力于生物遗传问题的研究。为了研究父代身高与子代身高的关系,高尔顿和他的学生、现代统计学的奠基者之一 K.皮尔逊(K. Pearson, 1856—1936)观察了 1 078 对夫妇,以每对夫妇的平均身高作为 x,取他们的一个成年儿子的身高作为 y,将结果在平面直角坐标系上绘成散点图,如图 1.2 所示。研究发现，该趋势近乎一条直线，得到的回归直线方程为 $\hat{y} = 33.73 + 0.516x$。这一回归方程表明，通常父母的平均身高 x 每增加一单位，其成年儿子的身高 y 平均增加 0.516 单位。这个结果表明，虽然高个子父辈确有生高个子儿子的趋势，但父辈身高增加一单位，儿子身高仅增加半单位左右；反之，矮个子父辈确有生矮个子儿子的趋势，但父辈身高减少一单

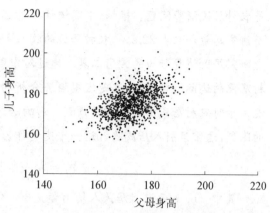

图 1.2　父母平均身高及其成年儿子身高的散点图

位，儿子身高仅减少半单位左右。通俗地说，一群特高个子父辈的儿子们在同龄人中平均仅为高个子，一群高个子父辈的儿子们在同龄人中平均仅为略高个子，一群特矮个子父辈的儿子们在同龄人中平均仅为矮个子，一群矮个子父辈的儿子们在同龄人中平均仅为略矮个子，即子代的平均身高向中心回归了。正是因为子代的身高有回到同龄人平均身高的这种趋势，才使人类的身高在一定时间内相对稳定，没有出现父辈个子高其子女更高，父辈个子矮其子女更矮的两极分化现象。这个例子生动地说明了生物学中"种"的概念的稳定性。为了描述这种有趣的现象，高尔顿提出用"回归"这个词来描述父母身高 x 和儿女身高 y 之间的关系。尽管"回归"这个名词的由来有特定的含义，其最初也只是在很窄的领域中应用，但随着计算机技术的发展，回归分析在生物、医学、农业、经济、金融、管理、社会等领域有了更为广泛的应用。在大量问题的研究中，变量 x 与 y 之间的关系并个总是具有这种"回归"的含义，使用"回归"一词将变量 x 与 y 之间的统计关系进行量化的方法与分析称为"回归分析"更多是对弗朗西斯·高尔顿的纪念。

第四节　回归分析的应用举例

回归分析提供了建立变量之间函数关系的简便方法，是应用最广泛的统计工具之一，已经广泛应用于很多学科领域。本节将给出一些例子，以说明回归分析在现实生活中的广泛应用。

例 1.1　农村居民消费

中国的居民消费率长期以来处在较低水平，最近十年更是降到了 40% 以下。因此，对于中国居民消费率偏低问题的研究就成了研究中国消费问题的主流内容，尤其

是农村居民消费问题。根据《中国统计年鉴 2014》，2013 年中国农村人口占 46.27%，而消费总量却只占 22.2%，农村居民的收入和消费是一个值得研究的问题。消费模型是研究居民消费行为的常用工具。通过对中国农村居民消费模型的分析，可以判断农村居民的边际消费倾向，这是宏观经济分析的重要参数。同时，农村居民消费模型也能用于对农村居民消费水平的预测。影响居民消费的因素有很多，但由于受各种条件的限制，通常只引入居民收入这一个变量作为解释变量，即消费模型设定为：

$$Y_t = \beta_0 + \beta_1 X_t + \varepsilon_t$$

其中：Y_t 表示农村居民人均消费支出，X_t 表示农村居民人均纯收入，ε_t 为随机误差项。

例 1.2   中国税收增长

改革开放以来，随着经济体制改革的深化和经济的快速增长，中国的财政收支状况发生了很大变化。1978 年中央和地方的税收收入为 519.28 亿元，到 2013 年已增长到 110 530.70 亿元，36 年间增长了 212 倍，平均每年增长 7.6%。为了研究影响中国税收收入增长的主要原因、分析中央和地方税收收入的增长规律、预测中国税收未来的增长趋势，需要建立回归模型。

影响中国税收收入增长的因素很多，但据分析，主要因素可能有：(1) 从宏观经济看，经济整体增长是税收增长的基本源泉；(2) 税收收入是财政收入的主体，社会经济的发展和社会保障体系的完善等都对公共财政提出要求，因此，对预算支出所表现的公共财政的需求对当年的税收收入可能会有一定的影响；(3) 物价水平；(4) 税收政策因素。从以上几个方面可以分析各种因素对中国税收增长的具体影响，回归模型可以设定为：

$$Y_t = \beta_0 + \beta_1 X_{1t} + \beta_2 X_{2t} + \beta_3 X_{3t} + \varepsilon_t$$

其中：Y 表示税收收入，X_1 表示国内生产总值，X_2 表示财政支出，X_3 表示商品零售价格指数。

例 1.3   慕尼黑租金指数

为了给承租人和房东提供"社区标准租金"的市场行情，德国的许多城市和社区建立了租赁指数。平均租金取决于公寓各方面的条件，因而构成了典型的回归问题。我们用净租金，即每月的租赁价格作为因变量，也可以用单位面积的租金作为因变量，数据来源于 1999 年的慕尼黑租赁指数。慕尼黑当前的租赁指数以及相关的资料可以在相关网站①上查到，目的是建立解释变量(社区环境、房屋建造日期、房屋位置等)对净租金或单位面积租金的影响。我们用简化模型来说明这个问题，这就使得回归的结果

---

①   www.mietspiegel.muenchen.de.

与官方租赁指数不一致。回归模型可以设定为：

$$rentsqm_i = \beta_0 + \beta_1 \cdot (1/area_i) + \beta_2 yearc_i + \beta_3 glocation_i$$
$$+ \beta_4 bath_i + \beta_5 kitchen_i + \beta_6 cheating_i + \varepsilon_t$$

其中：$rentsqm$ 表示公寓的单位面积租金，$area$ 表示公寓的居住面积，$yearc$ 表示公寓的建造年份，$glocation$ 表示公寓的位置，$bath$ 表示公寓浴室的类型，$kicthen$ 表示公寓厨房的类型，$cheating$ 表示公寓的集中供暖系统状况。各变量赋值的详细含义见表 1.1。

表 1.1　各变量赋值表

变　量	赋值	含　　义	变　量	赋值	含　　义
	2	公寓的位置非常理想	*kitchen*	1	公寓有独立厨房
glocation	1	公寓的位置很理想		0	公寓没有独立厨房
	0	公寓的位置一般		1	有集中供暖系统
bath	1	公寓有独立浴室	*cheating*	0	没有集中供暖系统
	0	公寓没有独立浴室			

例 1.4　欧洲主权债务危机对广东出口贸易的影响分析

2009 年 12 月，全球三大评级公司下调希腊主权评级，欧洲主权债务危机被点燃。2010 年随着希腊、爱尔兰、葡萄牙主权债务危机的升温，债务危机开始从欧元区外围国家向核心国家蔓延，进而发展成为制约并影响欧洲乃至全世界经济复苏的一场"债务风暴"。作为中国第一大出口目的市场的欧盟，其债务危机必然会对中国经济产生影响，尤其是对严重依赖欧美市场的广东出口贸易产生冲击。为了研究欧洲主权债务危机对广东省出口贸易产生的影响，可以建立如下二项 Logistic 线性回归模型：

$$\ln\left[\frac{P(x)}{1-P(x)}\right] = \beta_1 + \beta_1 X_1 + \beta_2 X_2 + \beta_3 X_3 + \beta_4 X_4 + \beta_5 X_5$$

其中：X_1 表示欧元区 17 个成员的月度 GDP 总量，X_2 表示欧元区 17 个成员的月度平均失业率，X_3 表示欧洲央行公布的欧元区的月度 M_3 的供应量，X_4 表示中国外汇交易中心公布的欧元兑换人民币的汇率，X_5 表示欧元区 17 个成员按月度统计的到期政府债务总量；P 表示欧洲债务危机对广东出口贸易的影响，其中，广东出口贸易正常增长 $P \in (0, 0.6) = 1$；广东出口贸易受到影响 $P \in (0, 6.1)$。

例 1.5　大学生寝室人际关系

随着社会的不断进步，人际关系更趋向于社会化，而寝室作为学生学习和生活的重要场所，已成为大学生步入社会前的交往"预演"。培养良好的寝室人际关系不仅有利于大学生的生活、学习,而且有利于培养大学生良好的生活习惯和健全的心理素质,对大学生价值观念和处世哲学的形成有着深远的影响。可是,现实中因寝室人际关系问题引发的悲剧令我们触目惊心。为了探究当前大学生寝室人际关系满意度的高低、引发内部矛盾的主要诱因,以及家庭环境、生活环境等因素是否对寝室人际关系满意度有影响,上海财经大学浙江学院组织开展了大学生寝室关系满意度调查(该作品荣获 2014 年"全国第四届市场调查大赛大陆地区决赛"一等奖)。

本研究中的因变量是有序变量,它的取值有 5 个类别,分别为"非常不满意""不满意""一般""满意"和"非常满意",所以,可建立下列有序数据的 Logistic 回归模型来分析影响寝室人际关系满意度的因素:

$$\ln\left(\frac{\sum\limits_{i=1}^{j}\pi_i}{1-\sum\limits_{i=1}^{j}\pi_i}\right)=a_j-\sum_{k=1}^{11}b_kx_k \qquad j=1,\,2,\,3,\,4$$

其中:π_1、π_2、π_3、π_4、π_5 分别表示因变量 y 取值为"非常不满意""不满意""一般""满意"和"非常满意"的概率,x_k 为本研究中的 11 个预测变量,a_j 和 b_k 为回归参数。

第五节　建立实际回归模型的过程

为了使读者对回归分析的建模过程有一个整体印象,我们先用流程图显示建立回归模型的过程(见图 1.3)。

一、实际问题陈述

回归分析的建模过程通常是从对实际问题的陈述开始的,也就是要确定需要分析研究的具体问题。对实际问题的陈述是回归建模的第一步,也是最重要的一步。这是因为,如果我们没有把要研究的实际问题陈述清楚,就会导致选择错误的变量集、统计分析方法或者模型。例如,我们想知道一家公司是否存在歧视女性员工的现象,可以利用该公司的薪酬、员工性别及资历等数据来研究就业歧视的问题。不同的文献关于就业歧视的定义不同,平均来看,若(1) 女性的薪酬低于同等工作能力的男性或(2) 女性比拿同样薪酬的男性有更强的工作能力,就可以认为出现了性别歧视。要回答问题(1),我们就应该把薪酬作为被解释变量,把资历和性别作为解释变量;要回答问题(2),我们就应该将资历设定为被解释变量,将薪酬和性别作为解释变量。由此可见,同样的问题,提法不同,导致变量在回归分析中的作用不同。

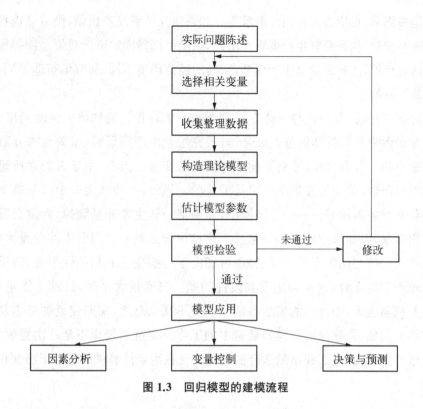

图 1.3　回归模型的建模流程

二、依据研究目的,选择相关变量

回归分析模型主要是揭示所研究对象系统中相关变量之间的数量关系,这就需要在确定研究对象及研究目的的基础上,选择恰当的变量描述所研究的事物及其各主要影响因素,然后根据各变量之间的关系确定其性质。例如,在研究居民消费问题时,用居民消费支出作为衡量消费水平的变量,即因变量。此外,依据消费理论,居民收入是影响居民消费支出最主要的因素,那么,我们可以居民可支配收入作为自变量。

通常情况下,我们希望因变量与自变量之间具有因果关系。一般先定"果",再寻"因"。尤其是在研究某种经济活动或经济现象时,我们必须根据具体经济现象的研究目的,利用经济学理论,从定性角度来确定某种经济问题中各因素之间的因果关系。在计量经济学中,前者被称为"内生变量"或"被解释变量",后者被称为"外生变量"或"解释变量"。变量的正确选择关键在于正确把握所研究的经济活动的经济学内涵。这就要求研究者对所研究的经济问题及其背景有足够的了解。例如,在建立产出回归模型时,需要考虑到供求关系。如果供给不足,则影响产出量的应该是投入因素,这时的自变量一般是劳动、资本、技术等;如果需求不足,则影响产出量的应该是需求因素,主要是消费需求、投资需求和出口需求等。如果研究消费品产出量,则应该选择居民收入作为自变量;如果研究生产资料产出量,则应该选择固定资产投资总额等作为自变量。由此可见,同样是建立生产模型,所处的经济环境不同、研究的行业不同,变量的选择是不同的。

在选择变量时,要注意与一些专门领域的专家合作。例如研究金融模型时,就要与一些金融专家和具体业务人员合作;研究粮食生产问题时,就要与农业部门的一些专家合作。只有这样,才有可能选择恰当的变量。当然,由于人们对所研究问题认识的局限性,确定的变量不一定是最佳的。另外,不要认为一个回归模型所涉及的解释变量越多越好。一个经济模型,如果把一些主要变量漏掉,肯定会影响模型的应用效果,但如果细枝末节一起进入模型也未必就好。当引入的变量太多时,可能选择了一些与问题无关的变量,还可能由于一些变量的相关性很强,所反映的信息有较严重的重叠,这就会出现共线性问题。当变量太多时,计算工作量太大,计算误差积累也大,估计出的模型参数精度就不高。总之,回归变量的确定是一个非常重要的问题,是建立回归模型最基本的工作。变量的选择不是一次完成的,往往要经过多次反复,最终找出最适合的变量。这在当今计算机的帮助下已变得不太困难了。

三、收集、整理统计数据

在实际问题的定量研究中,样本数据往往是证明观点的证据,是我们透过大千世界的外在表现形式来探求其运行规律与本质的基础。样本数据的收集与整理是建立回归分析模型过程中最为费时费力的工作,也是对模型质量影响极大的一项工作。样本数据的质量如何,对回归模型的有效性有至关重要的影响。

常用的样本数据有三类:时间序列数据、横截面数据和面板数据。

时间序列数据是一批按时间先后顺序排列的统计数据,如历年来的国内生产总值、人均消费支出、居民存款,一般由统计部门提供,在建立回归模型时应充分利用,以减少收集数据的工作量。在利用时间序列数据作样本时,要注意以下几个问题:一是样本数据在不同样本点之间的可比性问题,如历年的国民收入数据是否按可比价格计算。中国在改革开放前,几十年物价不变,而从 20 世纪 80 年代初开始,物价变动几乎是直线上升。那么,你所获得的数据是否具有可比性? 这就需认真考虑。二是样本观测值过于集中的问题。如果样本数据过于集中或时间过短,则用此数据建立的回归模型可能不能反映经济变量之间的真实结构关系,这时应适度增大样本观测区间。三是模型随机误差项的序列相关问题。用时间序列数据作样本,容易引起模型随机误差项序列相关的问题。

横截面数据是一批在同一时间截面上收集的统计数据,如同一年全国各大中城市的物价指数、社会消费品零售总额、人口普查数据等。当用截面数据作样本时,应注意以下两个问题:一是样本与母体的一致性问题。回归模型的参数估计,从数学上讲,是用从母体中随机抽取的个体样本估计母体的参数,那么,要求母体与个体必须是一致的。例如,估计煤炭企业的生产函数模型,只能用煤炭企业的数据作为样本,不能用煤炭行业的数据。二是模型随机误差项的异方差问题。一个回归模型往往涉及众多解释变量,如果其中某一个因素或一些因素随着解释变量观测值的变化而对被解释变量产生不同影响,就会产生异方差性。

面板数据是同时在时间和截面上取得的二维数据,它是截面数据和时间序列数据综合起来的一种数据类型,是指对若干个体在不同时间点上进行重复观察得到的数据。从横截面看,面板数据是由若干个体在某一时间点构成的横截面观测数据;从纵剖面看,每一个个体都是一个时间序列。例如,2009—2013 年我国 15 个省市的地区生产总值数据如表 1.2 所示。

表 1.2　2009—2013 年我国东北、华北、华东地区生产总值　　单位:亿元

地区 \ 年份	2009	2010	2011	2012	2013
北　京	12 153.03	14 113.58	16 251.93	17 879.40	19 500.56
天　津	7 521.85	9 224.46	11 307.28	12 893.88	14 370.16
河　北	17 235.48	20 394.26	24 515.76	26 575.01	28 301.41
山　西	7 358.31	9 200.86	11 237.55	12 112.83	12 602.24
内蒙古	9 740.25	11 672.00	14 359.88	15 880.58	16 832.38
辽　宁	15 212.49	18 457.27	22 226.70	24 846.43	27 077.65
吉　林	7 278.75	8 667.58	10 568.83	11 939.24	12 981.46
黑龙江	8 587.00	10 368.60	12 582.00	13 691.58	14 382.93
上　海	15 046.45	17 165.98	19 195.69	20 181.72	21 602.12
江　苏	34 457.30	41 425.48	49 110.27	54 058.22	59 161.75
浙　江	22 990.35	27 722.31	32 318.85	34 665.33	37 568.49
安　徽	10 062.82	12 359.33	15 300.65	17 212.05	19 038.87
福　建	12 236.53	14 737.12	17 560.18	19 701.78	21 759.64
江　西	7 655.18	9 451.26	11 702.82	12 948.88	14 338.50
山　东	33 896.65	39 169.92	45 361.85	50 013.24	54 684.33

数据来源:《中国统计年鉴 2014》。

在实际收集数据时,应该收集多少才好呢? 通常为了使模型的参数估计更有效,要求样本容量的个数大于解释变量的个数。因为当样本容量的个数小于解释变量的个数时,普通最小二乘法失效。按照英国统计学家肯德尔的说法,样本容量应该是解释变量个数的 10 倍,但在许多实际问题中,这是无法满足的。通常情况下,我们应尽可能多地收集样本数据。数据收集到之后,有些数据需要经过预处理之后才能使用,如折算、差分、对数变换、标准化、缺失数据处理和异常数据处理等。

四、构造理论模型

收集、整理所设置的变量的数据之后,就要选择适当的数学形式来描述这些变量之间的关系,即建立理论模型。首先要研究所讨论问题的机理,根据其机理确定理论模型。在建立经济回归模型的时候,通常要依据经济理论和一些数理经济学结果。在数理经济学中,已经对常用的生产函数、需求函数、消费函数、投资函数进行了广泛研究,借用这些理论研究成果,我们在公式中增加随机误差项,就可以把问题转化为用随机数学工具处理的回归模型。例如,20 世纪 30 年代初美国经济学家根据历史数据提出的柯布-道格拉斯生产函数,确切地表达为:

$$y = ak^{\alpha}l^{\beta}$$

其中: a 表示综合技术水平, α 和 β 分别为资本 k 和劳动 l 对产出 y 的弹性。

但是,计量经济学的观点认为,变量之间的关系并不像上面表达的那样精确,而是有随机偏差的,若记随机偏差为 u ,则上式变为:

$$y = ak^{\alpha}l^{\beta}u$$

对上式两边取对数,就变成如下的线性回归模型:

$$\mathrm{Ln}(y) = \mathrm{Ln}(a) + \alpha \mathrm{Ln}(k) + \beta \mathrm{Ln}(l) + \mathrm{Ln}(u)$$

此外,也可以根据变量的样本数据做出被解释变量与解释变量之间的散点图,根据散点图显示的变量之间的函数关系构造理论模型。如果样本点大致分布在一条直线的周围,就可以考虑用线性回归模型作为其模型的基本形式描述变量之间的数量依存关系;也可以研究目的为导向建立回归模型的理论形式,这时模型的确定主要取决于研究者的主观看法和经验。

在某些情况下,如果无法事先根据所获信息确定模型的数学形式,那么就采用各种可能的形式进行计算机模拟,然后选择模拟效果较好的一个作为理论模型。

五、模型参数的估计

收集整理数据和确定模型之后,接下来就是利用样本数据估计模型中的未知参数,也称为参数估计或模型拟合。参数估计方法有很多,如普通最小二乘法、极大似然法、岭回归法、主成分法、偏最小二乘法等。其中,最常用的估计方法是最小二乘法,它是参数估计方法的基础。这里要说明的是,当变量及样本较多时,计算量会很大,这时我们只有依靠计算机才能得到准确的结果。目前,用于模型参数估计的计算机软件很多,如 SPSS、Minitab、Eviews 和 SAS 等。

六、模型的检验和修改

在模型的参数估计量已经得到后,可以说一个回归模型已经初步建立起来了。但是,它能否客观揭示所研究的现象中诸因素之间的关系,能否付诸应用,还要通过假设检验来确定。

假设检验主要包括拟和优度检验、回归参数的显著性检验、回归方程的显著性检验、随机误差项的序列相关性检验、异方差检验、解释变量的多重共线性检验等。

如果一个回归模型没有合理的实际意义,或者有合理的实际意义,但是某种假设检验不显著时,就需要对回归模型进行修改。模型的修改有时要从变量是否合理设置开始,是否遗漏了某些重要的变量,变量之间是否具有很强的相关性,样本量是否太少,理论模型是否合适。譬如某个问题,本应用曲线方程去拟合,而我们误用直线方程去拟合,此时就需要重新构造理论模型。因此,模型的建立往往需要反复多次修改完成。

此外,我们还应该注意到,回归模型的有效性依赖于某些假设,通常是指对数据和模型的假设。对分析和结论的准确性至关重要的是这些假设条件是否满足。因此,在使用所估计的模型做分析之前,需要考察特定的假设是否成立。对假设的考察,通常需要针对以下几个问题:

(1) 模型的建立需要哪些假设?

(2) 如何验证每一个假设是否满足?

(3) 当一个或更多假设不成立时,如何选择合适的方法进行调整?

七、回归模型的应用

建立了一个合理的回归模型后,就可以用它来进行结构分析、预测和控制等。

结构分析是直接利用回归模型的回归参数来说明变量之间的数量关系。例如,研究消费问题时建立的消费支出与居民可支配收入之间关系的线性回归模型,如果回归参数是 0.8,就说明居民可支配收入每增加一单位,消费支出平均增加 0.8 单位。

如果相关变量是可以控制的,就可以通过对自变量的影响来施加对因变量的控制,从而达到我们的目的。例如,某公司年底想做促销活动,利用媒体做广告,但是到底应该投入多少广告费才能使销量达到 10 000 件？依据该公司的相关历史数据，建立的销售量 y 与广告费用 x（万元）的回归模型为 $y=20x$，则据此模型可知，如果要使销量达到 10 000 件，广告费用投入量应该是 500 万元。

回归模型是利用以往的数据寻找出来的变化规律，如果这种规律可以延续到未来，就可以通过自变量的未来估计值预测因变量的可能结果。例如，某公司依据相关历史数据建立的销售量 y 与广告费用 x（万元）的回归模型为 $y=20x$，则据此模型可知，如果该公司新一年的广告费用预算是 500 万元，那么该年销售量的预测值就是 10 000（件）。

回归分析可以看作一个循环过程。在这个过程中，回归输出的结果又用于回归诊断、假设检验、模型选择，并且有可能修正回归输入。这可能需要重复多次，直至得到满意的输出结果，即得到的模型满足假定并且与数据拟合得很好。上述过程可以由图1.4 表示。

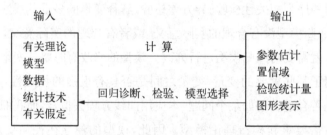

图 1.4　回归分析的循环过程

在回归模型的应用中，我们还强调定性分析和定量分析的有机结合。这是因为数理统计方法只是从事物外在的数量方面去研究问题，不涉及事物质的规律性。单纯的数量关系是否反映事物的本质？该本质究竟如何？必须依靠专门学科的研究才能下定论。所以，在经济问题的研究中，我们不能仅凭样本数据估计的结果就不加分析地下定论，而必须把参数估计的结果与具体经济问题以及现实情况紧密结合，这样才能保证回归模型在经济问题研究中的正确运用。

 小结

本章主要介绍了一般回归模型的定义以及它的特殊情况——线性回归模型，接着讨论了回归分析的一些实例，最后讨论了回归模型的主要任务和回归模型的建模过程。

 习题一

1. 变量之间不确定的统计关系与函数关系的区别是什么？

2. 下列变量中,哪些可以看作被解释变量,哪些可以看作解释变量? 请说明:

(1) 汽车中的汽缸数和汽油消耗量。

(2) 某种商品的供应和需求。

(3) 公司的资产、股票的回报及净销售额。

(4) 赛跑的距离、跑完全程的时间及赛跑时的天气状况。

(5) 人的体重、是否吸烟、是否得肺癌。

(6) 孩子的身高、体重,父母的身高、体重,孩子的年龄和性别。

3. 下面列出了若干对被解释变量和解释变量,对于每一对变量,它们之间的关系如何? 是正的、负的,还是无法确定? 也就是说,其斜率是正还是负,或者无法确定符号? 请说明理由。

被解释变量	解释变量
(1) GNP	利率
(2) 个人储蓄	利率
(3) 粮食产量	降雨量
(4) 美国国防开支	苏联国防开支
(5) 篮球明星得分数	年薪
(6) 学生高等数学成绩	高考理科总成绩
(7) 日本汽车进口量	美国人均国民收入

4. 线性回归模型的基本假设是什么?

5. 回归模型有哪些方面的应用?

6. 收集、整理数据包括哪些内容?

7. 建立回归模型的步骤是什么?

8. 为什么要对回归模型进行检验?

9. 为什么强调运用回归分析研究经济问题要定性分析与定量分析相结合?

第二章　一元线性回归分析

第一节　引言

在现实社会经济现象中，某一事物总会受多方面因素的影响。在实际研究问题时，我们经常需要研究某一现象与影响它的某一因素的关系。比如，影响居民家庭消费的因素很多，但是在众多因素中，家庭可支配收入无疑是一个主要因素。进一步研究会发现，两者之间的关系表现为近似线性相关关系，绘制出的散点图的样本点分布在一条直线附近，为此，需要拟合一元线性回归方程来反映两者之间的数量关系，同时需要进行一元线性回归分析。

一元线性回归主要是研究一个响应变量 Y（因变量、被解释变量）和一个预测变量 X（自变量、解释变量）之间的统计关系（回归模型），也称为一元线性回归模型（简单线性回归模型）。利用这种统计关系，在一定的置信度下，由自变量的取值去预测响应变量的取值。本章只考虑一个自变量，主要是判断自变量对响应变量的影响是否显著，同时根据自变量的取值进行预测。

第二节　一元线性回归模型

一、总体回归模型

例 2.1　某小区调查了 100 个家庭的每月收入与消费支出，数据如表 2.1 所示，旨在研究该小区每月家庭消费支出 Y 与每月家庭可支配收入 X 之间的关系，即如果知道了家庭的月收入，能否预测该小区家庭的平均月消费支出水平？

随着家庭收入的增加，其平均消费支出也增加。但是对一个收入水平来说，不同家庭的消费支出不完全相同，即给定 X 值后，Y 的取值是不确定的，它是一个随机变量。但给定收入水平 X，消费支出 Y 的分布是确定的。根据该条件分布，我们可以计算出某收入水平下家庭消费支出的条件均值（如图 2.1 所示）。通过散点图可以看出，

表 2.1 某小区家庭每月收入与消费支出统计表

	每月家庭可支配收入 X（元）									
	800	1 200	1 400	1 700	2 000	2 300	2 600	2 900	3 200	3 500
每 月 家 庭 消 费 支 出 Y（元）	561	638	869	1 023	1 254	1 408	1 650	1 969	2 090	2 299
	594	748	913	1 100	1 309	1 452	1 738	1 991	2 134	2 321
	627	814	924	1 144	1 364	1 551	1 749	2 046	2 178	2 530
	638	847	979	1 155	1 397	1 595	1 804	2 068	2 266	2 629
		935	1 012	1 210	1 408	1 650	1 848	2 101	2 354	2 860
		968	1 045	1 243	1 474	1 672	1 881	2 189	2 486	2 871
			1 078	1 254	1 496	1 683	1 925	2 233	2 552	
			1 122	1 298	1 496	1 716	1 969	2 244	2 585	
			1 155	1 331	1 562	1 749	2 013	2 299	2 640	
			1 188	1 364	1 573	1 771	2 035	2 310		
			1 210	1 408	1 606	1 804	2 101			
				1 430	1 650	1 870	2 112			
				1 485	1 716	1 947	2 200			
							2 002			
$E(Y \mid X_i)$	605	825	1 045	1 265	1 485	1 705	1 925	2 145	2 365	2 585

虽然不同家庭的消费支出存在差异,但就平均值而言,随着收入的增加,家庭消费支出也在增加,即 Y 的条件均值 $E(Y \mid X)$ 几乎在一条直线上,我们把这条直线称为总体回归线。基于此回归线,可以得到 Y 和 X 的相关关系的表达式。

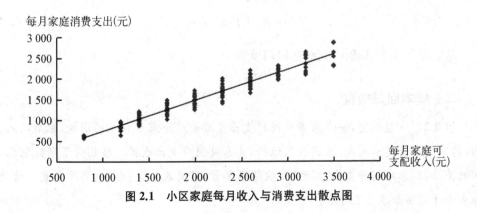

图 2.1 小区家庭每月收入与消费支出散点图

在给定解释变量 X_i 的条件下,被解释变量 Y_i 的期望轨迹称为总体回归线(Population Regression Line),其相应的函数为:

$$E(Y \mid X_i) = f(X_i) \tag{2.1}$$

(2.1)式称为总体回归函数(PRF)。

例 2.1 中,居民消费支出是可支配收入的线性函数,即:

$$E(Y \mid X_i) = \beta_0 + \beta_1 X_i \tag{2.2}$$

其中:β_0、β_1 是未知参数。β_0 称为回归常数,是模型的初始值,即 X 为 0 时 Y 的取值。从数学角度看,β_0 就是直线方程的截距(Intercept);β_1 称为回归系数(Regression Coefficients),表明解释变量 X 每增加一单位引起被解释变量 Y 的平均增减值,也就是直线方程的斜率(Slope)。

总体回归函数描述了所考察总体的家庭平均消费支出水平。但对某一个别家庭,其消费支出可能与该平均水平有偏差。其原因是,消费支出的变动不但受收入变动的影响,而且受其他随机因素的影响,如家庭的消费习惯、银行利率等因素,因而 X 与 Y 的关系也不表现为完全线性相关。通过相关图,可以直观地发现各个相关点并不都落在一条直线上,而是在直线上下波动,呈现线性趋势。除 X 外,如果将所有导致 Y 出现不确定性的因素用 ε_i 表示,则:

$$\varepsilon_i = Y_i - E(Y \mid X_i) \tag{2.3}$$

我们称 ε_i 为观察值 Y_i 围绕它的期望值 $E(Y \mid X_i)$ 的离差(Deviation),是一个不可观测的随机变量,又称随机干扰项(Stochastic Disturbance)或随机误差项(Stochastic Error)。

例 2.1 中,个别家庭的消费支出为:

$$\begin{aligned} Y_i &= E(Y \mid X_i) + \varepsilon_i \\ &= \beta_0 + \beta_1 x_i + \varepsilon_i \end{aligned} \tag{2.4}$$

这就是 Y 关于 X 的一元线性回归模型。

二、样本回归模型

例 2.2   一般而言,一个家庭的消费支出主要受这个家庭收入的影响,家庭收入高的,其家庭消费支出也高;家庭收入低的,其家庭消费支出也低。我们为了研究它们之间的关系,取家庭消费支出 y(元)为被解释变量,家庭收入 x(元)为解释变量。为此,经调查得数据如表 2.2 所示。

表 2.2　家庭收入与消费支出　　　　　　　　　单位：元

家庭编号	1	2	3	4	5	6	7	8	9	10
家庭收入	800	1 200	2 000	3 000	4 000	5 000	7 000	9 000	10 000	12 000
家庭消费支出	770	1 100	1 300	2 200	2 100	2 700	3 800	3 900	5 500	6 600

首先,我们绘出它们的散点图(如图 2.2 所示)。

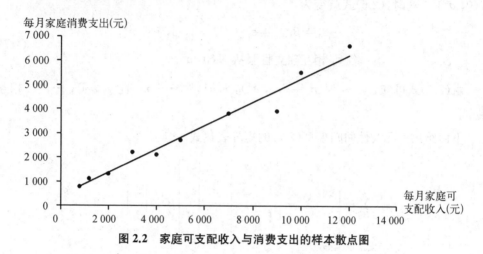

图 2.2　家庭可支配收入与消费支出的样本散点图

由散点图可以看出,这些点在一条直线附近,随着家庭收入的增加,家庭消费支出也在增加。所以,我们可以认为家庭收入与家庭消费支出存在一定的线性关系。我们可以假设它们满足如下的线性模型：

$$y = \beta_0 + \beta_1 x + \varepsilon \tag{2.5}$$

我们称(2.5)式为一元线性回归模型,β_0 为回归常数,β_1 为回归系数。ε 是随机误差,且满足 $E(\varepsilon) = 0$，$\mathrm{Var}(\varepsilon) = \sigma^2$。

这种模型可以被赋予各种实际意义,如收入与支出的关系、商品价格与供给量的关系、粮食产量与施肥量的关系、身高与体重的关系等。

就例 2.2 来看,假设固定对一个家庭进行观察,收入水平与支出呈线性函数关系。但实际上,数据来自各个家庭,来自各个不同收入水平,使其他条件不变成为不可能,所以,由数据得到的散点图不在一条直线上(不呈函数关系),而是分散在直线周围,服从统计关系。随机误差项 ε 中可能包括家庭人口数不同,消费习惯不同,不同地域的消费指数不同,不同家庭的外来收入不同等因素。因此,在经济问题上"控制其他因素不变"实际是不可能的。

下面介绍一元线性回归模型的基本假设。在给定样本 $\{(x_i, y_i), i = 1, \cdots, n\}$

以后,(2.5)式也可以写成:

$$
\begin{aligned}
&y_i = \beta_0 + \beta_1 x_i + \varepsilon_i \\
&E(\varepsilon_i) = 0 \\
&\mathrm{Var}(\varepsilon_i) = \sigma^2 \qquad i = 1, 2, \cdots, n
\end{aligned}
\tag{2.6}
$$

在对实际问题的研究中,常假定各 ε_i 相互独立,且都服从同一正态分布 $N(0, \sigma^2)$。这时,(2.6)式就变为:

$$
\begin{cases}
y_i = \beta_0 + \beta_1 x_i + \varepsilon_i \qquad i = 1, 2, \cdots, n \\
\text{各 } \varepsilon_i \text{ 相互独立且服从 } N(0, \sigma^2)
\end{cases}
\tag{2.7}
$$

由(2.7)式可知,$y_i \sim N(\beta_0 + \beta x_i, \sigma^2)$,$i = 1, 2, \cdots, n$,且 $y_1, y_2, \cdots, y_n$ 相互独立。

下面给出一元线性回归模型(2.7)的矩阵表达式。令:

$$
Y = \begin{bmatrix} y_1 \\ y_2 \\ \vdots \\ y_n \end{bmatrix} \quad
X = \begin{bmatrix} 1 & x_1 \\ 1 & x_2 \\ \vdots & \vdots \\ 1 & x_n \end{bmatrix} \quad
\varepsilon = \begin{bmatrix} \varepsilon_1 \\ \varepsilon_2 \\ \vdots \\ \varepsilon_n \end{bmatrix} \quad
\beta = \begin{bmatrix} \beta_0 \\ \beta_1 \end{bmatrix}
$$

于是(2.7)式可表示为:

$$
\begin{cases}
Y = X\beta + \varepsilon \\
\varepsilon \sim N(0, \sigma^2 I_n)
\end{cases}
\tag{2.8}
$$

(2.8)式称为一元线性回归模型的矩阵形式。

三、一元线性回归模型的选择

在实际应用中,一元线性回归模型是否可以作为理论模型呢?这主要基于以下两点:

第一,根据实际背景确定理论模型的形式。例如在经济学中,随着收入水平的提高,消费支出也相应提高,可以考虑选择一元线性回归模型;但当收入已经达到一定水平并有较大提高时,消费支出可能会发生变化,表现为边际消费倾向呈下降趋势,这时不宜采用一元线性回归模型。

第二,当影响因变量的最主要因素只有一个时,确定两个变量之间的关系一般使用画散点图的方法。若散点图中的散点围绕在一条直线附近,则可拟合一元线性回归模型。例如,为了说明这一点,安斯库姆(Anscombe, 1973)构造了 4 个数据集,虽然每个数据集有不同的构造模式,但它们具有相同的相关系数。4 组数据和相应的散点图见表 2.3 和图 2.3。

表 2.3 Anscombe 4 组数据

Y_1	X_1	Y_2	X_2	Y_3	X_3	Y_4	X_4
8.04	10	9.14	10	7.46	10	6.58	8
6.95	8	8.14	8	6.77	8	5.76	8
7.58	13	8.74	13	12.74	13	7.71	8
8.81	9	8.77	9	7.11	9	8.84	8
8.33	11	9.26	11	7.81	11	8.47	8
9.96	14	8.10	14	8.84	14	7.04	8
7.24	6	6.13	6	6.08	6	5.25	8
4.26	4	3.10	4	5.39	4	12.50	19
10.84	12	9.13	12	8.15	12	5.56	8
4.82	7	7.26	7	6.42	7	7.91	8
5.68	5	4.74	5	5.73	5	6.89	8

数据来源:Anscombe(1973)。

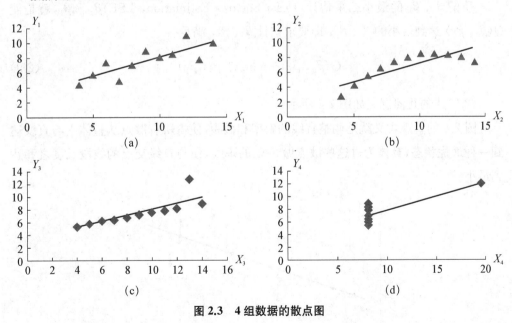

图 2.3 4 组数据的散点图

从散点图 2.3 可以看出,适宜用一元线性回归模型的只有第一组数据[如图 2.3(a)所示],其基本符合上述线性模型的假定,而其他三组数据采用一元线性回归模型并不合适。例如,第二个数据集[如图 2.3(b)所示]为非线性模型,采用二次函数刻画比较好;第三个数据集[如图 2.3(c)所示]存在奇异值,使得估计一元线性模型会有一定的误差;第四个数据集[如图 2.3(d)所示]不适合线性拟合,所拟合的直线基本由一个极端的点确定。所以,根据散点图分析两个变量的回归方程的形式非常重要。

第三节   参数的最小二乘估计

利用样本数据对模型的参数进行估计,根据不同的准则,采用不同的估计方法,可以得到不同的参数估计值。我们希望根据已有的数据估计出参数 β_0 和 β_1 的理想估计值,即得到这些参数的最小无偏估计量,也就是寻找一条直线,它能最好地拟合响应变量对预测变量的散点图中的点(见图 2.2)。我们采用广泛使用的最小二乘法(Ordinary Least Squares, OLS)来估计参数。

首先给出几个定义:

样本观测值 (x_i, y_i) 的离差: $y_i - E(y_i) = y_i - \beta_0 - \beta_1 x_i$

离差平方和: $Q(\beta_0, \beta_1) = \sum_{i=1}^{n} [y_i - E(y_i)]^2 = \sum_{i=1}^{n} (y_i - \beta_0 - \beta_1 x_i)^2$

所谓 β_0、β_1 的最小二乘估计(Least Squares Estimation,LSE)$\hat{\beta}_0$ 和 $\hat{\beta}_1$,就是使 $Q(\beta_0, \beta_1)$ 达到最小的 β_0、β_1,即要求估计 $\hat{\beta}_0$、$\hat{\beta}_1$,满足:

$$Q(\hat{\beta}_0, \hat{\beta}_1) = \min_{\beta_0, \beta_1} Q(\beta_0, \beta_1) \tag{2.9}$$

(2.9)式的几何意义如图 2.4 所示。

图 2.4 的直观含义就是调整直线的斜率和截距,使得所有散点从整体上与直线达到一种最优状态,具体为过这些散点做 x 轴的垂线,使与直线交点的线段长度之和达到最小。

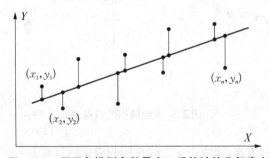

图 2.4   一元回归模型参数最小二乘估计的几何意义

根据高等数学知识,由于 $Q(\beta_0, \beta_1)$ 为一个非负二次型,对 β_0、β_1 的偏导存在,故可通过令 Q 对 β_0、β_1 的偏导为零来求得,即令:

$$\begin{cases} \dfrac{\partial Q}{\partial \beta_0} = -2 \sum_{i=1}^{n} (y_i - \beta_0 - \beta_1 x_i) = 0 \\ \dfrac{\partial Q}{\partial \beta_1} = -2 \sum_{i=1}^{n} (y_i - \beta_0 - \beta_1 x_i) x_i = 0 \end{cases} \quad (2.10)$$

整理后得：

$$\begin{cases} n\beta_0 + n\bar{x}\beta_1 = n\bar{y} \\ n\bar{x}\beta_0 + \sum_{i=1}^{n} x_i^2 \beta_1 = \sum_{i=1}^{n} x_i y_i \end{cases} \quad (2.11)$$

称(2.11)式为正规方程组。

求解以上正规方程组,得 β_0、β_1 的 LS 估计为：

$$\begin{cases} \hat{\beta}_0 = \bar{y} - \hat{\beta}_1 \bar{x} \\ \hat{\beta}_1 = \dfrac{\displaystyle\sum_{i=1}^{n} (x_i - \bar{x})(y_i - \bar{y})}{\displaystyle\sum_{i=1}^{n} (x_i - \bar{x})^2} \end{cases} \quad (2.12)$$

其中: $\bar{x} = \dfrac{1}{n} \sum_{i=1}^{n} x_i$, $\bar{y} = \dfrac{1}{n} \sum_{i=1}^{n} y_i$。

若记 $l_{xx} = \sum (x_i - \bar{x})^2 = \sum x_i^2 - n(\bar{x})^2$, $l_{xy} = \sum_{i=1}^{n} (x_i - \bar{x})(y_i - \bar{y}) = \sum x_i y_i - n\bar{x} \cdot \bar{y}$, 则(2.12)式可写作:

$$\begin{cases} \hat{\beta}_0 = \bar{y} - \hat{\beta}_1 \bar{x} \\ \hat{\beta}_1 = \dfrac{l_{xy}}{l_{xx}} \end{cases} \quad (2.13)$$

可以验证(2.13)式的 $\hat{\beta}_0$、$\hat{\beta}_1$ 使得(2.9)式达到最小。所以,(2.13)式的 $\hat{\beta}_0$、$\hat{\beta}_1$ 是 β_0、β_1 的最小二乘估计。

例 2.2(续) 讨论家庭收入 x 影响家庭支出 y 的问题。我们已建立了模型(2.5),那么 $\bar{x} = 5\,400$, $\bar{y} = 2\,997$, $\sum x^2 = 430\,080\,000$, $\sum y^2 = 123\,492\,900$, $\sum xy = 193\,836\,000$。

由(2.9)式可求得: $\hat{\beta}_0 = 380.53$, $\hat{\beta}_1 = 0.484\,5$。

故回归方程为: $\hat{y} = 380.53 + 0.484\,5x$。

将该直线和数据点绘在同一个坐标系中,见图 2.5。

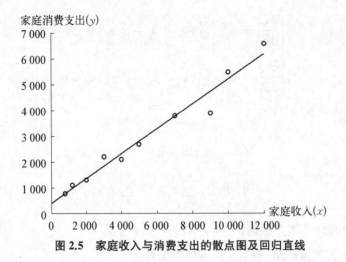

图 2.5   家庭收入与消费支出的散点图及回归直线

由图 2.5 可以看出,回归直线与 10 个样本数据点都很接近,这从直观上说明回归直线对数据的拟合效果是好的。

第四节   参数的极大似然估计

除上述最小二乘估计外,极大似然估计(Maximum Likelihood Estimation)也可以作为回归参数的估计方法。这种估计方法是利用总体的分布函数 $F(x;\theta)$ 及子样所提供的信息,建立未知参数 θ 的估计量 $\hat{\theta}$。

当总体 X 为连续形分布时,设其分布密度为 $\{f(x,\theta),\theta\in\Theta\}$,则由简单子样 $(x_1,x_2,\cdots,x_n)$ 所确定的似然函数为:

$$L(\theta;x_1,x_2,\cdots,x_n)=\prod_{i=1}^{n}f(x_i;\theta) \tag{2.14}$$

θ 的极大似然估计应在一切 θ 中选取使样本$(x_1,x_2,\cdots,x_n)$落在样本点$(x_1,x_2,\cdots,x_n)$附近的概率最大的$\hat{\theta}$为未知参数 θ 的估计值,即$\hat{\theta}$应满足:

$$L(\hat{\theta};x_1,x_2,\cdots,x_n)=\max_{\theta\in\Theta}L(\theta;x_1,x_2,\cdots,x_n) \tag{2.15}$$

下面讨论一元线性回归模型的极大似然估计。

设取自模型(2.5)的样本 $(x_1,y_1),(x_2,y_2),\cdots,(x_n,y_n)$,假设 $\varepsilon_i\sim N(0,\sigma^2)$,则:

$$y_i\sim N(\beta_0+\beta_1x_i,\sigma^2) \qquad i=1,2,\cdots,n$$

y_1，y_2，…，y_n 相互独立,故 y_1，y_2，…，y_n 的联合概率密度,即似然函数为:

$$L(\beta_0，\beta_1，\sigma^2) = \prod_{i=1}^{n} \frac{1}{\sqrt{2\pi}\sigma} \exp\left[-\frac{1}{2\sigma^2}(y_i - \beta_0 - \beta_1 x_i)^2\right]$$

$$= \left(\frac{1}{\sqrt{2\pi}\sigma}\right)^n \exp\left[-\frac{1}{2\sigma^2}\sum_{i=1}^{n}(y_i - \beta_0 - \beta_1 x_i)^2\right]$$

对上式两边取对数,得到对数似然函数为:

$$\ln(L) = -\frac{n}{2}\ln(2\pi\sigma^2) - \frac{1}{2\sigma^2}\sum_{i=1}^{n}\left[y_i - (\beta_0 + \beta_1 x_i)\right]^2 \tag{2.16}$$

求 $\ln(L)$ 的极大值。

假设 β_0、β_1 及 σ^2 的极大似然估计值为 $\hat{\beta}_0$、$\hat{\beta}_1$ 及 $\hat{\sigma}^2$,可以看出,求(2.16)式的极大值等价于求 $\sum_{i=1}^{n}\left[y_i - (\beta_0 + \beta_1 x_i)\right]^2$ 的极小值。这就与最小二乘法原理完全相同了。因此,在 ε 服从正态分布的条件下,最小二乘法与极大似然估计法的结果是一致的。

同时,我们可以得到 σ^2 的极大似然估计:

$$\hat{\sigma}^2 = \frac{1}{n}\sum_{i=1}^{n}(y_i - \hat{y}_i)^2 = \frac{1}{n}\sum_{i=1}^{n}\left[y_i - (\hat{\beta}_0 + \hat{\beta}_1 x_i)\right]^2 \tag{2.17}$$

这个估计是有偏估计,我们以后常用它的无偏估计:

$$\hat{\sigma}^2 = \frac{1}{n-2}\sum_{i=1}^{n}(y_i - \hat{y}_i)^2 = \frac{1}{n-2}\sum_{i=1}^{n}\left[y_i - (\hat{\beta}_0 + \hat{\beta}_1 x_i)\right]^2 \tag{2.18}$$

第五节 最小二乘法估计的统计性质

最小二乘法得到的参数估计具有线性性、无偏性及最优性三种重要的统计特性。

一、线性性

线性性即估计量 $\hat{\beta}_0$、$\hat{\beta}_1$ 为随机变量 y_i 的线性函数。

利用 $\sum_{i=1}^{n}(x_i - \bar{x}) = 0$,可把 $\hat{\beta}_1$ 改写为:

$$\hat{\beta}_1 = \frac{l_{xy}}{l_{xx}} = \sum_{i=1}^{n}\left(\frac{\dot{x}_i - \bar{x}}{l_{xx}}\right) y_i$$

其中：$\left[\dfrac{x_i - \bar{x}}{l_{xx}}\right]$ 是 y_i 的常数。所以，$\hat{\beta}_1$ 是变量 y_1，y_2，$\cdots$，y_n 的线性组合。

对 $\hat{\beta}_0$ 而言，因为：

$$\hat{\beta}_0 = \bar{y} - \hat{\beta}_1 \bar{x} = \sum_{i=1}^{n} \left(\frac{1}{n} - \frac{x_i - \bar{x}}{l_{xx}} \bar{x}\right) y_i$$

所以，$\hat{\beta}_0$ 也是 y_i 的线性组合。

二、无偏性

无偏性即 $E(\hat{\beta}_0) = \beta_0$，$E(\hat{\beta}_1) = \beta_1$。

由模型假设知：$E(y_i) = \beta_0 + \beta_1 x_i$，故：

$$
\begin{aligned}
E(\hat{\beta}_1) &= \sum_{i=1}^{n} \left[\frac{x_i - \bar{x}}{l_{xx}}\right] E(y_i) \\
&= \sum_{i=1}^{n} \left[\frac{x_i - \bar{x}}{l_{xx}}\right] (\beta_0 + \beta_1 x_i) \\
&= \beta_1 \sum_{i=1}^{n} \frac{x_i - \bar{x}}{l_{xx}} x_i \\
&= \beta_1 \\
E(\hat{\beta}_0) &= E(\bar{y} - \hat{\beta}_1 \bar{x}) \\
&= E(\bar{y}) - E(\hat{\beta}_1) \bar{x} \\
&= \beta_0 + \beta_1 \bar{x} - \beta_1 \bar{x} \\
&= \beta_0
\end{aligned}
$$

可见，$\hat{\beta}_0$ 与 $\hat{\beta}_1$ 分别是 β_0、β_1 的无偏估计。

三、最优性

最优性是指最小二乘估计 $\hat{\beta}_0$、$\hat{\beta}_1$ 在所有线性无偏估计中具有最小方差。这时也称 $\hat{\beta}_0$、$\hat{\beta}_1$ 分别是 β_0、β_1 的最优线性无偏估计（Best Linear Unbiased Estimator，BLUE）。

此时，我们需要分清 4 个模型之间的关系（如图 2.6 所示）：

(1) 真实的统计模型：$y_i = \beta_0 + \beta_1 x_i + \varepsilon_i$。

(2) 估计的统计模型：$y_i = \hat{\beta}_0 + \hat{\beta}_1 x_i + \varepsilon_i$。

(3) 真实的回归直线：$E(y_i) = \beta_0 + \beta_1 x_i$。

(4) 估计的回归直线：$\hat{y}_i = \hat{\beta}_0 + \hat{\beta}_1 x_i$。

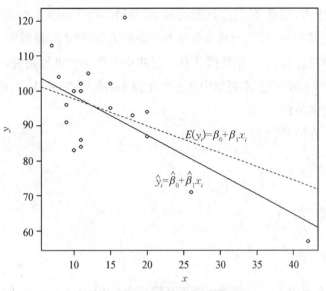

图 2.6 最小二乘估计模型的关系

真实的统计模型称为理论模型,在理论上是存在的,有时计算比较麻烦,但也不需要计算它。估计的统计模型称为样本回归模型,是根据样本数据计算出来的,也可以表达为总体回归线是未知的,只有一条。样本回归线是根据样本数据拟合的,每抽取一组样本,便可以拟合一条样本回归线。总体回归函数中的 β_0、β_1 是未知的参数,表现为常数。而样本回归函数中的 $\hat{\beta}_0$、$\hat{\beta}_1$ 是随机变量,其具体数值随所抽取的样本观测值的不同而变动。总体回归函数中的 ε_i 是 y_i 与未知的总体回归线之间的纵向距离,它是不可直接观测的。而样本回归函数中的 ε_i 是 y_i 与样本回归线之间的纵向距离,当根据样本观测值拟合出样本回归线后,可以计算出 ε_i 的具体数值。

由前面的叙述可知:

$$\hat{\beta}_1 = \sum_{i=1}^{n} \left[\frac{x_i - \bar{x}}{l_{xx}} \right] y_i$$

其方差 $\mathrm{Var}(\hat{\beta}_1) = \sum_{i=1}^{n} \left[\dfrac{x_i - \bar{x}}{l_{xx}} \right]^2 \mathrm{Var}(y_i) = \dfrac{\sigma^2}{l_{xx}^2} \sum_{i=1}^{n} (x_i - \bar{x})^2 = \dfrac{\sigma^2}{l_{xx}}$。

类似地,$\hat{\beta}_0 = \bar{y} - \hat{\beta}_1 \bar{x}$,其方差 $\mathrm{Var}(\hat{\beta}_0) = \left(\dfrac{1}{n} + \dfrac{\bar{x}^2}{l_{xx}} \right) \sigma^2$。

下一章我们将证明在所有 β_0 和 β_1 的无偏估计类中,$\hat{\beta}_0$ 和 $\hat{\beta}_1$ 的方差最小。正是由于最小二乘估计的这一特性,才使得最小二乘估计在数理统计学及计量经济学中获得了最为广泛的应用。

由 $\mathrm{Var}(\hat{\beta}_1)$ 的表达式可以看出,$\hat{\beta}_1$ 的方差与 l_{xx} 成反比,而 l_{xx} 就是 x 的取值分散程度的度量,因而 x 的取值波动越大,$\hat{\beta}_1$ 就越稳定;反之,如果原始数据 x 的取值是在一个较小的范围内,则 $\hat{\beta}_1$ 的稳定性就比较差。同样,由 $\mathrm{Var}(\hat{\beta}_0)$ 的表达式可以看出, $\hat{\beta}_0$ 的方差与 l_{xx} 成反比,且它与样本容量有一定的关系,样本容量越大, $\hat{\beta}_0$ 的稳定性就越好。这一点对我们收集原始数据具有一定的指导意义。也就是说,在收集数据时,应尽可能使数据分散一些,不要集中在一个比较小的范围内;在人力、物力允许的情况下,应收集尽量多的数据。

定理 2.1　在模型(2.3)下,有:

(1) $\hat{\beta}_1 \sim \mathrm{N}\left(\beta_1, \dfrac{\sigma^2}{l_{xx}}\right)$

(2) $\hat{\beta}_0 \sim \mathrm{N}\left[\beta_0, \left(\dfrac{1}{n} + \dfrac{\bar{x}^2}{l_{xx}}\right)\sigma^2\right]$

(3) $\mathrm{Cov}(\hat{\beta}_0, \hat{\beta}_1) = -\dfrac{\bar{x}}{l_{xx}}\sigma^2$

证明:由于前面 $\hat{\beta}_0$、$\hat{\beta}_1$ 都是 n 个正态随机变量 $y_1, y_2, \cdots, y_n$ 的线性组合,因此 $\hat{\beta}_0$、$\hat{\beta}_1$ 也遵从正态分布。而正态分布仅由其均值和方差决定,故(1)和(2)得证。

利用协方差的性质:

$$
\begin{aligned}
\mathrm{Cov}(\hat{\beta}_0, \hat{\beta}_1) &= \mathrm{Cov}\left[\sum_i \left(\frac{1}{n} - \frac{x_i - \bar{x}}{l_{xx}}\bar{x}\right)y_i, \ \sum_i \frac{x_i - \bar{x}}{l_{xx}}y_i\right] \\
&= \sum_i \left(\frac{1}{n} - \frac{x_i - \bar{x}}{l_{xx}}\bar{x}\right)\frac{x_i - \bar{x}}{l_{xx}}\mathrm{Var}(y_i) \\
&= -\frac{\bar{x}}{l_{xx}}\sigma^2
\end{aligned}
$$

第六节　显著性检验

由最小二乘估计的表达式可知,只要给出了 n 组数据 (x_i, y_i), $i = 1, 2, \cdots, n$,就可以代入获得 β_0 和 β_1 的估计,从而写出回归方程。但该回归方程对于散点图的拟合是否有意义,即拟合程度好还是不好,需要有个检验的标准。如果通过检验发现模型存在缺陷,就必须重新设定模型或者估计参数。一元线性回归模型检验包括经济意义检验、统计检验和计量检验。

经济意义检验主要涉及参数估计值的符号和取值范围,如果它们与经济理论以及人们的实践经验不相符,就说明回归模型不能很好地解释现实的经济现象。在对实际的经济现象进行回归分析时,常常会遇到经济意义检验不能通过的情况,这主要是因为经济现象的统计数据无法像自然科学中的统计数据那样通过有控制的实验得到,这样得到的数据可能不能满足线性回归分析所要求的假设检验。

统计检验是利用统计学的检验理论检验回归模型的可靠性,具体又可以分为拟合优度检验、相关系数检验、模型的显著性检验(F 检验)和模型参数的显著性检验(t 检验)。

计量检验是对标准线性回归模型的假定条件是否满足进行检验,具体包括序列自相关检验、异方差检验等。

本章所讨论的检验主要是统计检验。为了进行检验,需要先建立假设,而求回归方程的目的是反映 y 随 x 变化的一种统计规律。若 $\beta_1 = 0$,则不论 x 如何变化,$E(y)$ 都不会随之而改变,在这种情况下求出的回归方程是无意义的。所以检验回归方程是否有意义的问题转化为检验如下假设是否为真:

$$H_0: \beta_1 = 0$$

以下介绍三种常用的检验方法:

注意,在对回归方程进行检验时,通常需要正态性假设:$\varepsilon_i \sim N(0, \sigma^2)$。

一、F-检验

从对观察值的偏差平方和的分解入手。

定义:总偏差平方和为观测到的 $y_1, y_2, \cdots, y_n$ 的差异,记作:

$$S_T = \sum_{i=1}^{n} (y_i - \bar{y})^2$$

其中:$\bar{y} = \dfrac{1}{n} \sum_{i=1}^{n} y_i$。

造成这一差异的原因有如下两个方面:

一是假设 $H_0: \beta_1 = 0$ 不真,从而对不同的 x 值,$E(y)$ 随 x 的变化而变化,记这一偏差的平方和为:

$$
\begin{aligned}
S_R &= \sum_{i=1}^{n} (\hat{y}_i - \bar{y})^2 = \sum_{i=1}^{n} (\hat{\beta}_0 + \hat{\beta}_1 x_i - \bar{y})^2 \\
&= \sum_{i=1}^{n} [\bar{y} + \hat{\beta}_1 (x_i - \bar{x}) - \bar{y}]^2 \\
&= \sum_{i=1}^{n} [\hat{\beta}_1 (x_i - \bar{x})]^2 \\
&= \hat{\beta}_1^2 l_{xx} \\
E(S_R) &= E[(\hat{\beta}_1)^2 \cdot l_{xx}] \\
&= \{[E(\hat{\beta}_1)]^2 + \mathrm{Var}(\hat{\beta}_1)\} \cdot l_{xx} \\
&= \beta_1^2 \cdot l_{xx} + \sigma^2
\end{aligned}
$$

这表明，S_R 中除了误差波动外，反映了由 $\beta_1 \neq 0$ 所引起的数据间的差异，称 S_R 为回归平方和，其自由度为 1。

二是由其他一切随机因素引起的误差，其平方和称为残差平方和，记作：

$$S_E = \sum_{i=1}^{n} (y_i - \hat{y}_i)^2$$

以后将证明，在模型(1.3)下，$\dfrac{S_E}{\sigma^2}$ 服从自由度为 $n-2$ 的卡方分布，故 $E\left[\dfrac{S_E}{\sigma^2}\right] = n-2$，从而 $\hat{\sigma}^2 = \dfrac{S_E}{n-2}$ 为 σ^2 的无偏估计。

残差平方和也称为剩余平方和，其自由度为 $n-2$。

$$\begin{aligned} S_E &= \sum_{i=1}^{n} (y_i - \hat{y}_i)^2 \\ &= \sum_{i=1}^{n} (y_i - \hat{\beta}_0 - \hat{\beta}_1 x_i)^2 \\ &= \sum_{i=1}^{n} \left[y_i - \bar{y} - \hat{\beta}_1 (x_i - \bar{x}) \right]^2 \\ &= \sum_{i=1}^{n} (y_i - \bar{y})^2 - 2\hat{\beta}_1 \sum_{i=1}^{n} (y_i - \bar{y})(x_i - \bar{x}) + \hat{\beta}_1^2 \sum_{i=1}^{n} (x_i - \bar{x})^2 \\ &= S_T - 2\hat{\beta}_1 \cdot l_{xy} + \hat{\beta}_1^2 \cdot l_{xx} \\ &= S_T - S_R \end{aligned}$$

即 $S_T = S_E + S_R$。

上式称为平方和分解式，它将总偏差平方和 S_T 中可能存在的系统误差分解到回归平方和 S_R 中去，残差平方和 S_E 没有系统变差。

拟合回归直线后计算得到的各种量如图 2.7 所示。

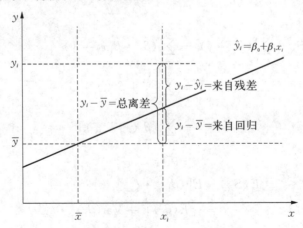

图 2.7   拟合回归直线后计算得到的各种量

为了假设检验等问题的需要,在模型(2.3)的条件下,我们需要讨论回归平方和 S_R 和残差平方和 S_E 的分布,并讨论其独立性问题,对此有如下定理(下一章将证明这一定理):

定理 2.2　在模型(2.8)下,有:

(1) $\dfrac{S_E}{\sigma^2} \sim \chi^2(n-2)$

(2) 在 H_0 成立的条件下,$\dfrac{S_R}{\sigma^2} \sim \chi^2(1)$

(3) S_R 与 S_E 相互独立

于是,当 H_0 为真时,统计量:

$$F = \frac{\text{回归分析平方和 } S_R \text{ 的均方}(MS)}{\text{残差平方和 } S_E \text{ 的均方}(MS)} = \frac{S_R}{\dfrac{S_E}{(n-2)}} \sim F(1,\,n-2)$$

由于 H_0 为真时,我们希望回归平方和尽可能大而残差平方和尽可能小,因此,给定显著性水平 α,H_0 的拒绝域为:

$$F > F_\alpha(1,\,n-2)$$

我们称这种检验为 F -检验法或回归方程的方差分析。

F -检验的过程通常用方差分析表进行(见表 2.4)。

表 2.4　方差分析

方差来源	平方和	自由度	均　方	F　值
回　归	S_R	1	$\overline{S}_R = S_R$	$F = \dfrac{\overline{S}_R}{\overline{S}_E}$
剩　余	$S_E = S_T - S_R$	$n-2$	$\overline{S}_E = \dfrac{S_E}{n-2}$	
总　和	S_T	$n-1$		

例 2.1(续)　做回归方程的显著性检验(如表 2.5 所示)。

表 2.5　方差分析表

方差来源	平方和	自由度	均　方	F　值
回　归	32 506 829.82	1	32 506 829.82	
剩　余	1 165 980.18	8	145 747.52	223.035*
总　和	33 672 810.00	9		

经计算，$S_R = \hat{\beta}_1^2 \cdot l_{xx}$

$$= 0.484\,5^2 \times (430\,080\,000 - 10 \times 5\,400)^2$$

$$= 32\,506\,829.82$$

$$S_T = \sum y^2 - n\bar{y}$$

$$= 123\,492\,900 - 10 \times 2\,997^2$$

$$= 33\,672\,810$$

$$S_E = S_T - S_R$$

$$= 1\,165\,980.18$$

$F_{0.05}(1,\,8) = 5.23$，$F = 223.035 > F_{0.05}(1,\,8)$，$p < 0.05$，即应该拒绝假设，说明回归方程有显著意义。

二、t-检验

下面构造 t-检验统计量来检验假设 H_0。

由前面的知识知道：

$$\hat{\beta}_1 \sim N\left(\beta_1,\, \frac{\sigma^2}{l_{xx}}\right)$$

$$\frac{(n-2)\hat{\sigma}^2}{\sigma^2} = \frac{S_E}{\sigma^2} \sim \chi^2(n-2)$$

且 $\hat{\beta}_1$ 与 S_E 独立（下一章将给出证明），故有：

$$\frac{\dfrac{\hat{\beta}_1 - \beta_1}{\sqrt{\sigma^2/l_{xx}}}}{\sqrt{\dfrac{(n-2)\hat{\sigma}^2}{\sigma^2}\Big/(n-2)}} \sim t(n-2)$$

即：

$$\frac{\hat{\beta}_1 - \beta_1}{\hat{\sigma}}\sqrt{l_{xx}} \sim t(n-2)$$

其中：

$$\hat{\sigma} = \sqrt{\hat{\sigma}^2} = \sqrt{\frac{1}{n-2}\sum_{i=1}^{n} e_i^2} = \sqrt{\frac{1}{n-2}S_E}$$

当 H_0 为真时，即 $\hat{\beta}_1 = 0$，此时检验统计量为：

$$t = \frac{\hat{\beta}_1}{\hat{\sigma}}\sqrt{l_{xx}} \sim t(n-2)$$

当 $|t| = \dfrac{|\hat{\beta}_1|}{\hat{\sigma}}\sqrt{l_{xx}} > t_{\frac{\alpha}{2}}(n-2)$ 时，拒绝 H_0（如图 2.8 所示）。

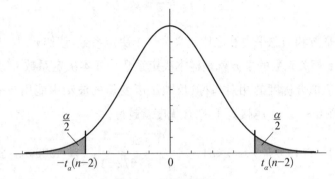

图 2.8　双侧假设检验

例 2.1(续)　用 t-检验来检验回归方程。

由于 $\hat{\beta}_1 = 0.484\,5$，$\hat{\sigma}^2 = 145\,209.75$，$l_{xx} = 1.384\,8 \times 10^8$，因此 $t = 14.96$，查表 $t_{\frac{\alpha}{2}}(8) = t_{0.025}(8) = 2.306$。

$$|t| > t_{0.025}(8), \quad p < 0.025$$

即拒绝 $H_0: \beta_1 = 0$，认为在水平 $\alpha = 0.025$ 下回归效果是显著的，与 F-检验的结果一致。

三、相关系数的检验

二维样本 (x_i, y_i)，$i = 1, 2, \cdots, n$ 的相关系数定义为：

$$r = \frac{\sum\limits_{i=1}^{n}(x_i - \bar{x})(y_i - \bar{y})}{\sqrt{\sum\limits_{i=1}^{n}(x_i - \bar{x})^2 \sum\limits_{i=1}^{n}(y_i - \bar{y})^2}} = \frac{l_{xy}}{\sqrt{l_{xx} \cdot l_{yy}}}$$

且 r 与 $\hat{\beta}_1$ 之间有如下关系：

$$r = \frac{l_{xy}}{\sqrt{l_{xx} \cdot l_{yy}}} = \frac{l_{xy}}{l_{xx}}\sqrt{\frac{l_{xx}}{l_{yy}}} = \hat{\beta}_1\sqrt{\frac{l_{xx}}{l_{yy}}}$$

直观上，当 H_0 为真时，$|\hat{\beta}_1|$ 应较小，当 $|r|$ 较大时，应拒绝假设 H_0，拒绝域为 $\{|r| \geqslant c\}$，其中，c 应满足 $p(|r| \geqslant c) = \alpha$，$\alpha$ 为显著性水平，且常记 $c = r_{1-\frac{\alpha}{2}}(n-2)$。

由回归平方和与残差平方和的意义可知，在总的平方和中，回归平方和所占的比重越大，线性回归效果就越好，说明回归直线与样本观测值的拟合程度越好；如果剩余平方和所占比重大，则回归直线与样本观测值的拟合程度就不理想。相关系数的检验恰恰符合了这一思想，因此可以作为检验的依据和方法。

另外,定义样本决定系数如下:

$$r^2 = \frac{S_R}{S_T}$$

即把回归平方和与总平方和之比定义为样本决定系数,记作 r^2。

可以证明:相关系数的平方就是样本决定系数。样本决定系数 r^2 是一个回归直线与样本观测值拟合优度的相对指标,反映了因变量的波动中能用自变量解释的比例,r^2 值总是在 $0 \sim 1$。r^2 越接近 1,拟合优度就越好。

例 2.1(续)　经计算得 $r = 0.484\ 5 \times \sqrt{\dfrac{1.384\ 8 \times 10^8}{33\ 672\ 810}} = 0.982\ 5$。当 $\alpha = 0.05$ 时,$c = r_{0.975}(8) = 0.632$,由于 $0.982\ 5 > c = 0.632$,因此样本落在了拒绝域中,拒绝 H_0,认为回归方程是显著的。同时,样本决定系数 $r^2 = 0.965\ 3$,接近 1,可见,拟合程度很好,结果与 F-检验和 t-检验的结果一致。

四、三种检验之间的关系

前面介绍了回归系数显著性的 F-检验、t-检验及相关系数的检验,三者之间有着密切的关系。从计算式来看:

$$t^2 = F$$
$$r^2 = \frac{1}{1 + \dfrac{n-2}{F}}$$

可见,三者是等价的。因而,对一元线性回归实际只需要做其中一种检验即可。然而对于下一章将会讲到的多元线性回归而言,这三种检验所考虑的问题有所不同,所以并不等价,是三种不同的检验。

前面我们主要讨论拒绝原假设,可以认为回归方程是显著的。如果接受了原假设,则可以认为回归方程是不显著的,导致这种情况的可能原因如下:(1)误差与正态假设严重背离;(2) Y 与 X 无关;(3) Y 与 X 虽然相关,但不是线性关系;(4) Y 与 X 以外的因素有更密切的关系。因此,需要对模型加以改进,更多的问题我们放在第五章介绍。

第七节　回归预测与置信区间

回归方程的一个重要的应用是回归预测。所谓预测,是指给定 x_0,对相应的 y 的取值 y_0 作出推断。由模型可知,$y_0 = \beta_0 + \beta_1 x_0 + \varepsilon_0$ 是一个随机变量,要预测随机变量的取值是不可能的,只能预测其期望值 $E(y_0)$。这种统计推断有两类:一是给出 $E(y_0)$ 的估计值,也称为预测值;另一类是给出 y_0 的一个预测区间。

若在 $x=x_0$ 处的回归值为 $\hat{y}_0=\hat{\beta}_0+\hat{\beta}_1 x_0$,在模型(2.8)下,不难证明:

$$\hat{y}_0 \sim N\left\{\beta_0+\beta_1 x_0, \left[\frac{1}{n}+\frac{(x_0-\bar{x})^2}{l_{xx}}\right]\sigma^2\right\}$$

因而,$\hat{y}_0$ 为相应的期望值 $E(y_0)=\beta_0+\beta_1 x_0$ 的一个无偏估计。可见,预测值 $\hat{y}_0$ 与目标值 y_0 有相同的均值。但是,$\hat{y}_0$ 的方差随着给定的 x_0 与样本均值 $\bar{x}$ 的距离 $|x_0-\bar{x}|$ 的增大而增大,即当给定的 x_0 与样本均值 $\bar{x}$ 相差较大时,y_0 的估计值 $\hat{y}_0$ 的波动就增大。这说明,在实际应用回归方程进行控制和预测时,给定的 x_0 不能偏离样本均值 $\bar{x}$ 太多。如果偏离得太多,用回归方程无论是作因素分析还是预测,效果都不会理想。

然而在 $x=x_0$ 时,随机变量 y_0 的取值与预测值 $\hat{y}_0$ 会有一定的偏差。要求这种绝对偏差 $|y_0-\hat{y}_0|$ 不超过某个 ε 的概率为 $1-\alpha$,$0<\alpha<1$,即 $P(|y_0-\hat{y}_0|\leqslant\varepsilon)=1-\alpha$ 或 $P(\hat{y}_0-\varepsilon\leqslant y_0\leqslant\hat{y}_0+\varepsilon)=1-\alpha$,则称 $[\hat{y}_0-\varepsilon, \hat{y}_0+\varepsilon]$ 是 y_0 的概率为 $1-\alpha$ 时的预测区间。

我们还可以利用 $\hat{\beta}_1$ 估计 β_1 的置信区间。由于:

$$P\left[\left|\frac{\hat{\beta}_1-\beta_1}{s(\hat{\beta}_1)}\right|\leqslant t_{\frac{\alpha}{2}}(n-2)\right]=1-\alpha$$

由中括号内不等式得 β_1 的置信区间:

$$\hat{\beta}_1-s(\hat{\beta}_1)t_{\frac{\alpha}{2}}(n-2)\leqslant\beta_1\leqslant\hat{\beta}_1+s(\hat{\beta}_1)t_{\frac{\alpha}{2}}(n-2)$$

其中,$s(\hat{\beta}_1)$ 是 $s^2(\hat{\beta}_1)=\dfrac{1}{\sum(x_t-\bar{x})^2}\hat{\sigma}^2$ 的算术根,$\hat{\sigma}$ 是 $\hat{\sigma}^2$ 的算术根。

那么,在给定 α 后,如何求 ε 呢?

我们知道,在模型(2.8)下,$y_0 \sim N(\beta_0+\beta_1 x_0, \sigma^2)$,且 $\hat{y}_0 \sim N\left\{\beta_0+\beta_1 x_0, \left[\dfrac{1}{n}+\dfrac{(x_0-\bar{x})^2}{l_{xx}}\right]\sigma^2\right\}$,即 $\hat{y}_0$ 为 y_1,y_2,$\cdots$,y_n 的线性组合。因此,y_0 与 $\hat{y}_0$ 相互独立,则:

$$y_0-\hat{y}_0 \sim N\left\{0, \left[1+\frac{1}{n}+\frac{(x_0-\bar{x})^2}{l_{xx}}\right]\sigma^2\right\}$$

另一方面,由于 $\dfrac{n-2}{\sigma^2}\hat{\sigma}^2\sim\chi^2(n-2)$,且 y_0、$\hat{y}_0$、$\hat{\sigma}^2$ 相互独立,由此可构造 t 统计量如下:

$$t = \dfrac{\dfrac{y_0 - \hat{y}_0}{\sigma\sqrt{1 + \dfrac{1}{n} + \dfrac{(x_0 - \bar{x})^2}{l_{xx}}}}}{\sqrt{\dfrac{(n-2)\hat{\sigma}^2}{\sigma^2(n-2)}}} = \dfrac{y_0 - \hat{y}_0}{\hat{\sigma}\sqrt{1 + \dfrac{1}{n} + \dfrac{(x_0 - \bar{x})^2}{l_{xx}}}} \sim t(n-2)$$

于是,对于给定的置信水平 $1-\alpha$,y_0 的置信区间为:

$$\left[\hat{y}_0 - t_{\frac{\alpha}{2}}(n-2) \cdot \hat{\sigma}\sqrt{1 + \dfrac{1}{n} + \dfrac{(x_0 - \bar{x})^2}{l_{xx}}}, \ \hat{y}_0 + t_{\frac{\alpha}{2}}(n-2) \cdot \hat{\sigma}\sqrt{1 + \dfrac{1}{n} + \dfrac{(x_0 - \bar{x})^2}{l_{xx}}} \right]$$

上述区间称为 y_0 的置信水平为 $1-\alpha$ 的预测区间。由此可知,对于给定的样本观测值及置信水平,用回归方程来预测 y_0 时,其精度与 x_0 有关。x_0 越靠近 $\bar{x}$,预测的精度就越高。记 $\varepsilon(x) = t_{\frac{\alpha}{2}}(n-2) \cdot \hat{\sigma}\sqrt{1 + \dfrac{1}{n} + \dfrac{(x_0 - \bar{x})^2}{l_{xx}}}$,则预测区间为 $[\hat{y}(x_0) \pm \varepsilon(x_0)]$。

令 $\begin{cases} y_1(x) = \hat{y}(x) - \varepsilon(x) \\ y_2(x) = \hat{y}(x) + \varepsilon(x) \end{cases}$,则由曲线 $y_1(x)$ 与 $y_2(x)$ 形成一条包含回归直线 $\hat{y}_0 = \hat{\beta}_0 + \hat{\beta}_1 x_0$ 的带域。该带域在 $x = \bar{x}$ 处最窄(见图2.9)。

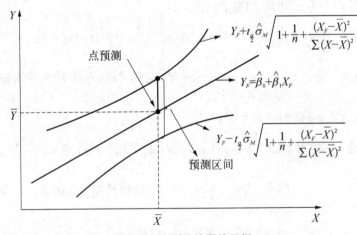

图2.9　预测值的置信区间

例2.1(续)　求在 $x_0 = 6\,000$ 元时,y_0 的置信水平为 0.95 的预测区间。

解: $\hat{y}_0 = \hat{\beta}_0 + \hat{\beta}_1 x_0 = 380.526\,86 + 0.484\,5 \times 60 = 3\,287.719$

$$\varepsilon(x) = t_{\frac{\alpha}{2}}(n-2) \cdot \hat{\sigma}\sqrt{1 + \dfrac{1}{n} + \dfrac{(x_0 - \bar{x})^2}{l_{xx}}}$$

$$=2.306 \times 381.063\ 9 \times \sqrt{1+\frac{1}{10}+\frac{(6\ 000-5\ 400)^2}{1.384\ 8 \times 10^8}}$$

$$=922.711\ 7$$

故预测区间为 $(3\ 287.719 \pm 922.711\ 9)$，也就是说，某个收入为 6 000 元的家庭的消费支出为 2 365～4 210 元，置信度为 95%。

注意：在实际问题中，样本容量通常很大，当 x_0 在 $\bar{x}$ 的附近时，预测区间 $[\hat{y}(x_0) \pm \varepsilon(x_0)]$ 中的根式近似等于 1，而 $t_{\frac{\alpha}{2}}(n-1) \approx u_{\frac{\alpha}{2}}$，此时 y_0 的置信水平为 α 的预测区间，近似地等于 $(\hat{y}_0 - \hat{\sigma}u_{\frac{\alpha}{2}},\ \hat{y}_0 + \hat{\sigma}u_{\frac{\alpha}{2}})$。

在实际应用中，我们希望置信水平越高越好，而置信区间越小越好。但是，根据区间估计理论我们知道，这是不可能的，因为置信水平和置信区间是一对矛盾。根据上述公式，对于回归模型，y_0 的置信水平为 α 的预测区间可以由下列方法缩小：

（1）增加样本容量 n。当置信水平 α 不变时，n 越大，相应的 t 值越小；同时，增大样本容量 n，$\hat{\sigma}\sqrt{1+\frac{1}{n}+\frac{(x_0-\bar{x})^2}{l_{xx}}}$ 也会变小，相应的预测区间可以缩小。

（2）提高样本观测值的分散度。在一般情况下，样本观测值越分散，l_{xx} 的值越大，相应的预测区间就越小。

下面以时间序列数据为例介绍预测问题。预测可分为事前预测和事后预测。两种预测都是在样本区间之外进行，如图 2.10 所示。

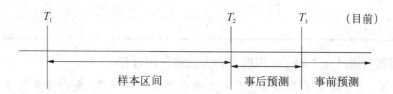

图 2.10　样本区间预测

对于事后预测，被解释变量和解释变量的值在预测区间内都是已知的，可以直接用实际发生值评价模型的预测能力。对于事前预测，解释变量是未发生的（当模型中含有滞后变量时，解释变量有可能是已知的）。当预测被解释变量时，首先应该预测解释变量的值。对于解释变量的预测，通常采用时间序列模型。

预测还分为有条件预测和无条件预测。对于无条件预测，预测式中所有解释变量的值都是已知的。所以，事后预测应该属于无条件预测。当一个模型的解释变量完全由滞后变量组成时，事前预测也有可能是无条件预测。例如：

$$\hat{y}_t = \hat{\beta}_0 + \hat{\beta}_1 x_{t-1}$$

当预测 $T+1$ 期的 y_t 值时，x_t 用的是 T 期值，是已知值。

根据估计的回归函数，得：

$$\hat{y}_0 = \hat{\beta}_0 + \hat{\beta}_1 x_0$$

第八节　可化为线性回归的曲线回归

在许多实际问题中，变量之间的关系未必是线性关系，但如果样本的散点图大致呈某一曲线，又存在某种变换可将该曲线转变为直线，则可利用该变换把问题转化为线性回归问题，从而利用线性回归的结果。表 2.6 是几种常用的曲线回归模型。

表 2.6　可线性化的曲线函数及其相应的变换

曲线函数	变　换	线性形式
$y = a \cdot x^b$	$y' = \ln y,\ x' = \ln x$	$y' = \ln a + bx'$
$y = a \cdot e^{bx}$	$y' = \ln y$	$y' = \ln a + bx$
$y = a + b \ln x$	$x' = \ln x$	$y' = a + bx'$
$y = \dfrac{x}{ax - b}$	$y' = \dfrac{1}{y},\ x' = \dfrac{1}{x}$	$y' = a - bx'$
$y = \dfrac{e^{a+bx}}{1 + e^{a+bx}}$	$y' = \ln\left(\dfrac{y}{1-y}\right)$	$y' = a + bx$

下面我们通过几个例子来说明这种方法的使用过程。

例 2.3　为了解百货商店销售额与流通费率之间的关系，我们收集了 9 家商店的有关数据如表 2.7 所示。

表 2.7　销售额与流通费率数据

序号	销售额 x(万元)	流通费率 y(%)	序号	销售额 x(万元)	流通费率 y(%)
1	1.5	7.0	6	16.5	2.5
2	4.5	4.8	7	19.5	2.4
3	7.5	3.6	8	22.5	2.3
4	10.5	3.1	9	25.5	2.2
5	13.5	2.7			

作散点图如图 2.11 所示。

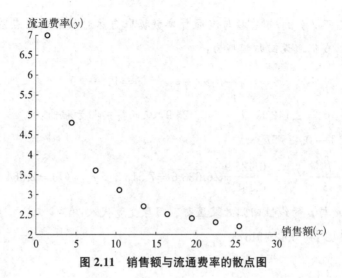

图 2.11　销售额与流通费率的散点图

由图 2.11 可以看出，销售额与流通费率呈指数关系。我们对原始数据作对数变换，令 $u = \ln x$，$v = \ln y$，变换后数据如表 2.8 所示。

表 2.8　将销售额与流通费率数据取自然对数后的数据

$\ln x_i$	$\ln y_i$	$\ln x_i$	$\ln y_i$
0.405 5	1.945 9	2.803 4	0.914 3
1.504 1	1.568 6	2.970 4	0.875 5
2.014 9	1.280 9	3.113 5	0.832 9
2.351 4	1.131 4	3.238 7	0.788 5
2.602 7	0.993 3		

$(\ln x_i，\ln y_i)$ 的散点图如图 2.12 所示。

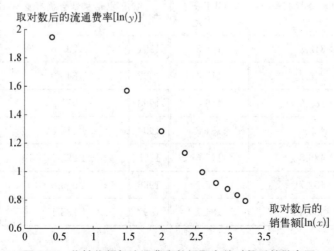

图 2.12　将销售额与流通费率数据取自然对数后的散点图

由图 2.12 可以看出,销售额与流通费率数据取自然对数后的散点图基本上成一条直线。所以,我们假设回归模型为:

$$v_i = \beta_0 + \beta_1 u_i + \varepsilon_i \qquad i = 1, \cdots, 9$$

经计算得:$\hat{\beta}_0 = 2.142\,1$,$\hat{\beta}_1 = -0.425\,9$,从而得回归方程为:

$$\hat{v} = 2.142\,1 - 0.425\,9u$$

又 $|t| = \dfrac{|\hat{\beta}_1|}{\hat{\sigma}}\sqrt{l_{uu}} = \dfrac{0.425\,9}{0.146\,0}\sqrt{6.633\,6} = 7.513\,3 > t_{0.025}(7) = 2.364\,6$,可知,在水平 0.95 之下,$u$ 与 v 的线性回归效果显著。用原变量代入,有:

$$\ln \hat{y} = 2.142\,1 - 0.425\,9\ln x$$

即 $\hat{y} = 8.517\,3 \cdot x^{-0.425\,9}$。

上式基本反映了 y 与 x 的相关关系。

在一些社会经济问题中,有时从直观上看,数据的散点图似乎呈线性关系。但是,通过进一步分析会发现,选用非线性回归模型效果会更好;有时可能几种模型都可以作为拟合模型,效果都很好,这时我们需要分析选用其中最好的。下面通过讨论两个例子来进行说明。

例 2.4 从全社会发展的角度考虑,影响电话机社会拥有量的发展的主要因素是社会经济发展水平,而综合反映社会经济发展水平的指标可以考虑利用国内生产总值(GDP)表示。表 2.9 是某地区 1984—1997 年国内生产总值(GDP)和电话机社会拥有量的数据。

表 2.9 某地区 1984—1997 年国内生产总值(GDP)和电话机社会拥有量数据

年份	电话机社会拥有量 y（千部）	GDP x（千万元）	年份	电话机社会拥有量 y（千部）	GDP x（千万元）
1984	312.3	108.3	1991	735.6	201.5
1985	348.7	115.4	1992	843.0	223.7
1986	388.6	126.6	1993	971.2	242.0
1987	433.5	131.2	1994	1 117.6	256.7
1988	486.5	145.6	1995	1 295.0	286.1
1989	552.7	166.7	1996	1 505.0	324.3
1990	634.5	184.7	1997	1 733.1	369.7

关于上述数据,作散点图如图 2.13 所示。

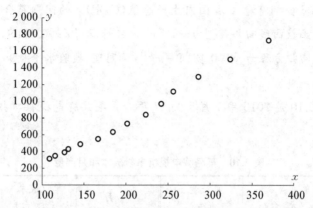

图 2.13　某地区年国内生产总值(GDP)和电话机社会拥有量散点图

由散点图 2.13 可知,国内生产总值(GDP)x 和电话机社会拥有量 y 呈线性关系,所以,可以考虑选线性回归模型拟合。经计算,得 $\hat{\beta}_0=-328.380\,4$,$\hat{\beta}_1=5.535\,0$,从而得回归方程为:

$$\hat{y}=-328.380\,4+5.535\,0x$$

又 $|t|=\dfrac{|\hat{\beta}_1|}{\hat{\sigma}}\sqrt{l_{uu}}=37.505\,5>t_{0.025}(12)=2.178\,8$,可见,在检验水平 0.95 之下,$y$ 与 x 的线性回归效果显著。

但是,考虑到电话机社会拥有量 y 的经济特性,选用幂函数曲线回归模型更贴切,这是由一般经济理论而来的。

设弹性系数为 K,表示某商品的需求强度。若 Y 表示需求量,X 表示收入或者价格,则有如下关系:

$$K=\frac{\dfrac{\Delta Y}{Y}}{\dfrac{\Delta X}{X}}$$

此时,$K>1$ 表明商品具有收入或者价格弹性,$K<1$ 则表示弹性不大。进行简单的数学变换,可以将上式写作:

$$\frac{\Delta Y}{Y}=K\cdot\frac{\Delta X}{X}$$

进一步可以写作:

$$\ln Y=K\cdot\ln X+C$$

因此,Y 与 X 具有幂函数关系,即 $Y=A\cdot X^K$。

关于电话机社会拥有量 y 和国内生产总值(GDP)x 的问题符合上述特性,所以可以考虑选用幂函数曲线回归模型 $y=a \cdot x^b$。经计算得 $\hat{a}=0.421\,9$,$\hat{b}=1.411\,6$,从而得幂函数曲线回归方程为 $\hat{y}=0.421\,9 \cdot x^{1.411\,6}$;同理,检验水平 0.95 之下,$y$ 与 x 的回归效果显著。

例 2.5   表 2.10 是 2016 年 1 月至 2017 年 4 月某品牌电视机单机成本和月产量的数据。

表 2.10   某品牌电视机单机成本和月产量

年/月	单机成本 y（元/台）	月产量 x（台）	年/月	单机成本 y（元/台）	月产量 x（台）
2016/1	346.23	4 300	2016/9	310.82	6 024
2016/2	343.34	4 004	2016/10	306.83	6 194
2016/3	327.46	4 300	2016/11	305.11	7 558
2016/4	313.27	5 016	2016/12	300.71	7 381
2016/5	310.75	5 511	2017/1	306.84	6 950
2016/6	307.61	5 648	2017/2	303.44	6 471
2016/7	314.56	5 876	2017/3	298.03	6 354
2016/8	305.72	6 651	2017/4	296.21	8 000

关于上述数据,作散点图如图 2.14 所示。

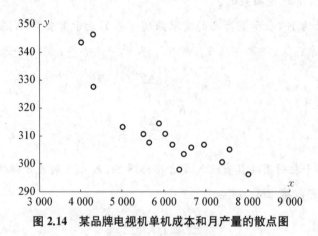

图 2.14   某品牌电视机单机成本和月产量的散点图

根据散点图 2.14 的特点,我们拟选用如下曲线回归模型:

$$y = a \cdot x^b \quad (\text{幂函数曲线})$$

$$y = a + \frac{b}{x} \quad (\text{双曲线})$$

$$y = a + b \ln x \quad （对数函数曲线）$$

经过上述三种曲线形式的变换后，变量之间的散点图（如图 2.15 所示）呈近似线性关系。

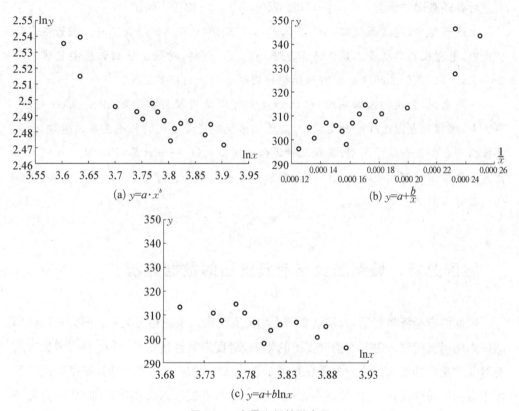

图 2.15　变量之间的散点图

经计算得：

关于幂函数曲线回归模型 $y = a \cdot x^b$，其参数分别为 $\hat{a} = 7.447\,9$，$\hat{b} = -0.196\,4$。

关于双曲线回归模型 $y = a + \dfrac{b}{x}$，其参数分别为 $\hat{a} = 250.784\,8$，$\hat{b} = 355\,457.16$。

关于对数函数回归模型 $y = a + b \ln x$，其参数分别为 $\hat{a} = 857.689$，$\hat{b} = -62.813\,6$。

经过检验，三个模型在检验水平 0.95 之下，y 与 x 的回归效果显著。分别计算三个模型的样本决定系数，分别为：

幂函数曲线回归模型：$r^2 = 0.794\,2$

双曲线回归模型：$r^2 = 0.838$

对数函数回归模型：$r^2 = 0.801\,6$

从上述计算可以看到，三个模型的拟合效果相当，其中，双曲线回归模型和对数函数回归模型的拟合效果更好一些。进一步地,我们假定 2017 年 5 月、6 月的产量分别为 9 500 台和 10 000 台,计算预测值,得到:

双曲线回归模型:$y_{2017,5} = 288.2013$,$y_{2017,6} = 288.3304$

对数函数回归模型:$y_{2017,5} = 282.3759$,$y_{2017,6} = 279.1540$

上述预测中,对数函数回归模型 $y_{2017,6} = 279.1540$ 与实际情况不符。因为在实际生产中,电视机的单机成本最低只能是 280 元/台,这样,对数函数回归模型显然不符合要求,所以,我们选择双曲线回归模型作为最终的预测模型。

一般来说,变换的选择不唯一,比如经常可以使用较为重要的 Box - Cox 变换。事实上,根据散点图选择一种变换,只能近似地反映变量之间的相关关系。通常,我们要根据专业知识和数学模型,选择几种近似的回归曲线,一一计算,然后从中择优。择优的方法常用的有相关指数比较法与剩余标准差比较法。对于 Box - Cox 变换,详细的内容可参阅其他有关书籍。

案例分析　城镇居民年消费支出的数据分析

依据西方经济学理论,人均消费和人均可支配收入呈正相关关系。研究全国城镇居民人均可支配收入对人均消费支出的影响,对促进其经济增长、转变经济增长方式有着非常重要的意义。这一关系在我国是否也成立? 进入 21 世纪后,城镇居民生活水平得到显著提高,一方面表现在城镇居民人均可支配收入大幅度增加,另一方面表现在人均消费支出有了明显增长。居民消费支出在最终消费中占主导地位,是总需求的最大组成部分,直接刺激经济的增长。虽然消费水平高低的影响因素有很多,但主要取决于居民个人可支配收入的高低,其他因素对居民消费也有影响,如"居民财产"和"消费习惯"。有的可能与居民收入高度相关,如"工作类别"和"地区之间的差异"等,虽然它们对居民消费有影响,但不放入模型,只作为随机扰动项来考虑。

选择我国各地区"城镇居民人均年消费支出"和"城镇居民人均年可支配收入"分别作为因变量和自变量(如表 2.11 所示)。

表 2.11　2013 年我国各地区城镇居民人均年消费支出和人均可支配收入数据　单位:元

地　区	收入 x	支出 y	地　区	收入 x	支出 y
上　海	43 851.4	28 155.0	广　东	33 090.0	24 133.3
北　京	40 321.0	26 274.9	江　苏	32 537.5	20 371.5
浙　江	37 850.8	23 257.2	天　津	32 293.6	21 711.9

（续表）

地 区	收入 x	支出 y	地 区	收入 x	支出 y
福 建	30 816.4	20 092.7	山 西	22 455.6	13 166.2
山 东	28 264.1	17 112.2	河 南	22 398.0	14 822.0
辽 宁	25 578.2	18 029.7	四 川	22 367.6	16 343.5
内蒙古	25 496.7	19 249.1	吉 林	22 274.6	15 932.3
重 庆	25 216.1	17 813.9	江 西	21 872.7	13 850.5
湖 南	23 414.0	15 887.1	宁 夏	21 833.3	15 321.1
广 西	23 305.4	15 417.6	贵 州	20 667.1	13 702.9
云 南	23 235.5	15 156.1	西 藏	20 023.4	12 231.9
安 徽	23 114.2	16 285.2	新 疆	19 873.8	15 206.2
海 南	22 928.9	15 593.0	黑龙江	19 597.0	14 161.7
湖 北	22 906.4	15 749.5	青 海	19 499.5	13 539.5
陕 西	22 858.4	16 679.7	甘 肃	18 964.8	14 020.7
河 北	22 580.3	13 640.6			

数据来源：《中国统计年鉴 2014》。

为了准确衡量我国 2013 年各地区城镇居民人均年可支配收入 x 对人均年消费支出 y 的影响作用，首先用 Excel 画出 x 与 y 的散点图（如图 2.16 所示）。

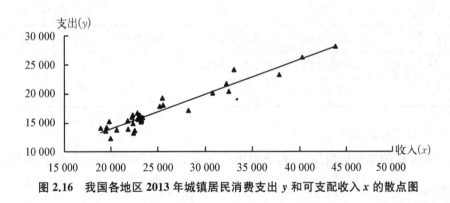

图 2.16 我国各地区 2013 年城镇居民消费支出 y 和可支配收入 x 的散点图

如图 2.16 所示，假定 x 与 y 序列有明显的线性趋势，本节首先设定经典线性回归模型来分析这种影响的大小，建立的计量经济模型为如下线性模型：

$$y = \beta_0 + \beta_1 x + \varepsilon$$

根据上式建立线性回归模型，结果可得相关系数为 0.960 2、决定系数为 0.922 0，说明所建立的模型整体上对样本数据拟合较好,即解释变量 x 对被解释变量 y 的绝大部分差异作了解释,线性回归效果较好,得到的线性回归方程为:

$$\hat{y} = 1\,897.376\,0 + 0.599\,0x$$

1. 回归系数的显著性检验(t 检验)

从表 2.12 可以看出,所估计的参数 $\hat{\beta}_1 = 0.599\,0$ 的标准误为 0.032 3,在 $\alpha = 0.05$ 的显著性水平下,自变量 x 的 P 值小于 0.05 认为是显著的,说明城镇居民人均年可支配收入每相差 1 元,可导致居民消费支出相差 0.599 0 元,这符合凯恩斯的边际消费倾向的经济理论。

表 2.12   人均年消费支出和人均可支配收入的线性回归分析结果

项　　目	系 数	标准误差	t Stat	P 值	Lower 95%	Upper 95%
Intercept	1 897.376 0	850.271 7	2.231 5	0.033 5	158.375 2	3 636.376 7
X Variable 1	0.599 0	0.032 3	18.517 5	0.000 0	0.532 8	0.665 1

2. 模型检验(F 检验)

从表 2.13 可以看出,F 检验的 P 值在 $\alpha = 0.05$ 的显著性水平下,显著小于 0.05,可认为线性模型的估计比较好。

表 2.13   方差分析

项　　目	df	SS	MS	F	Significance F
回　　归	1	434 605 982.1	434 605 982.1	342.898 227 7	1.309 4E-17
剩　　余	29	36 756 018.15	1 267 448.902		
总　　和	30	471 362 000.2			

3. 回归方程的预测

回归方程的重要应用是预测,下面给定 $x = x_0 = 30\,000$ 来作预测,代入回归方程,得:

$$\hat{y}_0 = 1\,897.376\,0 + 0.599\,0 \times 30\,000 = 19\,867.376(元)$$

由于 $\hat{\sigma} = 1\,125.810\,3$,$l_{xx} = 1.983\,2 \times 10^{10}$,$n = 31$,$\bar{x} = 25\,531.8$,对于给定的置信水平 $1 - \alpha$,y_0 的置信区间为:

$$\left[\hat{y}_0 - t_{\frac{\alpha}{2}}(n-2) \cdot \hat{\sigma} \sqrt{1 + \frac{1}{n} + \frac{(x_0 - \bar{x})^2}{l_{xx}}} \, , \, \hat{y}_0 + t_{\frac{\alpha}{2}}(n-2) \cdot \hat{\sigma} \sqrt{1 + \frac{1}{n} + \frac{(x_0 - \bar{x})^2}{l_{xx}}} \right]$$

而 $\varepsilon(x) = t_{\frac{\alpha}{2}}(n-2) \cdot \hat{\sigma} \sqrt{1 + \dfrac{1}{n} + \dfrac{(x_0 - \bar{x})^2}{l_{xx}}}$

$$= 2.045 \times 1\,125.810\,3 \times \sqrt{1 + \dfrac{1}{31} + \dfrac{1.997 \times 10^7}{1.983\,2 \times 10^{10}}}$$

$$= 2\,340.261$$

所以,可得 $x = x_0 = 30\,000$ 元 的相应的预测区间为$[17\,527.115, 22\,207.637]$。

小结

本章详细介绍了一元线性回归模型,包含它的未知参数的估计和模型的假设检验。给出了未知参数的最小二乘估计以及极大似然估计,发现它们是一致的;讨论了最小二乘估计的优良性质。模型的假设检验包含 F-检验、t-检验和相关系数检验,它们在一元线性回归模型的假设检验问题上是一致的,以后使用哪一个都是可以的。还讨论了一元线性回归模型的预测问题以及数据变换问题。

习题二

1. 一元线性回归模型有哪些基本假设?

2. 简述最小二乘法求解回归方程参数的原理。

3. 试述一元线性回归模型的参数的意义。

4. 回归系数 β_i 和相关系数 r 有何联系与区别?

5. 离差平方和分解式的内容和含义是什么?

6. 什么是判定系数 R^2?它与相关系数 r 有何联系和区别?

7. 什么是估计标准误差?它与判定系数有何联系和区别?

8. 构造和应用回归模型进行估计和预测要注意哪些问题?

9. 证明:(1) $\mathrm{Var}(\hat{\beta}_0) = \left(\dfrac{1}{n} + \dfrac{\bar{x}^2}{l_{xx}} \right) \sigma^2$;

$\quad\quad\quad$ (2) $\mathrm{Var}(e_i) = \left[1 - \dfrac{1}{n} - \dfrac{(x - \bar{x})^2}{l_{xx}} \right] \sigma^2$。

10. 验证三种检验的关系,即验证:

(1) $t = \dfrac{\hat{\beta}_1 \cdot \sqrt{l_{xx}}}{\hat{\sigma}} = \dfrac{\sqrt{n-2} \cdot r}{\sqrt{1-r^2}}$;

(2) $F = \dfrac{\hat{\beta}_1^2 \cdot l_{xx}}{\hat{\sigma}^2} = t^2$。

11. 随机抽取某地 12 个居民家庭为样本,调查得到有关人均收入与食品支出的资料如下:

单位：元

编号	家庭人均收入 x	人均食品支出 y	编号	家庭人均收入 x	人均食品支出 y
1	820	750	7	1 600	1 300
2	930	850	8	1 800	1 450
3	1 050	920	9	2 000	1 560
4	1 300	1 050	10	2 700	2 000
5	1 440	1 200	11	3 000	2 000
6	1 500	1 200	12	4 000	2 200

（1）画出散点图。

（2）x 与 y 之间是否大致呈线性关系？

（3）用最小二乘估计求出回归方程。

（4）对回归方程作方差分析。

12. 对某一资料进行一元线性回归，已知样本容量为 20，因变量的估计值与其平均数的离差平方和为 585，因变量的方差为 35，试求：

（1）变量间的相关指数 R。

（2）该方程的估计标准误差。

13. 已知 $\sqrt{\sum (x - \bar{x})^2} = 22$，$\sqrt{\sum (y - \bar{y})^2} = 25$，$\sum (y_c - \bar{y})^2 = 435$，$\sigma_{xy}^2 = 29$，$n = 18$，试求：

（1）相关系数 r。

（2）回归系数 β_1。

（3）估计标准误差 S。

14. 已知相关系数 $r = 0.6$，估计标准误差 $S = 8$，样本容量 $n = 62$，试计算：

（1）剩余变差。

（2）总变差。

（3）剩余变差占总变差的比例。

15. 某企业有下述资料：

资金（万元）	18.6	20.4	19.4	24.2	24.0	28.4	37.2	56.8	26.4	23.6	45.4	24.6
利润（万元）	2.7	3.6	1.8	5.5	5.2	6.3	7.3	8.4	4.6	5.9	7.1	4.1

要求：

（1）用最小平方法分别求以资金为解释变量、利润为被解释变量的直线回归方程和以利润为解释变量、资金为被解释变量的直线回归方程。

（2）根据回归系数与相关系数的关系，说明资金与利润之间的相关程度。

16. 某公司 8 个所属企业的产品销售资料如下：

企业编号	产品销售额（万元）	销售利润（万元）	企业编号	产品销售额（万元）	销售利润（万元）
1	170	8.1	5	480	26.5
2	220	12.5	6	650	40.0
3	390	18.0	7	850	64.0
4	430	22.0	8	1 000	69.0

要求：

(1) 计算相关系数，测定产品销售额与利润之间的相关方向和相关程度。

(2) 确定自变量和因变量，并求出直线回归方程。

(3) 计算估计标准误差。

(4) 根据回归方程，指出当销售额增加 1 万元时，利润额平均增加多少？

(5) 在 95% 的概率保证下，当销售额为 1 200 万元时，利润额的置信区间。

17. 某公司 1—6 月份的产量(千件，x)和单位成本(元/件，y)计算数据见下表。根据如下资料计算两个变量之间的相关系数，拟合线性回归方程，估计回归系数和总体方差，同时进行拟合优度检验和显著性检验，并预测：当第七个月的产量为 6 千件时，单位成本为多少？

月　份	x	y	x^2	y^2	xy
1	2	73	2	5 329	146
2	3	72	9	5 184	216
3	4	71	16	5 041	284
4	3	73	9	5 329	219
5	4	69	16	4 761	276
6	5	68	25	4 624	340
合　计	21	426	77	30 268	1 481

18. 有 10 个同类工业企业，它们的年平均生产性固定资产和利税总额如下：

企业编号	生产性固定资产（万元）	利税总额（万元）	企业编号	生产性固定资产（万元）	利税总额（万元）
1	318	52	6	502	93
2	910	101	7	314	160
3	200	64	8	1 210	151
4	409	82	9	1 022	122
5	415	92	10	1 225	132

要求：

(1) 判断生产性固定资产与利税总额是否存在相关关系，是何种相关关系。

(2) 测定并检验其相关系数($\alpha=0.05$)。

(3) 选择适当因素为解释变量和被解释变量建立一元线性回归模型,并进行拟合优度检验、参数显著性检验,根据检验结果解释参数估计量的含义。

(4) 如果给定生产性固定资产 1 500 万元,利税总额 150 万元,试根据建立的模型选择这两个给定值,对模型做出点估计和区间估计($\alpha=0.05$)。

19. 某企业生产某种产品的产量和单位成本资料如下:

月　份	1	2	3	4	5	6
产量(千件)	4	6	8	7	8	9
单位成本(元/件)	730	720	710	720	700	690

要求:

(1) 确定单位成本对产量的一元线性回归模型,并指出其回归系数的意义。

(2) 对该模型的拟合优度进行评价。

(3) 对该模型的回归系数 β_1 和模型整体进行 F 检验($\alpha=0.05$)。

(4) 计算该回归模型的估计标准误,并以 95% 的置信水平估计产量为 10 千件时单位成本特定值的置信区间。

20. 现有某种商品的资料如下:

价格(元)	7	12	6	9	10	8	12	6	11	9	12	10
销售量(千件)	57	72	51	57	60	55	70	55	70	53	76	56

要求:

(1) 判断该种商品的销售量与单价之间回归函数的类型,并确定该回归模型。

(2) 对该回归模型作出拟合优度评价并进行检验($\alpha=0.05$)。

(3) 计算估计标准误,并以 95% 置信度估计价格为 5 元时的销售量均值和特定值的置信区间。

21. 现有下列数据:$n=7$, $\sum x=1\,890$, $\sum y=311$, $\sum x^2=535\,500$, $\sum y^2=17\,415$,

$\sum xy=9\,318$。

要求:确定 y 对 x 的线性回归模型。

22. 某地区有 10 个百货商店,它们的销售额和流通费率资料如下:

商店编号	销售额 X（百万元）	流通费率 Y（%）	商店编号	销售额 X（百万元）	流通费率 Y（%）
1	7	64	6	43	15
2	15	45	7	55	14
3	21	27	8	64	13
4	29	21	9	69	13
5	34	18			

要求：

(1) 试用散点图观察销售额与流通费率的相关形式。

(2) 拟合双曲线回归模型。

(3) 检验该模型的显著性，并预计 $X_0 = 9$ 百万元时的流通费率。

23. 用 Y 和 X 分别表示 1972 年和 1968 年美国 19 个州妇女的劳动就业率。下表给出了该数据集的回归结果，并且算得 $SSR = 0.035\,8$，$SSE = 0.054\,4$。设模型 $y = \beta_0 + \beta_1 x + \varepsilon$，满足通常的回归假定。

变　量	系　数	标准误	t 检验	P　值
常数项	0.203 311	0.097 6	2.08	0.052 6
X	0.656 040	0.196 1	3.35	$<0.003\,8$
$n = 19$	$R^2 = 0.397$	$R_a^2 = 0.362$	$\hat{\sigma} = 0.056\,6$	自由度$=17$

要求：

(1) 计算 $\text{Var}(Y)$ 和 $\text{Cor}(X, Y)$。

(2) 设 1968 年该州的妇女就业率是 45%，则 1972 年该州的妇女就业率估计是多少？

(3) 进一步假设 1968 年妇女就业率的均值和方差分别是 0.5 和 0.005，构造上一问中估计量的 95% 的置信区间。

(4) 构造回归直线斜率的 95% 的置信区间。

(5) 在 5% 的显著性水平下，检验假设 $H_0: \beta_1 = 1 \leftrightarrow H_1: \beta_1 > 1$。

(6) 如果对调 Y 和 X 的位置再做回归分析，你认为 R^2 会怎样？

第三章 多元线性回归分析

第一节 引言

在上一章中讨论了一元线性回归模型,即介绍了因变量 y 只与一个自变量 x 有关的线性回归问题。但一元线性回归模型只是回归分析中的一种特例,它通常是我们对影响某种现象的许多因素进行简化考虑的结果。比如,我们考虑对家庭消费支出的影响,除了家庭收入因素外,物价指数、价格变换趋势、年龄、广告、利息率、外汇汇率、就业状况等多种因素都会影响消费支出。这样,因变量 y 就与多个自变量 x_1、x_2、… 有着密切的关系。这就要用多元回归模型来分析问题。

本章主要讨论线性相关条件下,两个和两个以上自变量对一个因变量的数量变化关系,称为多元线性回归分析,其数学表达式称为多元线性回归模型。多元线性回归模型是一元线性回归模型的自然推广,其基本原理与一元线性回归模型类似,只是自变量的个数增加了,从而加大了在计算上的复杂性。

第二节 数据的类型及模型

作为多元线性回归模型中最简单的形式,先考察二元线性回归模型的情况。对于两个自变量对一个因变量的数量变化关系情况,假定因变量 y 与自变量 x_1、x_2 之间的回归关系可以用线性函数近似反映。二元线性回归模型的一般形式如下:

$$y = \beta_0 + \beta_1 x_1 + \beta_2 x_2 + \varepsilon$$

其中:ε 是随机误差项,且 $E(\varepsilon) = 0$,$\mathrm{Var}(\varepsilon) = \sigma^2$。当固定自变量(解释变量)的每一组观察值时,因变量 y 的值是随机的,为 $E(y \mid x_1, x_2)$,从而因变量的条件期望函数为:

$$E(y \mid x_1, x_2) = \beta_0 + \beta_1 x_1 + \beta_2 x_2$$

类似于一元线性回归模型，从几何上看，上述方程表示的是如图 3.1 所示的空间中的一个平面（多元线性回归方程将表示多维空间中的一个超平面）。对于给定的 (x_1, x_2)，因变量 y 的均值就是该平面上正对 (x_1, x_2) 的那个点的 Y 坐标的值（实心点），空心点表示对应于实际观测值 y 的点，实心点与空心点的差别即对应着随机误差项。

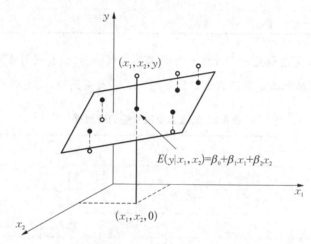

图 3.1　观测点关于真实回归平面的散点图

对于上述二元线性回归方程，在几何上是一个平面（如图 3.2 所示），对于不同的观测值，就得到不同的样本回归平面。

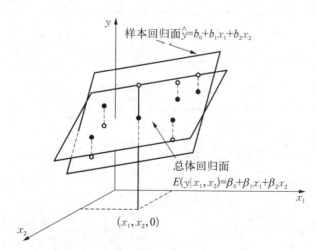

图 3.2　总体回归平面与样本回归平面

一般而言，对于多元线性回归问题，收集到的数据由因变量（或称被解释变量）y 与 p 个自变量（或称解释变量）x_1, x_2, $\cdots$, x_p 的 n 次观测值组成，通常如表 3.1 所示。

表 3.1   多元回归模型的数据组成

观测次数	y	x_1	x_2	x_3	...	x_p
1	y_1	x_{11}	x_{21}	x_{31}	...	x_{p1}
2	y_2	x_{12}	x_{22}	x_{32}	...	x_{p2}
⋮	⋮	⋮	⋮	⋮	⋮	⋮
n	y_n	x_{1n}	x_{2n}	x_{3n}	...	x_{pn}

例 3.1   某公司想研究一下管理人员的工作情况。为此,公司作了管理人员素质的一份调查报告,包括职工是否满意他们的管理人员等有关问题,收集到的数据见表 3.2。

表 3.2   管理人员素质的调查数据

编号	y	x_1	x_2	x_3	x_4	x_5	x_6
1	43	51	30	39	61	92	45
2	63	64	51	54	63	73	47
3	71	70	68	69	76	86	48
4	61	63	45	47	54	84	35
5	81	78	56	66	71	83	47
6	43	55	49	44	54	49	34
7	58	67	42	56	66	68	35
8	71	75	50	55	70	66	41
9	72	82	72	67	71	83	31
10	67	61	45	47	62	80	41
11	64	53	53	58	58	67	34
12	67	60	47	39	59	74	41
13	59	62	57	42	55	63	25
14	68	83	83	45	59	77	35
15	77	77	54	72	79	77	46
16	81	90	50	72	60	54	36
17	74	85	64	69	79	79	63
18	65	60	65	75	55	80	60
19	65	70	46	57	75	85	46
20	50	58	68	54	64	78	52
21	50	40	33	34	43	64	33

(续表)

编 号	y	x_1	x_2	x_3	x_4	x_5	x_6
22	64	61	52	62	66	80	41
23	53	66	52	50	63	80	37
24	40	37	42	58	50	57	49
25	63	54	42	48	66	75	33
26	66	77	66	63	88	76	72
27	78	75	58	74	80	78	49
28	48	57	44	45	51	83	38
29	85	85	71	71	77	74	55
30	82	82	39	59	64	78	39

其中：y 代表对管理人员所做的工作的全面评价，x_1 代表对待职工疾苦的态度，x_2 代表不允许的特权，x_3 代表抓紧机会学习新东西，x_4 代表根据成绩提拔职工，x_5 代表对职工的缺点过分苛刻的指责，x_6 代表职工对促进工作的评价。

为了研究对管理人员所做的工作的全面评价与 6 个因素之间的关系，我们需要建立多元回归模型。

下面讨论多元线性回归模型的一般形式：

$$y = \beta_0 + \beta_1 x_1 + \beta_2 x_2 + \cdots + \beta_p x_p + \varepsilon \tag{3.1}$$

其中：β_0，β_1，$\cdots$，β_p 是 $p+1$ 个未知参数；β_0 为回归常数；β_1，β_2，$\cdots$，β_p 为回归系数；y 为因变量；x_1，x_2，$\cdots$，x_p 为自变量；ε 为随机误差。

显然，当 $p=1$ 时，(3.1)式为一元线性回归模型。

对于随机误差 ε，常假定：

$$E(\varepsilon) = 0, \ \mathrm{Var}(\varepsilon) = \sigma^2 \tag{3.2}$$

定义理论回归方程为：

$$E(y) = \beta_0 + \beta_1 x_1 + \beta_2 x_2 + \cdots + \beta_p x_p \tag{3.3}$$

当考虑实际问题时，若已经获得 n 组观测数据 $(x_{i1}, x_{i2}, \cdots, x_{ip}; y_i)$，$i=1$，$2$，$\cdots$，$n$，则模型(3.1)可表示为：

$$\begin{cases} y_1 = \beta_0 + \beta_1 x_{11} + \beta_2 x_{12} + \cdots + \beta_p x_{1p} + \varepsilon_1 \\ y_2 = \beta_0 + \beta_1 x_{21} + \beta_2 x_{22} + \cdots + \beta_p x_{2p} + \varepsilon_2 \\ \cdots\cdots \\ y_n = \beta_0 + \beta_1 x_{n1} + \beta_2 x_{n2} + \cdots + \beta_p x_{np} + \varepsilon_n \end{cases} \tag{3.4}$$

令：

$$y = \begin{bmatrix} y_1 \\ y_2 \\ \vdots \\ y_n \end{bmatrix},\ X = \begin{bmatrix} 1 & x_{11} & x_{12} & \cdots & x_{1p} \\ 1 & x_{21} & x_{22} & \cdots & x_{2p} \\ \vdots & \vdots & \vdots & & \vdots \\ 1 & x_{n1} & x_{n2} & \cdots & x_{np} \end{bmatrix},\ \beta = \begin{bmatrix} \beta_0 \\ \beta_1 \\ \vdots \\ \beta_p \end{bmatrix},\ \varepsilon = \begin{bmatrix} \varepsilon_1 \\ \varepsilon_2 \\ \vdots \\ \varepsilon_n \end{bmatrix}$$

则模型(3.4)变为：

$$Y = X\beta + \varepsilon \tag{3.5}$$

称(3.5)式是多元回归模型的矩阵形式。

为了便于对模型中的参数进行估计，对回归方程(3.4)作如下基本假定：

假设1　自变量 $x_1, x_2, \cdots, x_p$ 是确定性变量，不是随机变量，且 $\mathrm{rank}(X) = p + 1 < n$，即 X 为一个满秩矩阵。

假设2　满足 G - M 条件，即：

$$\begin{cases} E(\varepsilon_i) = 0 & i = 1, 2, \cdots, n \\ \mathrm{Cov}(\varepsilon_i, \varepsilon_j) = \begin{cases} \sigma^2, & i = j \\ 0, & i \neq j \end{cases} & i, j = 1, 2, \cdots, n \end{cases} \tag{3.6}$$

假设3　正态分布的假设条件为：

$$\begin{cases} \varepsilon_i \sim N(0, \sigma^2) & i = 1, 2, \cdots, n \\ \varepsilon_1, \varepsilon_2, \cdots, \varepsilon_n\ \text{相互独立} \end{cases}$$

假设1说明我们只讨论自变量具有确定性的回归问题。假设2说明随机误差的平均值为零，观测值没有系统误差。随机误差项 ε_i 的协方差为零，表明随机误差项在不同的样本点之间是不相关的，即不存在序列相关。假设3限定误差项是正态分布的，在实践中这是合理的。

在满足假设1和假设2的条件下，多元回归模型的矩阵形式(3.5)式可以写作：

$$\begin{cases} y = X\beta + \varepsilon \\ E(\varepsilon) = 0 \\ \mathrm{Var}(\varepsilon) = \sigma^2 I_n \end{cases} \tag{3.7}$$

在满足如上三个假设的条件下，多元回归模型的矩阵形式(3.5)式可以写作：

$$\begin{cases} y = X\beta + \varepsilon \\ \varepsilon \sim N(0, \sigma^2 I_n) \end{cases} \tag{3.8}$$

第三节 多元线性回归模型的参数估计

一、参数的最小二乘估计

类似于一元线性回归模型,在多元线性回归模型中,寻找参数的最小二乘估计向量 $\hat{\beta} = (\hat{\beta}_0, \cdots, \hat{\beta}_p)'$,也就是寻找使离差平方和:

$$Q(\beta_0, \beta_1, \cdots, \beta_p) = \sum_{i=1}^{n} (y_i - \beta_0 - \beta_1 x_{i1} - \beta_2 x_{i2} - \cdots - \beta_p x_{ip})^2 \quad (3.9)$$

达到极小的 $\beta_0, \cdots, \beta_p$ 的值,即寻找 $\hat{\beta}_0, \cdots, \hat{\beta}_p$,使其满足:

$$Q(\hat{\beta}_0, \hat{\beta}_1, \cdots, \hat{\beta}_p) = \sum_{i=1}^{n} (y_i - \hat{\beta}_0 - \hat{\beta}_1 x_{i1} - \hat{\beta}_2 x_{i2} - \cdots - \hat{\beta}_p x_{ip})^2$$

$$= \min_{\beta_0, \beta_1, \cdots \beta_p} \sum_{i=1}^{n} (y_i - \beta_0 - \beta_1 x_{i1} - \beta_2 x_{i2} - \cdots - \beta_p x_{ip})^2$$

$$(3.10)$$

称 $\hat{\beta}_0, \cdots, \hat{\beta}_p$ 为回归参数 $\beta_0, \cdots, \beta_p$ 的最小二乘估计。

可以由多元微积分中求极值的方法实现这一过程,具体计算如下:

对(3.9)式的未知参数求偏导数,并令这些偏导数等于0,可知 $\hat{\beta}_0, \hat{\beta}_1, \cdots, \hat{\beta}_p$ 满足方程组:

$$\begin{cases} \dfrac{\partial Q}{\partial \beta_0} \bigg|_{\beta_0 = \hat{\beta}_0} = -2 \sum_{i=1}^{n} (y_i - \hat{\beta}_0 - \hat{\beta}_1 x_{i1} - \hat{\beta}_2 x_{i2} - \cdots - \hat{\beta}_p x_{ip}) = 0 \\[2mm] \dfrac{\partial Q}{\partial \beta_1} \bigg|_{\beta_1 = \hat{\beta}_1} = -2 \sum_{i=1}^{n} (y_i - \hat{\beta}_0 - \hat{\beta}_1 x_{i1} - \hat{\beta}_2 x_{i2} - \cdots - \hat{\beta}_p x_{ip}) x_{i1} = 0 \\[2mm] \dfrac{\partial Q}{\partial \beta_2} \bigg|_{\beta_2 = \hat{\beta}_2} = -2 \sum_{i=1}^{n} (y_i - \hat{\beta}_0 - \hat{\beta}_1 x_{i1} - \hat{\beta}_2 x_{i2} - \cdots - \hat{\beta}_p x_{ip}) x_{i2} = 0 \\[2mm] \cdots\cdots \\[2mm] \dfrac{\partial Q}{\partial \beta_p} \bigg|_{\beta_p = \hat{\beta}_p} = -2 \sum_{i=1}^{n} (y_i - \hat{\beta}_0 - \hat{\beta}_1 x_{i1} - \hat{\beta}_2 x_{i2} - \cdots - \hat{\beta}_p x_{ip}) x_{ip} = 0 \end{cases} \quad (3.11)$$

整理后知 $\hat{\beta}_1, \hat{\beta}_2, \cdots, \hat{\beta}_p$ 满足如下方程组:

$$\begin{cases} l_{11} \hat{\beta}_1 + l_{12} \hat{\beta}_2 + \cdots + l_{1p} \hat{\beta}_p = l_{1y} \\ l_{21} \hat{\beta}_1 + l_{22} \hat{\beta}_2 + \cdots + l_{2p} \hat{\beta}_p = l_{2y} \\ \cdots\cdots \\ l_{p1} \hat{\beta}_1 + l_{p2} \hat{\beta}_2 + \cdots + l_{pp} \hat{\beta}_p = l_{py} \end{cases} \quad (3.12)$$

且：

$$\hat{\beta}_0 = \bar{y} - \hat{\beta}_1 \bar{x}_1 - \hat{\beta}_2 \bar{x}_2 - \cdots - \hat{\beta}_p \bar{x}_p \qquad (3.13)$$

其中，对于任意的 $\alpha = 1, \cdots, n$ 和 $i, j = 1, \cdots, p$：

$$I_{ij} = l_{ji} = \sum_\alpha (x_{\alpha i} - \bar{x}_i)(x_{\alpha j} - \bar{x}_j) = \sum_\alpha x_{\alpha i} x_{\alpha j} - \frac{1}{n} \left(\sum_\alpha x_{\alpha i} \right) \left(\sum_\alpha x_{\alpha j} \right)$$

$$l_{iy} = \sum_\alpha (x_{\alpha i} - \bar{x}_i)(y_\alpha - \bar{y}) = \sum_\alpha x_{\alpha i} y_\alpha - \frac{1}{n} \left(\sum_\alpha x_{\alpha i} y_\alpha \right) \left(\sum_\alpha y_\alpha \right)$$

(3.12)式和(3.13)式称为正规方程组，写成矩阵形式为：

$$\begin{pmatrix} n & \sum x_{1i} & \sum x_{2i} & \cdots & \sum x_{pi} \\ \sum x_{1i} & \sum x_{1i}^2 & \sum x_{2i} x_{1i} & \cdots & \sum x_{pi} x_{1i} \\ \vdots & \vdots & \vdots & \vdots & \vdots \\ \sum x_{pi} & \sum x_{1i} x_{pi} & \sum x_{2i} x_{pi} & \cdots & \sum x_{pi}^2 \end{pmatrix}$$

$$\begin{pmatrix} \hat{\beta}_0 \\ \hat{\beta}_1 \\ \hat{\beta}_2 \\ \vdots \\ \hat{\beta}_p \end{pmatrix} = \begin{pmatrix} \sum y_i \\ \sum x_{1i} y_i \\ \vdots \\ \sum x_{pi} y_i \end{pmatrix}$$

这是因为：

$$\begin{pmatrix} n & \sum x_{1i} & \sum x_{2i} & \cdots & \sum x_{pi} \\ \sum x_{1i} & \sum x_{1i}^2 & \sum x_{2i} x_{1i} & \cdots & \sum x_{pi} x_{1i} \\ \vdots & \vdots & \vdots & \vdots & \vdots \\ \sum x_{pi} & \sum x_{1i} x_{pi} & \sum x_{2i} x_{pi} & \cdots & \sum x_{pi}^2 \end{pmatrix}$$

$$= \begin{pmatrix} 1 & 1 & \cdots & 1 \\ x_{11} & x_{12} & \cdots & x_{1n} \\ x_{21} & x_{22} & \cdots & x_{2n} \\ \vdots & \vdots & \vdots & \vdots \\ x_{p1} & x_{p2} & \cdots & x_{pn} \end{pmatrix} \begin{pmatrix} 1 & x_{11} & x_{21} & \cdots & x_{p1} \\ 1 & x_{12} & x_{22} & \cdots & x_{p2} \\ \vdots & \vdots & \vdots & \vdots & \vdots \\ 1 & x_{1n} & x_{2n} & \cdots & x_{pn} \end{pmatrix} = X'X$$

$$\begin{pmatrix} \sum y_i \\ \sum x_{1i}y_i \\ \vdots \\ \sum x_{pi}y_i \end{pmatrix} = \begin{pmatrix} 1 & 1 & \cdots & 1 \\ x_{11} & x_{12} & \cdots & x_{1n} \\ x_{21} & x_{22} & \cdots & x_{2n} \\ \vdots & \vdots & \vdots & \vdots \\ x_{p1} & x_{p2} & \cdots & x_{pn} \end{pmatrix} \begin{pmatrix} y_1 \\ y_2 \\ \vdots \\ y_n \end{pmatrix} = X'y$$

设 $\hat{\beta} = \begin{pmatrix} \hat{\beta}_0 \\ \hat{\beta}_0 \\ \vdots \\ \hat{\beta}_p \end{pmatrix}$

由此写成矩阵方程形式为：

$$X'X \cdot \hat{\beta} = X'y \qquad (3.14)$$

由假设 1 可知，$X'X$ 是满秩的，所以可以得到回归参数 $\beta_0, \cdots, \beta_p$ 的最小二乘估计为：

$$\hat{\beta} = (X'X)^{-1}X'y \qquad (3.15)$$

定义经验回归方程：

$$\hat{y} = \hat{\beta}_0 + \hat{\beta}_1 x_1 + \hat{\beta}_2 x_2 + \cdots + \hat{\beta}_p x_p \qquad (3.16)$$

同时，我们称向量 $\hat{y} = X\hat{\beta} = (\hat{y}_1, \cdots, \hat{y}_n)'$ 为 $y = (y_1, \cdots, y_n)'$ 的回归值或拟合值。

由(3.15)式可得：

$$\hat{y} = X\hat{\beta} = X(X'X)^{-1}X'y \qquad (3.17)$$

从(3.17)式看，矩阵 $H = X(X'X)^{-1}X'$ 把因变量 y 变为拟合值向量 $\hat{y}$，从形式上看给带上了一顶帽子"∧"，从而形象地称矩阵 H 为帽子矩阵，即：

$$\hat{y} = Hy$$

H 为 n 阶对称阵，同时还是幂等矩阵，即 $H = H^2$，可以证明，H 的迹：

$$\text{tr}(H) = \sum_{i=1}^{n} h_{ii} = p + 1$$

其中，h_{ii} 为矩阵 H 的主对角线上的第 i 个元素。

$$\text{tr}(H) = \text{tr}[X(X'X)^{-1}X'] = \text{tr}[(X'X)^{-1}(X'X)] = \text{tr}(I_{p+1}) = p + 1 \quad (3.18)$$

y_i 的残差定义为 $e_i = y_i - \hat{y}_i$, $i = 1, \cdots, n$。

相应地,称 $e = (e_1, \cdots, e_n)' = y - \bar{y}$ 为回归残差向量,则:

$$e = y - \hat{y} = y - Hy = (I - H)y$$

且:

$$\begin{aligned}
\mathrm{Var}(e) = \mathrm{Cov}(e, e) &= \mathrm{Cov}[(I - H)y, (I - H)y] \\
&= (I - H)\mathrm{Cov}(y, y)(I - H)' \\
&= \sigma^2(I - H)I_n(I - H)' \\
&= \sigma^2(I - H)
\end{aligned}$$

于是有:

$$\mathrm{Var}(e_i) = (1 - h_{ii})\sigma^2 \qquad i = 1, 2, \cdots, n \tag{3.19}$$

由(3.11)式可知残差满足关系式:

$$\sum_i e_i = 0, \ \sum_i e_i x_{i1} = 0, \ \sum_i e_i x_{i2} = 0, \ \sum_i e_i x_{ip} = 0 \tag{3.20}$$

上式的矩阵形式为:

$$X'e = 0 \tag{3.21}$$

定理 3.1　误差项方差 σ^2 的一个无偏估计为:

$$\hat{\sigma}^2 = \frac{1}{n - p - 1} \sum_{i=1}^{n} e_i^2$$

证明:

$$\begin{aligned}
E\left(\sum_{i=1}^{n} e_i^2\right) &= \sum_{i=1}^{n} E(e_i^2) \\
&= \sum_{i=1}^{n} \{\mathrm{Var}(e_i) + [E(e_i)]^2\} \\
&= \sum_{i=1}^{n} \mathrm{Var}(e_i) \\
&= \sum_{i=1}^{n} (1 - h_{ii})\sigma^2 \\
&= \left(n - \sum_{i=1}^{n} h_{ii}\right)\sigma^2 \\
&= (n - p - 1)\sigma^2
\end{aligned}$$

即 $\hat{\sigma}^2$ 是 σ^2 的一个无偏估计。

注：由正规方程求 $\hat{\beta}$ 时，要求 $(X'X)^{-1}$ 必须存在，即 $(X'X)^{-1}$ 为非奇异矩阵，$|X'X| \neq 0$。而由线性代数的知识知道，$X'X$ 为 $p+1$ 满秩矩阵，就必须有 $\text{rank}(X) \geq p+1$，而 X 为 $n \times (p+1)$ 阶矩阵，于是应有 $n \geq p+1$。也就是说，要想用最小二乘估计法来估计多元线性回归模型的未知参数，样本容量必须不少于模型中参数的个数。这一点已在基本假设中有了体现。

二、参数的极大似然估计

考虑模型(3.8)，这时 y 的概率分布是多元正态分布，即：

$$y \sim N(X\beta, \sigma^2 I_n)$$

所以 y 的似然函数是：

$$L(\beta, \sigma^2) = (2\pi\sigma^2)^{-\frac{n}{2}} \exp\left\{ -\frac{1}{2\sigma^2}(y-X\beta)'(y-X\beta) \right\}$$

从而它的对数似然函数是：

$$\text{Ln}[L(\beta, \sigma^2)] = -\frac{n}{2}\text{Ln}(2\pi\sigma^2) - \frac{1}{2\sigma^2}(y-X\beta)'(y-X\beta)$$

由上式可知，$\text{Ln}[L(\beta, \sigma^2)]$ 达到最大等价于 $(y-X\beta)'(y-X\beta)$ 达到最小，这与最小二乘估计的思想是一致的。所以，参数 β 的极大似然估计与其最小二乘估计是一致的。同时，我们还可以得到 σ^2 的极大似然估计是：

$$\hat{\sigma}_L^2 = \frac{1}{n}(y-X\hat{\beta})'(y-X\hat{\beta})$$

它是 σ^2 的有偏估计。定理 3.1 给出了它的一个无偏估计。

第四节　回归系数的解释

可以从不同的角度对多元回归方程中的回归系数进行解释。一元线性回归方程表示一条直线，而多元线性回归方程表示一个平面(有两个自变量时)，或一个超平面(有两个以上自变量时)。在多元回归中，β_0 可称为回归常数，其意义与一元回归中的一样，表示当 $X_1 = X_2 = \cdots = X_p = 0$ 时 Y 的值。而回归系数 $\beta_j (j=1, 2, \cdots, p)$ 有多种解释：一种是当 X_j 变化一单位而其他自变量固定不变时，Y 的改变量，这个改变量与其他自变量固定取什么常数无关。然而，在实际中，自变量之间往往是相关的，可能无法做到固定某些自变量的值而改变其他变量的值。这是这种解释的弱点。另一种是经过其他自变量的"调整"后，对响应变量 Y 的贡献。因此，β_j 也称偏回归系数。多元回归中的"调整"如何理解呢？不失一般性，我们以有两个解释变量的多元回归为例说明这个问题。当 $p=2$ 时，模型变成：

$$Y = \beta_0 + \beta_1 X_1 + \beta_2 X_2 + \varepsilon \tag{3.22}$$

例如，在管理人员素质的调查数据中，仅取 X_1 和 X_2 作为解释变量，用统计软件估计回归方程，得：

$$\hat{Y} = 15.327\,6 + 0.780\,3X_1 - 0.050\,2X_2 \tag{3.23}$$

X_1 的系数表示：当 X_2 固定时，X_1 每增加一单位，Y 将增加 $0.780\,3$ 单位；同时，正如下面所讲的，这个值也表示经过 X_2 调整后，X_1 对 Y 的贡献。类似地，X_2 的系数表示：当 X_1 固定时，X_2 每增加一单位，Y 将减少 $0.050\,2$ 单位，也表示 X_1 调整后，X_2 对 Y 的贡献。

(3.22)式中的 β_2 是经过 X_1 的"调整"后，X_2 对 Y 的贡献(关于 β_1 的解释是完全对称的，我们不再细述)。回归系数 β_2 的估计可通过若干个简单回归方程的计算得到。通过计算过程的展示，对 β_2 的第二种解释就比较容易理解了。

(1) 拟合 Y 对 X_1 的简单回归模型。记这个简单回归模型的残差为 $e_{Y \cdot X_1}$，该符号中，圆点之前的变量为响应变量，圆点之后的变量为自变量。拟合的回归方程为：

$$\hat{Y} = 14.376\,3 + 0.754\,610X_1 \tag{3.24}$$

我们称残差 $e_{Y \cdot X_1} = Y - \hat{Y}$ 为经过 X_1"调整"后的 Y(实际上，这个调整后的 Y 就是残差 $e_{Y \cdot X_1}$)。

(2) 拟合 X_2(这里暂时作为响应变量)对 X_1 的简单回归模型。记此回归的残差为 $e_{Y \cdot X_1}$，拟合的回归方程为：

$$\hat{X}_2 = 18.965\,4 + 0.513\,032X_1 \tag{3.25}$$

称残差 $e_{X_2 \cdot X_1} = X_2 - \hat{X}_2$ 为经过 X_1"调整"后的 X_2。残差 $e_{Y \cdot X_1}$ 和 $e_{X_2 \cdot X_1}$ 的值见表 3.3。

表 3.3　偏残差

行　号	$e_{Y \cdot X_1}$	$e_{X_2 \cdot X_1}$	行　号	$e_{Y \cdot X_1}$	$e_{X_2 \cdot X_1}$
1	$-9.861\,4$	$-15.130\,0$	3	$3.801\,0$	$13.122\,4$
2	$0.328\,7$	$-0.799\,5$	4	$-0.916\,7$	$-6.286\,4$

（续表）

行 号	$e_{Y \cdot X_1}$	$e_{X_2 \cdot X_1}$	行 号	$e_{Y \cdot X_1}$	$e_{X_2 \cdot X_1}$
5	7.764 1	−2.981 9	18	5.347 1	15.252 7
6	−12.879 9	1.817 8	19	−2.199 0	−8.877 6
7	−6.935 2	−11.338 5	20	−8.143 7	19.278 7
8	0.027 9	−7.442 8	21	5.439 3	−6.486 7
9	−4.254 3	10.996 0	22	3.592 5	1.739 7
10	6.592 5	−5.260 4	23	−11.180 6	−0.825 5
11	9.629 4	6.843 9	24	−2.296 9	4.052 4
12	7.347 1	−2.747 3	25	7.874 8	−4.699 1
13	7.837 9	6.226 6	26	−6.481 3	7.531 1
14	−9.008 9	21.452 9	27	7.027 9	0.557 2
15	4.518 7	−4.468 8	28	−9.389 1	−4.208 2
16	−1.291 2	−15.138 3	29	6.481 8	8.426 9
17	−4.518 2	1.426 9	30	5.745 7	−22.034 0

（3）拟合上面两个残差的一元回归模型，其中 $e_{Y \cdot X_1}$ 是响应变量，$e_{X_2 \cdot X_1}$ 是自变量，拟合的回归方程为：

$$\hat{e}_{Y \cdot X_1} = 0 - 0.050\,2 e_{X_2 \cdot X_1} \tag{3.26}$$

结果显示，(3.26)式中 $e_{X_2 \cdot X_1}$ 的系数与(3.23)式中 X_2 的多元回归系数是一样的，都是−0.050 2。事实上，它们的标准误也一样，如何直观地解释呢？

在第一步中，我们考察了 Y 与 X_1 之间的线性关系，得到的回归残差是 Y 中去掉 X_1 的线性影响后的部分，或者说，是 Y 中与 X_1 没有线性关系的部分，或经过 X_1"调整"后的 Y。在第二步中，我们用 X_2 代替 Y，重复第一步的分析。此时的残差是 X_2 中与 X_1 没有线性关系的部分，是经过 X_1"调整"后的 X_2。第三步建立上面得到的 Y 的残差与 X_2 的残差之间的线性关系，得到的回归系数表示去掉 X_1 对 Y 和 X_2 的线性影响后 X_2 对 Y 的影响，即经过 X_1"调整"后，X_2 对 Y 的影响。这就是对回归系数 β_2 的第二种解释。

现在回到一般的多元线性回归，回归系数 β_j 反映的是 X_j 对响应变量 Y 的贡献，这种贡献是 Y 和 X_j 都经过其他自变量的线性调整后得到的，因此，β_j 也取名偏回归系数。这就是多元回归中对回归系数的第二种解释，这种解释比第一种解释的统计意义更深刻一些。

注意到回归方程(3.26)中的截距为 0,这是因为两组残差的均值都是 0(因为残差和为 0)。用与上面相同的方法可以获得(3.23)式中 X_1 的回归系数,在上面的三步中交换 X_2 和 X_1 的位置即可。

从上面的讨论可以看出,同一个变量的一元回归系数和多元回归系数是不一样的,除非自变量之间是不相关的。在实际生活中,自变量很少是不相关的;相反,在实验环境下,实验设计往往是产生不相关的预测变量,因为在实验中,自变量的值是由研究人员设置的。所以,在实验样本中,自变量很可能是不相关的,在此种情况下,一元回归系数和多元回归系数是相同的。

第五节　参数估计的统计性质

性质 1　$\hat{\beta}$ 是随机向量 y 的一个线性变换。

证明:由于 $\hat{\beta} = (X'X)^{-1}X'y$,由回归模型假设可知,$X$ 是固定的设计矩阵,因此,$\hat{\beta}$ 是随机向量 y 的一个线性变换。

性质 2　$\hat{\beta}$ 是 β 的无偏估计。

证明:
$$
\begin{aligned}
E(\hat{\beta}) &= E[(X'X)^{-1}X'y] \\
&= (X'X)^{-1}X'E(y) \\
&= (X'X)^{-1}X'E(X\beta + \varepsilon) \\
&= (X'X)^{-1}X'X\beta \\
&= \beta
\end{aligned}
$$

这一性质与一元线性回归 $\hat{\beta}_0$ 与 $\hat{\beta}_1$ 无偏性的性质相同。

性质 3　$\hat{\beta}$ 的协方差阵 $\mathrm{Var}(\hat{\beta}) = \sigma^2(X'X)^{-1}$。

证明:
$$
\begin{aligned}
\mathrm{Var}(\hat{\beta}) &= \mathrm{Cov}(\hat{\beta}, \hat{\beta}) \\
&= E\{[\hat{\beta} - E(\hat{\beta})][\hat{\beta} - E(\hat{\beta})]'\} \\
&= E[(\hat{\beta} - \beta)(\hat{\beta} - \beta)'] \\
&= E\{[(X'X)^{-1}X'y - \beta][(X'X)^{-1}X'y - \beta]'\} \\
&= E\{[(X'X)^{-1}X'(X\beta + \varepsilon) - \beta][(X'X)^{-1}X'(X\beta + \varepsilon) - \beta]'\} \\
&= E\{[\beta + (X'X)^{-1}X'\varepsilon - \beta][\beta + (X'X)^{-1}X'\varepsilon - \beta]'\} \\
&= E[(X'X)^{-1}X'\varepsilon\varepsilon'X(X'X)^{-1}] \\
&= (X'X)^{-1}X'E(\varepsilon\varepsilon')X(X'X)^{-1} \\
&= (X'X)^{-1}X'(\sigma^2 I_n)X(X'X)^{-1} \\
&= \sigma^2(X'X)^{-1}
\end{aligned}
$$

$\text{Var}(\hat{\beta})$ 反映了估计量 $\hat{\beta}$ 的波动大小。由性质 3 可以看出,回归系数向量 $\hat{\beta}$ 的稳定状况不仅与随机误差项的方差 σ^2 有关,而且与设计矩阵 X 有关。

性质 4 (高斯-马尔柯夫定理)对于模型(3.7)的参数 β 的任一线性函数 $c'\beta$ 的最小方差线性无偏估计为 $c'\hat{\beta}$,其中:c 是任一 $p+1$ 维常数向量,$\hat{\beta}$ 为 β 的最小二乘估计。

证明:设 $d'y$ 是 $c'\beta$ 的任一线性无偏估计,则对一切 β 有:

$$E(d'y) = d'X\beta = c'\beta$$

故必有 $d'X = c'$。这样:

$$\text{Var}(d'y) = d'\text{Var}(y)d$$
$$= \sigma^2 d'd$$
$$\text{Var}(c'\hat{\beta}) = \text{Var}[c'(X'X)^{-1}X'y]$$
$$= \sigma^2 c'(X'X)^{-1}c$$
$$= \sigma^2 d'X(X'X)^{-1}X'd$$

从而:

$$\text{Var}(d'y) - \text{Var}(c'\hat{\beta}) = \sigma^2 d'[I - X(X'X)^{-1}X']d$$
$$= \sigma^2 d'(I-H)d$$
$$\geqslant 0$$

最后一步是因为 $I-H$ 为投影阵,故必为非负定阵。

性质 5 对于模型(3.8),$\hat{\beta}$ 与 $\hat{\sigma}^2$ 相互独立。

证明:由于 $e = y - \hat{y} = y - X\hat{\beta} = (I-H)y$,$y$ 遵从正态分布,因此 e 也遵从正态分布,再由:

$$\text{Cov}(\hat{\beta}, e) = \text{Cov}[(X'X)^{-1}X'y, (I-H)y]$$
$$= (X'X)^{-1}X'\text{Var}(y)(I-H)'$$
$$= \sigma^2(X'X)^{-1}X'(I-H)$$
$$= \sigma^2(X'X)^{-1}X'[I - X(X'X)^{-1}X']$$
$$= 0$$

由正态分布的性质知,$\hat{\beta}$ 与 e 独立,从而 $\hat{\beta}$ 与 $e'e$ 独立,即 $\hat{\beta}$ 与 $\hat{\sigma}^2 = \dfrac{e'e}{n-p-1}$ 独立。

性质 5 指出,回归系数的估计 $\hat{\beta}$ 与回归误差的估计 $\hat{\sigma}^2$ 是相互独立的。进一步还可

推出回归平方和 $S_R = \sum_{i=1}^{n} (\hat{y}_i - \bar{y})^2$ 与残差平方和 $S_E = \sum_{i=1}^{n} (y_i - \hat{y}_i)^2$ 相互独立。

性质6 对于模型(3.8),有:

(1) $\hat{\beta} \sim N[\beta, \sigma^2 (X'X)^{-1}]$

(2) $S_E/\sigma^2 \sim \chi^2 (n - p - 1)$

证明:由于 $Y \sim N(X\beta, \sigma^2 I_n)$,而 $\hat{\beta}$ 是 Y 的线性组合,因此 $\hat{\beta}$ 是正态的,结合性质2和性质3,得出(1)的结论。

由于 $S_E = y'[I - X(X'X)^{-1}X']y = y'(I - H)y = \varepsilon'(I - H)\varepsilon$,且 $\varepsilon \sim N(0, \sigma^2 I_n)$,$\mathrm{Rank}(I - H) = n - p - 1$,所以有结论(2)。

在满足某些假定的条件下,最小二乘估计具有一些优良的性质,第五章将详细介绍这些对模型的假定,并且讨论如何验证这些假定的合理性。虽然本章没有具体介绍这些假定的验证,但我们已将其应用到管理人员素质调查的例子中,暂时未发现模型假定不合理的证据,因此,本章将继续使用这个例子对多元回归分析进行讨论。

第六节 多元线性回归模型的假设检验

一、多元线性回归模型的显著性检验(F 检验)

对回归方程的显著性检验可提出假设:

$$H_0 : \beta_1 = \beta_2 = \cdots = \beta_p = 0 \tag{3.27}$$

如果 H_0 被接受,则表明用模型(3.1)来表示 y 与自变量 $x_1, x_2, \cdots, x_p$ 的关系不合适。为了建立对 H_0 进行检验的统计量,可以构造(3.27)式的检验统计量。

在这里,我们仍然使用导出一元线性回归模型检验的方法。为了建立对 H_0 进行检验的统计量,将总偏差平方和进行分解。

$$
\begin{aligned}
S_T &= l_{yy} \\
&= \sum_{i=1}^{n} (y_i - \bar{y})^2 \\
&= \sum_{i=1}^{n} (\hat{y}_i - \bar{y})^2 + \sum_{i=1}^{n} (y_i - \hat{y}_i) \\
&= S_R + S_E
\end{aligned}
$$

设 $y_i \sim N\left(\sum_{j=1}^{p} \beta_j x_{ij}, \sigma^2\right)$, $i = 1, 2, \cdots, n$。当 H_0 成立时,$y_1, y_2, \cdots, y_n$ 相互

独立且有相同分布 $N(\beta_0, \sigma^2)$。因为 S_R 与 S_E 独立，且 $\dfrac{S_R}{\sigma^2} \sim \chi^2(p)$，$\dfrac{S_E}{\sigma^2} \sim \chi^2(n-p-1)$，所以：

$$F = \frac{S_R/p}{S_E/(n-p-1)} \sim F(p, n-p-1) \tag{3.28}$$

（3.28）式可以作为对（3.27）式的 H_0 进行检验的统计量，对给定数据（x_{i1}，x_{i2}，$\cdots$，x_{ip}；y_i），$i=1, 2, \cdots, n$，计算 F 统计量值，再由给定的显著性水平 α，查 F 分布表，得临界值 $F_\alpha(p, n-p-1)$。如果 $F > F_\alpha(p, n-p-1)$，则认为在显著性水平 α 下，y 与自变量 $x_1, x_2, \cdots, x_p$ 有显著的线性关系，也即回归方程是显著的；反之，则认为方程不显著。该检验过程方差分析如表 3.4 所示。

表 3.4　方差分析

方差来源	平方和	自由度	均　　方	F　值
回　归	S_R	p	$\dfrac{S_R}{p}$	$\dfrac{S_R/p}{S_E/(n-p-1)}$
剩　余	S_E	$n-p-1$	$\dfrac{S_E}{n-p-1}$	
总　和	S_T	$n-1$		

二、多元线性回归模型的回归系数的显著性检验（t 检验）

对自变量的显著性检验，是指在一定的显著性水平下，检验模型的自变量是否对因变量有显著影响的一种统计检验。对于多元线性回归模型，总体回归方程线性关系的显著性并不意味着每个自变量 $x_1, x_2, \cdots, x_p$ 对因变量 y 的影响都是显著的。因此，有必要对每个自变量进行显著性检验，这样就能把对 y 影响不显著的自变量从模型中剔除，只保留对 y 影响显著的自变量，以建立更为简单合理的多元线性回归模型。

显然，如果某个自变量 x_j 对 y 的作用不显著，那么在回归模型中，它的系数 β_j 就可以取零值。检验变量 x_j 是否显著等价于检验假设：

$$H_{0j}: \beta_j = 0 \tag{3.29}$$

若接受假设 H_{0j}，则 x_j 不显著；反之，则 x_j 显著。

我们知道 $\hat{\beta} \sim N[\beta, \sigma^2(X'X)^{-1}]$，记 c_{jj} 为矩阵 $(X'X)^{-1}$ 对角线上的第 j 个元素，则：

$$E(\hat{\beta}_j) = \beta_j, \ \mathrm{Var}(\hat{\beta}_j) = c_{jj}\sigma^2$$

且：

$$\hat{\beta}_j \sim N(\beta_j, \ c_{jj}\sigma^2) \qquad j = 0, 1, 2, \cdots, p$$

从而 $\dfrac{\hat{\beta}_j - \beta_j}{\sqrt{c_{jj}}\,\sigma} \sim N(0, 1)$。再由 $\dfrac{S_E}{\sigma^2} \sim \chi^2(n-p-1)$，则统计量：

$$t_j = \frac{\hat{\beta}_j - \beta_j}{\sqrt{c_{jj}} \cdot \hat{\sigma}} \sim t(n-p-1) \tag{3.30}$$

在 H_{0j} 成立的条件下，$t_j = \dfrac{\hat{\beta}_j}{\sqrt{c_{jj}}\,\hat{\sigma}}$，其中 $\hat{\sigma} = \sqrt{\dfrac{S_E}{n-p-1}}$ 为回归标准差。查双侧检验临界值 $t_{\frac{\alpha}{2}}(n-p-1)$，当 $|t_j| \geqslant t_{\frac{\alpha}{2}}(n-p-1)$ 时，拒绝假设 H_0。

注意：在一元线性回归中，回归系数显著性的 t 检验与回归方程显著性的 F 检验是等价的；而在多元线性回归中，这两种检验是不等价的。

三、复相关系数与偏相关系数

(一) 复相关系数

1. 复决定系数

定义：$R^2 = \dfrac{S_R}{S_T} = 1 - \dfrac{S_E}{S_T}$ 为样本决定系数。

样本决定系数 R^2 用于检验回归方程对观测值的拟合程度，对于一元或是多元的线性回归都是适用的。

样本决定系数 R^2 的取值范围为 $[0, 1]$，R^2 越接近 1，表明拟合的效果越好；R^2 越接近 0，表明拟合的效果越差。

2. 复相关系数

定义：$R = \sqrt{R^2} = \sqrt{S_R/S_T}$ 为 y 关于 $x_1, x_2, \cdots, x_p$ 的样本复相关系数。

复相关系数 R 同样表示回归方程对原有数据拟合程度的好坏，它衡量作为一个整体的 $x_1, x_2, \cdots, x_p$ 与 y 的线性关系，是一个综合的测定指标。复相关系数 R 的取值范围为 $[0, 1]$，R 越接近 1，表明拟合的效果越好；R 越接近 0，表明拟合的效果越差。

(二) 偏相关系数

前面介绍了复相关系数，在变量之间还存在另一种相关性——偏相关。在多元线性回归分析中，当其他变量被固定后，给定的任两个变量之间的相关系数称为偏相关系数。偏相关系数可以度量 $p+1$ 个变量 y, x_1, x_2, $\cdots$, x_p 之中任意两个变量之间的线性相关程度,而这种相关程度是在固定其余 $p-1$ 个变量的影响下的线性相关。例如,我们在研究粮食产量与农业投入资金、粮食产量与劳动力投入之间的关系时,用于农业投入的资金的多少会影响粮食产量,劳动力的投入多少也会影响粮食产量。由于资金投入数量的变化,劳动力投入的多少也经常在变化,用简单相关系数往往不能说明现象之间的相关程度。这就需要在固定其他变量影响的情况下计算两个变量之间的相关程度,计算出的这种相关系数就称为偏相关系数。我们在研究粮食产量与劳动力投入的关系时可以假定投入资金数量不变;在研究粮食产量与投入资金的关系时可以假定劳动力投入不变。复决定系数 R^2 测定回归中一组自变量 x_1, x_2, $\cdots$, x_p 使因变量 y 的变差的相对减少量。相应地,偏决定系数测量当回归方程中已包含若干个自变量,再引入某一个新的自变量时,y 的剩余变差的相对减少量,它衡量某自变量对 y 的变差减少的边际贡献。

1. 偏决定系数

二元线性回归模型:

$$y_i = \beta_0 + \beta_1 x_{i1} + \beta_2 x_{i2} + \varepsilon_i \qquad i = 1, 2, \cdots, n$$

记 $S_E(x_2)$ 是模型中只含有自变量 x_2 时 y 的残差平方和,$S_E(x_1, x_2)$ 是模型中同时含有自变量 x_1、x_2 时 y 的残差平方和。因此,模型中已含有 x_2,再加入 x_1 使 y 的剩余偏差的相对减小量为:

$$r^2_{y1;2} = \frac{S_E(x_2) - S_E(x_1, x_2)}{S_E(x_2)} \tag{3.31}$$

模型(3.31)就是已含有 x_2 时,y 与 x_1 的偏决定系数。

同样的,当模型中已含有 x_1 时,y 与 x_2 的偏决定系数为:

$$r^2_{y2;1} = \frac{S_E(x_1) - S_E(x_1, x_2)}{S_E(x_1)} \tag{3.32}$$

2. 偏相关系数

偏决定系数的算术平方根称为偏相关系数,其符号与相应的回归系数的符号相同,即 y 与 x_1 的偏相关系数为:

$$r_{y1;2} = \sqrt{r^2_{y1;2}}$$

y 与 x_2 的偏相关系数为:

$$r_{y2;1} = \sqrt{r^2_{y2;1}}$$

因此,在给出回归模型后,除了使用回归检验法外,还可以使用相关分析检验法,即求出复相关系数与偏相关系数,以此作出对回归模型拟合程度优劣的评判。

例3.2 根据经验,在人的身高相等的情况下,血压的收缩压 y 与体重 x_1、年龄 x_2 有关。为了解其相关关系,现收集了 13 个男子的数据如表 3.5 所示。

表 3.5   人的收缩压、体重、年龄数据

序 号	1	2	3	4	5	6	7	8	9	10	11	12	13
体 重	152	183	171	165	158	161	149	158	170	153	164	190	185
年 龄	50	20	20	30	30	50	60	50	40	55	40	40	20
收缩压	120	141	124	126	117	125	123	125	132	123	132	155	147

这是 $p=2$ 的例子。假定它们之间有如下关系:

$$y = \beta_0 + \beta_1 x_1 + \beta_2 x_2$$

按最小二乘估计法计算回归系数,计算时不妨先对数据作如下处理:

令 $x_1' = x_1 - 150$,$x_2' = \dfrac{x_2}{10}$,$y' = y - 120$。用变换后的数据先求出 y' 关于 x_1'、x_2' 的二元线性回归方程,然后回复到 y 关于 x_1、x_2 的二元线性回归方程。变换后的数据如表 3.6 所示。

表 3.6   变换后的人的收缩压、体重、年龄数据

序 号	x_1'	x_2'	y'	序 号	x_1'	x_2'	y'
1	2	5	0	11	14	4	12
2	33	2	21	12	40	4	35
3	21	2	4	13	35	2	27
4	15	3	6	和	209	50.5	130
5	8	3	−3	均值	16.08	3.38	10
6	11	5	5	平方和	5 439	219.25	2 812
7	−1	6	3	x_1' 与各变量乘积和	—	658.5	3 697
8	8	5	5				
9	20	4	12	x_2' 与各变量乘积和		—	433.5
10	3	5.5	3				

计算如下:

$$l_{11} = \sum_i x_{i1}'^2 - \frac{1}{n}\Big(\sum_i x_{i1}'\Big)^2$$

$$= 5\ 439 - \frac{1}{13} \times 209^2 = 2\ 078.923\ 1$$

$$l_{12} = l_{21} = \sum_i x'_{i1} x'_{i2} - \frac{1}{n} \sum_i x'_{i1} \sum_i x'_{i2}$$

$$= 658.5 - \frac{1}{13} \times 209 \times 50.5 = -153.384\ 6$$

$$l_{22} = \sum_i x'^2_{i2} - \frac{1}{n} \left(\sum_i x'_{i2} \right)^2$$

$$= 219.25 - \frac{1}{13} \times 50.5^2 = 23.076\ 9$$

$$l_{1y} = \sum_i x'_{i1} y'_i - \frac{1}{n} \sum_i x'_{i1} \sum_i y'_i$$

$$= 3\ 697 - \frac{1}{13} \times 209 \times 130 = 1\ 607$$

$$l_{2y} = \sum_i x'_{i2} y'_i - \frac{1}{n} \sum_i x'_{i2} \sum_i y'_i$$

$$= 433.5 - \frac{1}{13} \times 50.5 \times 130 = -71.5$$

有了上述数据就可以列出二元线性方程组：

$$\begin{cases} 2\ 078.932\ 1\ \hat{\beta}_1 - 153.384\ 6\ \hat{\beta}_2 = 1\ 607 \\ -153.384\ 6\ \hat{\beta}_1 + 23.076\ 9\ \hat{\beta}_2 = -71.5 \end{cases}$$

解此方程组，得：

$$\begin{cases} \hat{\beta}_1 = 1.068\ 3 \\ \hat{\beta}_2 = 4.002\ 2 \end{cases}$$

则：

$$\hat{\beta}_0 = \bar{y}' - \hat{\beta}_1 \bar{x}'_1 - \hat{\beta}_2 \bar{x}'_2$$

$$= 10 - 16.08 \times 1.068\ 3 - 3.88 \times 4.002\ 2 = -22.706\ 8$$

因此：

$$\hat{y}' = -22.706\ 8 + 1.068\ 3 x'_1 + 4.002\ 2 x'_2$$

还原到原变量，得经验回归方程为：

$$\hat{y} = -62.951\ 8 + 1.068\ 3 x_1 + 0.400\ 2 x_2$$

下面对回归方程作显著性检验：

$$S_T = \sum_i y_i^2 - \frac{1}{n} \left(\sum_i y_i \right)^2$$

$$= 2\,812 - \frac{1}{13} \times 130^2 = 1\,512$$

$$S_R = \hat{\beta}_1 l_{1y} + \hat{\beta}_2 l_{2y}$$

$$= 1.068\,3 \times 1\,607 + 4.002\,2 \times (-71.5) = 1\,430.600\,8$$

$$S_E = S_T - S_R$$

$$= 81.399\,2$$

列方差分析表(如表 3.7 所示)。

表 3.7　方差分析表

方差来源	平 方 和	自由度	均　方	F　值	显著性
回　归	1 430.600 8	2	715.300 4	87.88	
剩　余	81.399 2	10	8.139 92	$F_{0.01}(2,\ 10) = 7.36$	$\alpha = 0.01$
总　和	1 512	12			

方差分析的结论说明,在 $\alpha = 0.01$ 的水平下,以上回归方程是显著的。

实际中也常用"复相关系数"来衡量,由于:

$$R = \sqrt{\frac{S_R}{S_T}} = \sqrt{\frac{1\,430.600\,8}{1\,512}} = 0.972\,7 \approx 1$$

说明观测值与回归值拟合得很好。

另外,由于:

$$R^2 = \frac{S_R}{S_T} = \frac{1}{1 + S_E/S_R} = \frac{1}{1 + (n-p-1)/(pF)} = \frac{pF}{pF + (n-p-1)}$$

即 R^2 是 F 的单调增函数,故 F 越大,R^2 也越大。

以下对回归系数 $\hat{\beta}_1$、$\hat{\beta}_2$ 进行显著性的 t 检验。

$H_{0j} : \beta_j = 0,\ j = 1,\ 2$

检验统计量:$t_j = \dfrac{\hat{\beta}_j}{\sqrt{c_{jj}}\ \hat{\sigma}}$

其中:$c_{jj} = \dfrac{\Delta_{jj}}{\Delta}$,$\Delta = (l_{i,j})_{1 \leqslant i,\ j \leqslant p}$,$\Delta_{jj}$ 是 Δ 中划去第 j 行第 j 列后留下的子行列式。

计算如下:

$$\Delta = \begin{vmatrix} 2\,078.923\,1 & -153.384\,6 \\ -153.384\,6 & 23.076\,9 \end{vmatrix} = 2\,448.265\,0$$

$$\Delta_{11} = 23.076\,9$$

$\Delta_{22} = 2\,078.923\,1$

故：

$c_{11} = 23.076\,9/24\,448.265 = 9.722\,1 \times 10^{-4}$

$c_{22} = 2\,078.923\,1/24\,448.265 = 0.085\,0$

$\hat{\sigma} = \sqrt{\dfrac{1}{n-p-1}S_E} = \sqrt{\dfrac{1}{10} \times 81.399\,2} = 2.853\,1$

故：

$$t_1 = \frac{1.068\,3}{\sqrt{9.722\,1 \times 10^{-4} \times 2.853\,1}} = 12.136\,1$$

$$t_2 = \frac{4.002}{\sqrt{0.085\,0 \times 2.853\,1}} = 4.811\,2$$

取临界值 $t_{0.005}(10) = 3.169$，比较后知 $t_1 > t_{0.005}$、$t_2 > t_{0.005}$，说明在方程中，x_1' 与 x_2' 均对 y' 有显著影响，即 x_1 与 x_2 均对 y 有显著影响。

第七节　多元线性回归预测及置信区间

为了利用回归方程进行预测，在给出 x_1，x_2，$\cdots$，x_p 的一组值 x_{01}，x_{02}，$\cdots$，x_{0p} 时，若记 $x_0 = (1,\ x_{01},\ x_{02},\ \cdots,\ x_{0p})'$，得：

$$y_0 = x_0'\beta + \varepsilon_0$$
$$E(\varepsilon_0) = 0$$
$$\mathrm{Var}(\varepsilon_0) = \sigma^2$$

$$\hat{y}_0 = \hat{\beta}_0 + \hat{\beta}_1 x_{01} + \hat{\beta}_2 x_{01} + \hat{\beta}_p x_{0p} = x_0'\hat{\beta}$$

预测值 $\hat{y}_0$ 具有如下性质：

(1) $\hat{y}_0$ 是 y_0 的无偏预测，即 $E(\hat{y}_0) = E(y_0)$。

(2) 在 y_0 的一切线性无偏预测中，$\hat{y}_0$ 的方差最小。

(3) 如果 $\varepsilon \sim N(0,\ \sigma^2 I_n)$，则 $\hat{y}_0 - y_0 \sim N\{0,\ \sigma^2[1 + x_0'(X'X)^{-1}X_0]\}$，且 $\hat{y}_0 - y_0$ 与 $\hat{\sigma}^2$ 相互独立，其中，$\hat{\sigma}^2 = \dfrac{S_E}{n-p-1}$。

(4) 如果 $\varepsilon \sim N(0,\ \sigma^2 I_n)$，则 $\dfrac{\hat{y}_0 - y_0}{\hat{\sigma}\sqrt{1 + x_0'(X'X)^{-1}x_0}} \sim t_{n-p-1}$。

(5) 如果 $\varepsilon \sim N(0, \sigma^2 I_n)$，则 y_0 的置信度为 $1-\alpha$ 的预测区间是 $\big[\hat{y}_0 - t_{\frac{1-\alpha}{2}}(n-p-1)\,\hat{\sigma}\sqrt{1+x_0'(X'X)^{-1}x_0}\,,\ \hat{y}_0 + t_{\frac{1-\alpha}{2}}(n-p-1)\,\hat{\sigma}\sqrt{1+x_0'(X'X)^{-1}x_0}\,\big]$。

(6) 当 n 较大时，$\hat{y}_0 - y_0$ 近似地服从 $N(0, \hat{\sigma}^2)$，从而有 y_0 的近似预测区间如下：95%的预测区间为 $(\hat{y}_0 - 2\hat{\sigma}, \hat{y}_0 + 2\hat{\sigma})$，98%的预测区间为 $(\hat{y}_0 - 3\hat{\sigma}, \hat{y}_0 + 3\hat{\sigma})$。

例 3.3　一家皮鞋零售店将其连续 18 个月的库存占用资金情况、广告投入费用、员工薪酬以及销售额等方面的数据做了一个汇总(见表 3.8)。该皮鞋店的管理人员试图根据这些数据找到销售额与其他三个变量之间的关系，以便进行销售额预测并为未来的预算工作提供参考。试根据这些数据建立回归模型。如果未来某月库存资金为 150 万元，广告投入预算为 45 万元，员工薪酬总额为 27 万元，试根据建立的回归模型预测该月的销售额。

表 3.8　库存占用金额、广告投入费用、员工薪酬和销售额数据

时间 （月）	库存资金额 x_1 （万元）	广告投入 x_2 （万元）	员工薪酬总额 x_3 （万元）	销售额 y （万元）
1	75.2	30.6	21.1	1 090.4
2	77.6	31.3	21.4	1 133.0
3	80.7	33.9	22.9	1 242.1
4	76.0	29.6	21.4	1 003.2
5	79.5	32.5	21.5	1 283.2
6	81.8	27.9	21.7	1 012.2
7	98.3	24.8	21.5	1 098.8
8	67.7	23.6	21.0	826.3
9	74.0	33.9	22.4	1 003.3
10	151.0	27.7	24.7	1 554.6
11	90.8	45.5	23.2	1 199.0
12	102.3	42.6	24.3	1 483.1
13	115.6	40.0	23.1	1 407.1
14	125.0	45.8	29.1	1 551.3
15	137.8	51.7	24.6	1 601.2
16	175.6	67.2	27.5	2 311.7
17	155.2	65.0	26.5	2 126.7
18	174.3	65.4	26.8	2 256.5

建立 y（销售额）关于 x_1（库存资金额）、x_2（广告投入）和 x_3（员工薪酬总额）的多元线性回归方程，我们可以给出参数估计，经计算，参数为 $\beta_0 = 162.063\,2$，$\beta_1 = 7.273\,9$，$\beta_2 = 13.957\,5$，$\beta_3 = -4.399\,6$，则可以得到相应的回归方程：

$$y = 162.063\,2 + 7.273\,9x_1 + 13.957\,5x_2 - 4.399\,6x_3$$

进一步对回归方程作显著性检验，计算如表 3.9 所示。

表 3.9　方差分析表

方差来源	平方和	自由度	均　方	F 值	显著性
回　归	3 177 186	3	1 059 062	105.086 7	
剩　余	141 091.8	14	10 077.99	$F_{0.01}(3,\,14) = 5.56$	$\alpha = 0.01$
总　和	3 318 277	17			

方差分析的结论说明，在 $\alpha = 0.01$ 的水平下，以上回归方程是显著的。

如果未来某月库存资金为 150 万元，广告投入预算为 45 万元，员工薪酬总额为 27 万元，则可以计算：

$$y = 162.063\,2 + 7.273\,9 \times 150 + 13.957\,5 \times 45 - 4.399\,6 \times 27 = 1\,762.446\,5（万元）$$

也就是说，这时利用回归模型预测该月的销售额为 1 762.446 5 万元。

我们也可以对回归系数 $\hat{\beta}_1$、$\hat{\beta}_2$、$\hat{\beta}_3$ 进行显著性的 t 检验，这里略去。

例 3.4　金属材料的机械性能是随着外界条件的变化而变化的。金属材料的"持久强度"是指在给定温度和规定时间内，使材料发生断裂的应力值。金属材料持久强度的试验对锅炉、涡轮机及原子能、石油化工等工业设备有重大的意义。但是，由于这些设备的使用寿命一般很长，有的甚至超过十年，因此要通过这样长期的试验来确定金属材料相应的持久强度是很不容易的，同时也赶不上生产发展的需要。为克服这一矛盾，人们根据长期试验的总结和金属材料的专业理论，提出了断裂时间与温度、持久强度之间的回归模型：

$$\lg y_i = \beta_0 + \beta_1 \lg x_i + \beta_2 \lg^2 x_i + \beta_3 \lg^3 x_i + \frac{\beta_4}{2.3RT_i} + \varepsilon_i \qquad i = 1, 2, \cdots, n$$

其中：T 为试验的绝对温度（即工作温度 $+273$℃）；y 为断裂时间；x 为持久强度；$R = 1.986$ 卡／克分子，为气体常数；β_0、β_1、β_2、β_3、β_4 为 5 个待定参数，它们由金属材料的试验数据而定。现要求在工作温度为 550℃和设计寿命为 10 万小时的条件下，对此种耐热钢的持久强度 $x^{550}_{100\,000}$ 作出估计。

令 $x_1 = \lg x$、$x_2 = \lg^2 x$、$x_3 = \lg^3 x$、$x_4 = \dfrac{1}{2.3RT}$，为建立 y 关于 x_1、x_2、x_3、x_4 的多元线性回归方程，收集了 $25CrMo1V$ 耐热钢在高温下所做的 27 次试验的结果数据

（数据从略），利用统计软件 SAS 完成运算（可参见第九章），回归方程和各回归系数的 F 比分别为 $F_回=113.39$、$F_1=13.16$、$F_2=14.31$、$F_3=16.29$、$F_4=370.75$。它们都分别大于显著性水平为 0.01 的 F 临界值，故回归方程是高度显著的，并且其中每一项都是不可少的。所得的回归方程是：

$$\hat{y}=47.09-148.16x_1+116.97x_2-31.21x_3+77\ 244.77x_4$$

即：

$$\lg\hat{y}=47.09-148.16\lg x+116.97\lg^2 x-31.21\lg^3 x+\frac{77\ 244.77}{2.3RT} \tag{3.33}$$

而 S_E 提供了方差 σ^2 的无偏估计，且 $\hat{\sigma}^2=S_E/f_E=0.016\ 3$，$\hat{\sigma}=0.127\ 531$。

当 $T=T_0$、$x=x_0$ 时，由回归方程（3.37）可以获得 $\lg y_0$ 的估计值和置信度为 95% 的近似的区间估计：

$$P\{\lg\hat{y}_0-2\hat{\sigma}<\lg y_0<\lg\hat{y}_0+2\hat{\sigma}\}=0.95$$

反之，在给定 T_0 和 y_0 的条件下，$\lg x_0$ 的估计值也可由回归方程（3.37）求得，这只要解三次方程 $\beta_3\lg^3 x_0+\beta_2\lg^2 x_0+\beta_1\lg x_0+\left(\beta_0+\dfrac{\beta_4}{2.3RT_0}-\lg y_0\right)=0$ 即可，在 $T_0=550℃+273℃$ 和 $y=100\ 000$ 小时时，此方程仅有一个实数解，即：

$$\lg x_0=1.035\ 0$$

从而得到 $x_{100\ 000}^{550}$ 的估计 $x_0=10.84\ \text{kg/mm}^2$。

这时持久强度的区间估计可以这样求得，设 $x_{100\ 000}^{550}$ 的 95% 置信度的区间估计为 $[x_0(下),\ x_0(上)]$，那么有：

$$P\{x_0(下)<x_{100\ 000}^{550}<x_0(上)\}=0.95$$

或

$$P\{\lg x_0(下)<\lg x_{100\ 000}^{550}<\lg x_0(上)\}=0.95 \tag{3.34}$$

而 $\lg x_0(下)$ 和 $\lg x_0(上)$ 分别是下列两个三次方程的解：

$$\beta_3\lg^3 x_0(下)+\beta_2\lg^2 x_0(下)+\beta_1\lg x_0(下)+\left(\beta_0+\frac{\beta_4}{2.3RT_0}-\lg y_0-2\hat{\sigma}\right)=0$$

$$\beta_3\lg^3 x_0(上)+\beta_2\lg^2 x_0(上)+\beta_1\lg x_0(上)+\left(\beta_0+\frac{\beta_4}{2.3RT_0}-\lg y_0-2\hat{\sigma}\right)=0$$

解上述方程，得 $\lg x_0(下)=0.969\ 3$、$\lg x_0(上)=1.150\ 4$，即 $x_0(下)=9.32$、$x_0(上)=14.14$。所以，在工作温度为 550℃ 和设计寿命为 10 万小时的条件下，持久强度的置信度为 95% 的区间估计近似为 (9.32, 14.14)。

案例分析　我国税收收入的影响因素分析

在一定时期内,中国税收收入的增长受许多因素的影响,分析中央和地方税收收入的增长规律是非常重要的,对改革我国税收预算编制方法,建立科学、合理的税收计划管理体制具有重要意义。

选择包括中央和地方税收的"国家财政收入"中的"各项税收"(简称"税收收入(Y)")作为被解释变量,以反映国家税收的增长;"国内生产总值(GDP)"作为经济整体增长水平的代表;中央和地方"财政支出"作为公共财政需求的代表;"商品零售物价指数"作为物价水平的代表。由于财税体制的改革难以量化,而且 1985 年以后财税体制改革对税收增长影响不是很大,可暂不考虑税制改革对税收增长的影响,因此,解释变量设定为可观测的"国内生产总值(X_1)""财政支出(X_2)""商品零售物价指数(X_3)"等变量,相关数据如表 3.10 所示。

表 3.10　中国税收收入及相关数据

年　份	税收收入 Y(亿元)	国内生产总值 X_1(亿元)	财政支出 X_2(亿元)	商品零售价格指数 X_3(%)
1978	519.28	3 645.2	1 122.09	100.7
1979	537.82	4 062.6	1 281.79	102.0
1980	571.70	4 545.6	1 228.83	106.0
1981	629.89	4 891.6	1 138.41	102.4
1982	700.02	5 323.4	1 229.98	101.9
1983	775.59	5 962.7	1 409.52	101.5
1984	947.35	7 208.1	1 701.02	102.8
1985	2 040.79	9 016.0	2 004.25	108.8
1986	2 090.73	10 275.2	2 204.91	106.0
1987	2 140.36	12 058.6	2 262.18	107.3
1988	2 390.47	15 042.8	2 491.21	118.5
1989	2 727.40	16 992.3	2 823.78	117.8
1990	2 821.86	18 667.8	3 083.59	102.1

（续表）

年 份	税收收入 Y（亿元）	国内生产总值 X_1（亿元）	财政支出 X_2（亿元）	商品零售价格指数 X_3（%）
1991	2 990.17	21 781.5	3 386.62	102.9
1992	3 296.91	26 923.5	3 742.20	105.4
1993	4 255.30	35 333.9	4 642.30	113.2
1994	5 126.88	48 197.9	5 792.62	121.7
1995	6 038.04	60 793.7	6 823.72	114.8
1996	6 909.82	71 176.6	7 937.55	106.1
1997	8 234.04	78 973.0	9 233.56	100.8
1998	9 262.80	84 402.3	10 798.18	97.4
1999	10 682.58	89 677.1	13 187.67	97.0
2000	12 581.51	99 214.6	15 886.50	98.5
2001	15 301.38	109 655.2	18 902.58	99.2
2002	17 636.45	120 332.7	22 053.15	98.7
2003	20 017.31	135 822.8	24 649.95	99.9
2004	24 165.68	159 878.3	28 486.89	102.8
2005	28 778.54	184 937.4	33 930.28	100.8
2006	34 804.35	216 314.4	40 422.73	101.0
2007	45 621.97	265 810.3	49 781.35	103.8
2008	54 223.79	314 045.4	62 592.66	105.9
2009	59 521.59	340 902.8	76 299.93	98.8
2010	73 210.79	401 512.8	89 874.16	103.1
2011	89 738.39	473 104.0	109 247.79	104.9
2012	100 614.28	519 470.1	125 952.97	102.0
2013	110 530.70	568 845.2	140 212.10	101.4

数据来源：《中国统计年鉴 2014》。

假设满足线性方程：

$$y_i = \beta_0 + \beta_1 x_{1i} + \beta_2 x_{2i} + \cdots + \beta_k x_{ki} + \mu_i \qquad i = 1, 2, \cdots, n$$

估计的可决系数 R^2 为 0.999 061，接近 1，说明模型拟合度较好（如表 3.11 所示）。

表 3.11　参数估计表

项　目	Coefficients	标准误差	t Stat	P 值
Intercept	−6 827.485 0	3 043.323 9	−2.243 4	0.031 9
X_1	0.051 4	0.008 6	5.960 7	0.000 0
X_2	0.592 2	0.036 3	16.334 3	0.000 0
X_3	59.933 8	28.563 9	2.098 2	0.043 9

因此,可以根据估计结果写出多元回归方程:

$$Y = -6\ 827.485 + 0.051\ 38X_1 + 0.592\ 239X_2 + 59.933\ 84X_3$$

R^2 达到多大才算模型通过了检验? 没有绝对的标准,要视具体情况而定。模型的拟合优度并不是判断模型质量的唯一标准(如表 3.12 所示)。

表 3.12　方差分析表

项目	df	SS	MS	F	Sig. F
回归	3	32 320 934 050.091 4	10 773 644 683.363 8	11 351.811 6	0.000 0
剩余	32	30 370 186.020 3	949 068.313 1		
总和	35	32 351 304 236.111 7			

针对 $H_0: \beta_1 = \beta_2 = \beta_3 = 0$,给定显著性水平 $\alpha = 0.05$,在 F 分布表中查出自由度为 $k = 3$ 和 $n - k = 32$ 的临界值 $F_{0.05}(3, 32) = 2.90$。由表 3.12 中得到 $F = 11\ 351.81$,由于 $F = 11\ 351.81 > F_{0.05}(3, 32) = 2.90$,应拒绝原假设 $H_0: \beta_1 = \beta_2 = \beta_3 = 0$,说明回归方程显著,即"国内生产总值""财政支出""商品零售物价指数"等变量联合起来确实对"税收收入"有显著影响。

拟合优度检验和方程显著性检验是从不同原理出发的两类检验,前者是从已经得到估计的模型出发,检验它对样本观测值的拟合程度;后者是从样本观测值出发检验模型总体线性关系的显著性。但两者又是关联的,模型对样本观测值的拟合程度高,模型总体线性关系的显著性就强。

对于多元线性回归模型,方程的总体线性关系是显著的,并不能说明每个解释变量对被解释变量的影响都是显著的,必须对每个解释变量进行显著性检验,以决定是否作为解释变量被保留在模型中。如果某个变量对被解释变量的影响并不显著,就应该将它剔除,以建立更为简单的模型。这就是变量显著性检验的任务。

已经由应用软件计算出所有 t 的数值,分别为 $|t_0| = 2.243\ 4$、$|t_1| = 5.960\ 7$、$|t_2| = 16.334\ 3$、$|t_3| = 2.098\ 2$。给定一个显著性水平 $\alpha = 0.05$,查 t 分布表中自由度为 32[在这个例子中,$n - k - 1 = 32$]、$\alpha = 0.05$ 的临界值,得到 $t_{\frac{\alpha}{2}}(32) = 2.036\ 9$。可

见,发生了 $|t|>t_{\frac{a}{2}}(n-k-1)$ 的小概率事件,计算出所有 t 的数值都大于该临界值,所以拒绝原假设。也就是说,包括常数项在内的 4 个解释变量都在 95% 的水平下显著,都通过了变量显著性检验。在其他解释变量不变的情况下,解释变量"国内生产总值""财政支出""商品零售物价指数"分别对被解释变量"税收收入"有显著影响。

模型估计结果说明,在假定其他变量不变的情况下,当年 GDP 每增长 1 亿元,税收收入就会增长 0.051 34 亿元;在假定其他变量不变的情况下,当年财政支出每增长 1 亿元,税收收入就会增长 0.592 2 亿元;在假定其他变量不变的情况下,当年零售商品物价指数上涨一个百分点,税收收入就会增长 59.938 84 亿元。这与理论分析和经验判断相一致。

小结

本章主要讨论了多元线性回归模型。用最小二乘方法和极大似然方法分别给出回归参数的估计,发现这两种方法是一致的,进而详细讨论了最小二乘估计的优良性。对于假设检验,本章首先给出一般线性假设,接着讨论了多元线性模型的显著性检验,以及其回归系数的显著性检验。最后讨论了多元线性回归的预测及置信区间。

附:补充引理

下面我们将本章证明过程中用到的一些定理写成引理:

引理 1   设 X 是一 $n\times1$ 的向量,则它的协方差矩阵是半正定的。

引理 2   设 X 是一 $n\times1$ 的向量,且 $E(X)=\mu$,$\mathrm{Var}(X)=\Sigma$,A 是一 $n\times n$ 的矩阵,则:

$$E(X'AX)=\mu'A\mu+tr(A\Sigma)$$

引理 3   多元正态向量的任意线性组合仍然是正态的。

引理 4   假设 $X\sim N_n(0,\Sigma)$,Σ 是正定的,则:

$$X'\Sigma^{-1}X\sim\chi^2_n$$

引理 5   假设 $X_1\sim\chi^2_n$,$X_2\sim\chi^2_m$,且它们相互独立,则:

$$X_1+X_2\sim\chi^2_{n+m}$$

引理 6   假设 $X\sim N_n(0,I_n)$,A 是一 $n\times n$ 的幂等矩阵,其秩为 r,则:

$$X'AX\sim\chi^2_r$$

引理 7   假设 $X\sim N_n(0,I_n)$,A 是一 $n\times n$ 的对称矩阵,B 是一 $m\times n$ 的矩阵,且 $BA=0$,则 BX 与 $X'AX$ 相互独立。

引理 8   假设 $X\sim N_n(0,I_n)$,A 和 B 是一 $n\times n$ 的对称矩阵,且 $BA=0$,则 $X'BX$ 与 $X'AX$ 相互独立。

 习题三

1. 一个回归方程的复相关系数 $R = 0.99$，复决定系数为 $0.980\ 1$，你能断定这个回归方程是一个理想方程吗？为什么？

2. 如何理解回归方程显著性检验拒绝 H_0，接受 H_1？

3. 试对二元线性回归模型：$y_i = \beta_0 + \beta_1 x_{1i} + \beta_2 x_{2i} + \varepsilon_i (i = 1,\ 2,\ \cdots,\ n)$ 作回归分析。

要求：

(1) 求出未知参数 β_0、β_1、β_2 的最小二乘估计量 $\hat{\beta}_0$、$\hat{\beta}_1$、$\hat{\beta}_2$。

(2) 求出随机误差项 u 的方差 σ^2 的无偏估计量。

(3) 对样本回归方程作拟合优度检验。

(4) 对总体回归方程的显著性进行 F 检验。

(5) 对 β_1、β_2 的显著性进行 t 检验。

(6) 当 $x_0 = (1,\ x_{10},\ x_{20})'$ 时，写出 $E(y_0 \mid x_0)$ 和 y_0 的置信度为 95% 的预测区间。

4. 设有模型 $y = \beta_0 + \beta_1 x_1 + \beta_2 x_2 + \varepsilon$，试在下列条件下，分别求出 β_1 和 β_2 的最小二乘估计量：

(1) $\beta_1 + \beta_2 = 1$。

(2) $\beta_1 = \beta_2$。

5. 根据 100 对 $(x_i,\ y_i)$ 的观察值计算出 $\sum \dot{x}_1^2 = 12$，$\sum \dot{x} \dot{y} = -9$，$\sum \dot{y}^2 = 30$。

要求：

(1) 求出一元模型 $y = \beta_0 + \beta_1 x_1 + u$ 中的 β_1 的最小二乘估计量及其相应的标准差估计量。

(2) 后来发现 y 还受 x_2 的影响，于是将一元模型改为二元模型 $y = \alpha_0 + \alpha_1 x_1 + \alpha_2 x_2 + \nu$，收集 x_2 的相应观察值并计算出 $\sum \dot{x}_2^2 = 6$、$\sum \dot{x}_2 \dot{y} = 8$、$\sum \dot{x}_1 \dot{x}_2 = 2$，求二元模型中的 α_1、α_2 的最小二乘估计量及其相应的标准差估计量。

(3) 一元模型中的 $\hat{\beta}_1$ 与二元模型中的 $\hat{\alpha}_1$ 是否相等？为什么？

6. 考虑以下预测的回归方程：

$$\hat{Y}_t = -120 + 0.10 F_t + 5.33 RS_t$$

$$\overline{R}^2 = 0.50$$

其中：Y_t 代表第 t 年的玉米产量（蒲式耳/亩），F_t 代表第 t 年的施肥强度（磅/亩），RS_t 代表第 t 年的降雨量（英寸）。

要求：

(1) 从 F 和 RS 对 Y 的影响方面，说出本方程中系数 0.10 和 5.33 的含义。

(2) 常数项 -120 是否意味着玉米的负产量可能存在？

(3) 假定 β_F 的真实值为 0.40，则估计值是否有偏？为什么？

(4) 假定该方程并不满足所有的古典模型假设，即并不是最佳线性无偏估计值，则是否意味着 β_{RS} 的真实值绝对不等于 5.33？为什么？

7. 已知线性回归模型 $Y = X\beta + \varepsilon$ 中 $\varepsilon \sim N(0,\ \sigma^2 I)$，$n = 13$ 且 $k = 3$（n 为样本容量，k 为参数的个数），由二次型 $(Y - X\beta)'(Y - X\beta)$ 的最小化得到如下线性方程组：

$$\begin{cases} \hat{\beta}_1 + 2\hat{\beta}_2 + \hat{\beta}_3 = 3 \\ 2\hat{\beta}_1 + 5\hat{\beta}_2 + \hat{\beta}_3 = 9 \\ \hat{\beta}_1 + \hat{\beta}_2 + 6\hat{\beta}_3 = -8 \end{cases}$$

要求：

(1) 把问题写成矩阵向量的形式，用求逆矩阵的方法求解。

(2) 如果 $Y'Y = 53$，求 $\hat{\sigma}^2$。

(3) 求出 $\hat{\beta}$ 的方差-协方差矩阵。

8. 经研究发现，学生用于购买书籍及课外读物的支出与本人受教育年限和其家庭收入水平有关。对 18 名学生进行调查的统计资料如下表所示：

学生序号	购买书籍及课外读物支出 y(元/年)	受教育年限 x_1（年）	家庭月可支配收入 x_2（元/月）
1	450.5	4	171.2
2	507.7	4	174.2
3	613.9	5	204.3
4	563.4	4	218.7
5	501.5	4	219.4
6	781.5	7	240.4
7	541.8	4	273.5
8	611.1	5	294.8
9	1 222.1	10	330.2
10	793.2	7	333.1
11	660.8	5	366.0
12	792.7	6	350.9
13	580.8	4	357.9
14	612.7	5	359.0
15	890.8	7	371.9
16	1 121.0	9	435.3
17	1 094.2	8	523.9
18	1 253.0	10	604.1

要求：

(1) 试求出学生购买书籍及课外读物的支出 y 与受教育年限 x_1 和家庭收入水平 x_2 的估计的回归方程 $\hat{y} = \hat{\beta}_0 + \hat{\beta}_1 x_1 + \hat{\beta}_2 x_2$。

(2) 对 β_1、β_2 的显著性进行 t 检验，计算 R^2。

(3) 假设有一个学生的受教育年限 $x_1 = 10$ 年，家庭收入水平 $x_2 = 480$ 元/月，试预测该学生全年购买书籍及课外读物的支出,并求出相应的预测区间($\alpha=0.05$)。

9. 下表给出三变量模型的回归结果:

方差来源	平方和	自由度	均　方
回　归	65 965	—	—
剩　余	—	—	—
总　和	66 042	14	

要求:

(1) 求样本容量。

(2) 求 S_E。

(3) 求 S_R 和 S_E 的自由度。

(4) 求 R^2。

(5) 检验假设 x_2 和 x_3 对 y 无影响。你用什么假设检验?为什么?

(6) 根据以上信息,你能确定 x_2 和 x_3 各自对 y 的贡献吗?

10. 某造纸厂的间接生产费用与直接劳动时间和机器运转时间为线性相关,有关资料如下:

月　份	间接费用 y(万元)	直接劳动时间 x_1(千小时)	机器运转时间 x_2(千小时)
1	29	45	16
2	24	42	14
3	27	44	15
4	25	45	13
5	26	43	13
6	28	46	14
7	30	44	16
8	28	45	16
9	28	44	15
10	27	43	15

要求:

(1) 确定间接费用对直接劳动时间和机器运转时间的二元线性回归模型。

(2) 对该模型进行 F 检验。

(3) 对该模型的拟合优度进行评价。

(4) 计算估计标准误,并以 90% 的置信度估计劳动时间为 50 千时、机器运转时间为 18 千时时间接费用特定值的置信区间。

(5) 计算复相关系数和 x_1、x_2 的偏相关系数以及 x_1、x_2 对 y 的简单线性相关系数,并加以比较说明。

11. 某省 1978~1989 年消费基金 y(十亿元)、国民收入使用额 x_1(十亿元)和平均人口 x_2(百万人)资料如下表所示:

年 份	消费基金 y (十亿元)	国民收入使用额 x_2 (十亿元)	平均人口数 x_3 (百万人)
1978	9.0	12.1	48.20
1979	9.5	12.9	48.90
1980	10.0	16.8	49.54
1981	10.6	14.8	50.25
1982	12.4	16.4	51.02
1983	16.2	20.9	51.84
1984	17.7	24.2	52.76
1985	20.1	28.1	56.39
1986	21.8	30.1	54.55
1987	25.3	35.8	55.35
1988	31.3	48.5	56.16
1989	36.0	54.8	56.98

要求:

(1) 建立多元线性归模型并作显著性检验,列出方差分析表。

(2) 若 1990 年该省国民收入使用额为 670 亿元,平均人口为 5 800 万人,当显著性水平 $\alpha = 0.05$ 时,试估计 1990 年消费基金的预测区间。

12. 下面给出依据 15 个观察值计算得到的数据:

$$\bar{y} = 367.693, \quad \bar{x}_2 = 402.760, \quad \bar{x}_3 = 8.0, \quad \sum y_i^2 = 66\,042.269$$

$$\sum x_{2i}^2 = 84\,855.096, \quad \sum x_{3i}^2 = 280.0, \quad \sum y_i x_{2i} = 74\,778.346$$

$$\sum y_i x_{3i} = 4\,250.9, \quad \sum x_{2i} x_{3i} = 4\,796.0$$

要求:

(1) 估计三个多元回归系数。

(2) 估计它们的标准差,并求出 R^2。

(3) 估计 β_2、β_3 置信度为 95% 的置信区间。

(4) 在 $\alpha = 0.05$ 下,检验估计的每个回归系数的统计显著性(双边检验)。

(5) 在 $\alpha = 0.05$ 下,给出方差分析表。

13. 考虑以下方程(括号内为估计标准差,$n = 19$,$R^2 = 0.873$):

$$\hat{W}_i = 8.562 + 0.364P_t + 0.004P_{t-1} - 2.560U_t$$
$$(0.080)\quad(0.072)\quad\quad(0.658)$$

其中:W 代表 t 年每位雇员的工资和薪水,P 代表 t 年的物价水平,U 代表 t 年的失业率。

要求:

(1) 对个人收入估计的回归系数进行假设检验。

(2) 讨论 P_{t-1} 在理论上的正确性,以及本模型的正确性。P_{t-1} 是否应从方程中删除? 为什么?

14. 下表是某种商品的需求量、价格和消费者收入 10 年的时间序列资料:

年　份	1	2	3	4	5	6	7	8	9	10
需求量 y（吨）	59 190	65 450	62 360	64 700	67 400	64 440	68 000	72 400	75 710	70 680
价格 x_1（元）	23.56	24.44	32.07	32.46	31.15	34.14	35.30	38.70	39.63	46.68
收入 x_2（元）	76 200	91 200	106 700	111 600	119 000	129 200	143 400	159 600	180 000	193 000

要求:

(1) 已知商品需求量 y 是其价格 x_1 和消费者收入 x_2 的函数,试求 y 对 x_1 和 x_2 的回归方程 $\hat{y} = \hat{\beta}_0 + \hat{\beta}_1 x_1 + \hat{\beta}_2 x_2$。

(2) 求 y 的总变差中未被 x_1 和 x_2 解释的部分,并对回归方程进行显著性检验。

(3) 对回归参数 $\hat{\beta}_1$、$\hat{\beta}_2$ 进行显著性 t 检验。

15. 下列数据为江苏启东高产棉田的部分调查资料,其中:X_1 为每亩株数(千株),X_2 为每亩铃数,Y 为每亩皮棉产量(千克):

X_1	X_2	Y	X_1	X_2	Y
6.21	10.2	95	6.55	9.3	95
6.29	11.8	111	6.61	10.3	92
6.38	9.9	95	6.77	9.8	100
6.50	11.7	107	6.82	8.8	91
6.52	11.1	110	6.96	9.6	101

要求:

(1) 依据上表观测数据建立多元线性回归模型并作显著性检验,列出方差分析表。

(2) 对偏回归系数作假设检验,并解释所得结果。

(3) 计算相关系数和偏相关系数,并与简单相关系数作比较,分析其不同的原因。

(4) 若 $x_0 = (x_1, x_2)^T = (9.3, 16.5)^T$,根据数据资料,试计算 y_0 的 0.95 的置信区间。

(5) 给出 $\beta_1 - \beta_2$ 的 0.95 的置信区间。

16. 为判定一家公司是否歧视女性,从该公司收集了一些数据记录:年薪(千美元)、资历(反映员工素质)和性别(1 为男性,0 为女性)。现用两个线性模型拟合数据,回归输出结果如下表。设通常的回归假定是成立的。

模型 1:响应变量为年薪

变 量	系 数	标准差	t 检验	p 值
常数项	20 009.5	0.824 4	24 271	<0.000 1
资 历	0.935 253	0.050 0	18.7	<0.000 1
性 别	0.224 337	0.468 1	0.479	0.632 9

模型 2:响应变量为资历

变 量	系 数	标准差	t 检验	p 值
常数项	−16 744.4	896.4	−18.7	<0.000 1
性 别	0.850 979	0.434 9	1.96	0.053 2
年 薪	0.836 991	0.044 8	18.7	<0.000 1

要求:

(1) 对模型 1,男性的年薪比同等资历的女性高吗?

(2) 对模型 2,男性的资历比同样年薪的女性低吗?

(3) 上面的结果有不一致吗?请解释。

(4) 如果你是被告公司的辩护律师,你会选择哪个模型?请解释。

17. 为提高煤的净化效率收集了如下数据:

序号	x_1	x_2	x_3	y	序号	x_1	x_2	x_3	y
1	1.50	6.00	1 315	243	7	2.00	7.50	1 575	183
2	1.50	6.00	1 315	261	8	2.00	7.50	1 575	207
3	1.50	9.00	1 890	244	9	2.50	9.00	1 315	216
4	1.50	9.00	1 890	285	10	2.50	9.00	1 315	160
5	2.00	7.50	1 575	202	11	2.50	6.00	1 890	104
6	2.00	7.50	1 575	180	12	2.50	6.00	1 890	110

表中 y 表示净化后煤溶液中所含杂质的重量(是衡量净化效率的指标),x_1 表示输入净化过程的溶液所含的煤及杂质的比,x_2 表示溶液的 ph 值,x_3 表示溶液的流量。

要求:

请你提出一个提高净化率的方案。

18. 研究同一地区土壤内所含植物可给态磷的情况,得到 18 组数据如下:

土壤样本	x_1	x_2	x_3	y	土壤样本	x_1	x_2	x_3	y
1	0.4	53	158	64	10	12.6	58	112	51
2	0.4	23	163	60	11	10.9	37	111	76
3	3.1	19	37	71	12	23.1	46	114	96
4	0.6	34	157	61	13	23.1	50	134	77
5	4.7	24	59	54	14	21.6	44	73	93
6	1.7	65	123	77	15	23.1	56	168	95
7	9.4	44	46	81	16	1.9	36	143	54
8	10.1	31	117	93	17	26.8	58	202	168
9	11.6	29	173	93	18	29.9	51	124	99

表中:x_1 代表土壤内所含无机磷浓度,x_2 代表土壤内溶于 K_2CO_3 溶液并受溴化物水解的有机磷,x_3 代表土壤内溶于 K_2CO_3 溶液但不溶于溴经物的有机磷,y 代表栽在 20℃土壤内的玉米中的可给态磷,单位为百万分之一。

要求:

已知 y 对 x_1、x_2、x_3 存在线性相关,求它们的回归方程,并进行检验。

19. 现用含一个响应变量 Y 和一个预测变量 X_1 的简单线性回归模型拟合 20 个观测数据,下表给出了回归输出结果,但部分结果缺失,请补全表中缺失的 13 个结果,并计算 $\mathrm{Var}(Y)$ 和 $\mathrm{Var}(X_1)$。

方差分析表

方差来源	平方和	自由度	均　方	F 检验
回　归	1 848.76	—	—	—
残　差	—	—		

系数表

变　量	系　数	标准差	t 检验	p 值
常数项	−23.432 5	12.74	.	0.082 4
X_1	—	0.158 2	8.32	<0.000 1
$n=$—	$R^2=$—	$R_a^2=$—	$\hat{\sigma}=$—	自由度=—

20. 为了研究货运量 y 与工业总产值 x_1、农业总产值 x_2、居民非商品支出 x_3 的关系,下表列出了这三者的数据:

y(万吨)	x_1(亿元)	x_2(亿元)	x_3(亿元)
160	70	35	1.0
260	75	40	2.4
210	65	40	2.0
265	74	42	4.0
240	72	38	1.2
220	68	45	1.5
275	78	42	4.0
160	66	36	2.0
275	70	44	4.2
250	65	42	4.0

假设数据满足 p 元线性回归模型(3.1)的假设,要求:

(1) 计算模型参数 β 的最小二乘估计。

(2) 计算方差 $\sigma^2 = \mathrm{Var}(\varepsilon)$ 的估计。

(3) 依据观测数据建立多元线性回归模型。

(4) 对回归模型参数以及变量之间的线性关系进行显著性检验。

(5) 是否需要对模型进行调整,给出调整后的模型,并重新估计模型参数。

(6) 给出调整后模型每个观测点的估计值及区间估计。

(7) 对观测数据点 $x_0 = (x_1,\ x_2,\ x_3) = (90,\ 57,\ 6.2)$,预测其货运量的值。

21. 证明第五节中关于 $\hat{y}_0$ 的 6 个性质。

第四章　多元线性回归模型的进一步讨论

第一节　带约束条件的多元线性回归模型

前面我们所考虑的回归模型是：

$$Y = X\beta + \varepsilon$$

其对 β 没有任何约束。但在一些实际问题中，往往要求 β 满足某种约束条件，如在配方问题中，要求 $\beta_0, \cdots, \beta_p$ 都非负。在有的问题中，要求 β 满足某个线性约束。这节就讨论有线性约束的多元线性回归模型的参数 β 的估计。

我们考虑的模型为：

$$\begin{cases} y = X\beta + \varepsilon \\ H\beta = c \\ E(\varepsilon) = 0, \ \mathrm{Var}(\varepsilon) = \sigma^2 I_n \end{cases} \tag{4.1}$$

其中：X 是 $n \times (p+1)$ 的矩阵，且其秩是 $p+1$；H 是 $q \times (p+1)$ 的矩阵，且其秩是 q（注意不同于前面的帽子矩阵 H）；c 是 q 维向量。我们希望得到该模型参数 β 的估计。

我们仍用最小二乘法求 β 的估计。由多元微积分求条件极值的理论，用拉格朗日乘子法求使下式达到极小时 β 与 λ 的值，记作 $\hat{\beta}_H$、$\hat{\lambda}_H$，其中 λ 是待定的 q 维向量，称为拉格朗日乘子。

$$Q(\beta, \lambda) = (y - X\beta)'(y - X\beta) + \lambda'(H\beta - c) \tag{4.2}$$

令：

$$\frac{\partial Q(\beta, \lambda)}{\partial \beta} = 0$$

$$\frac{\partial Q(\beta, \lambda)}{\partial \lambda} = 0$$

得：

$$\begin{cases} -2X'y + 2X'X\beta + H'\lambda = 0 \\ H\beta - c = 0 \end{cases}$$

则：

$$\hat{\beta}_H = (X'X)^{-1}X'y - \frac{1}{2}(X'X)^{-1}H'\hat{\lambda}_H$$

$$= \hat{\beta} - \frac{1}{2}(X'X)^{-1}H'\hat{\lambda}_H \tag{4.3}$$

$$c = H\hat{\beta}_H = H\hat{\beta} - \frac{1}{2}H(X'X)^{-1}H'\hat{\lambda}_H \tag{4.4}$$

其中：$\hat{\beta} = (X'X)^{-1}X'y$ 是模型(3.7)的最小二乘估计。

因为 $X'X$ 是正定阵，H 是满秩的，所以 $H(X'X)^{-1}H'$ 也是正定阵，则由(4.4)式可知：

$$\hat{\lambda}_H = -2[H(X'X)^{-1}H']^{-1}(c - H\hat{\beta}) \tag{4.5}$$

将(4.5)式代入(4.3)式得：

$$\hat{\beta}_H = \hat{\beta} + (X'X)^{-1}H'\{H[(X'X)^{-1}H']\}^{-1}(c - H\hat{\beta}) \tag{4.6}$$

下面说明，$\hat{\beta}_H$ 使离差平方和达到最小。因为：

$$Q = \varepsilon'\varepsilon$$
$$= (y - X\beta)'(y - X\beta)$$
$$= (y - X\hat{\beta} + X\hat{\beta} - X\beta)'(y - X\hat{\beta} + X\hat{\beta} - X\beta)$$
$$= (y - X\hat{\beta})'(y - X\hat{\beta}) + (y - X\beta)'X(\hat{\beta} - \beta) + (\hat{\beta} - \beta)'X'(y - X\hat{\beta})$$
$$\quad + (\hat{\beta} - \beta)'X'X(\hat{\beta} - \beta)$$
$$= (y - X\hat{\beta})'(y - X\hat{\beta}) + (\hat{\beta} - \hat{\beta}_H + \hat{\beta}_H - \beta)'X'X(\hat{\beta} - \hat{\beta}_H + \hat{\beta}_H$$
$$\quad - \beta)'X'X(\hat{\beta} - \hat{\beta}_H + \hat{\beta}_H - \beta)$$
$$= (y - X\hat{\beta})'(y - X\hat{\beta}) + (\hat{\beta} - \hat{\beta}_H)'X'X(\hat{\beta} - \hat{\beta}_H) + (\hat{\beta} - \hat{\beta}_H)'X'X(\hat{\beta}_H - \beta)$$
$$\quad + (\hat{\beta}_H - \beta)'X'X(\hat{\beta} - \hat{\beta}_H) + (\hat{\beta}_H - \beta)'X'X(\hat{\beta}_H - \beta)$$
$$= (y - X\hat{\beta})'(y - X\hat{\beta}) + (\hat{\beta} - \hat{\beta}_H)'X'X(\hat{\beta} - \hat{\beta}_H)$$
$$\quad + (\hat{\beta}_H - \beta)'X'X(\hat{\beta}_H - \beta) \tag{4.7}$$

显然，当 $\beta = \hat{\beta}_H$ 时，Q 达到极小，且：

$$H\hat{\beta}_H = H\hat{\beta} + H(X'X)^{-1}H'[H(X'X)^{-1}H']^{-1}(c - H\hat{\beta})$$

$$= H\hat{\beta} + c - H\hat{\beta}$$
$$= c$$

故 $\hat{\beta}_H$ 是在约束 $H\beta = c$ 下使 Q 达到最小的 β 的最小二乘估计。

用同样的方法,有:

$$Q(\hat{\beta}_H) = (y - X\hat{\beta}_H)'(y - X\hat{\beta}_H)$$
$$= (y - X\hat{\beta})'(y - X\hat{\beta}) + (\hat{\beta} - \hat{\beta}_H)'X'X(\hat{\beta} - \hat{\beta}_H)$$
$$= Q(\hat{\beta}) + (\hat{\beta} - \hat{\beta}_H)'X'X(\hat{\beta} - \hat{\beta}_H) \tag{4.8}$$

所以:

$$Q(\hat{\beta}_H) \geqslant Q(\hat{\beta})$$

即:

$$S_{HE} \geqslant S_E$$

该式说明对参数有了约束条件使残差平方和增大。

定理 4.1 对模型(4.1),如果 $\varepsilon \sim N_n(0, I_n\sigma^2)$,则有:

(1) $\hat{\beta}_H \sim N_{m+1}(\beta, \sigma^2 G)$

其中,$G = (X'X)^{-1}\{I - H'[H(X'X)^{-1}H']^{-1}H(X'X)^{-1}\}$。 $\tag{4.9}$

(2) $\hat{\lambda}_H \sim N_q(0, \sigma^2 D)$

其中,$D = 4[H(X'X)^{-1}H']^{-1}(X'X)^{-1}[H(X'X)^{-1}H']^{-1}$。

(3) 令 $\hat{y}_H = X\hat{\beta}_H$,$e_H = y - \hat{y}_H$,则 $e_H \sim N_n[0, \sigma^2(I - XGX')]$。

(4) $E(S_{HE}) = (n - p - 1 + q)\sigma^2$

其中,$S_{HE} = (y - \hat{Y}_H)'(y - \hat{Y}_H)$。

证明:

(1) 因为 $\hat{\beta}_H$ 是 $\hat{\beta}$ 的线性函数,从而也是 y 的线性函数,所以 $\hat{\beta}_H$ 服从正态分布。

又因为:

$$E(\hat{\beta}_H) = E(\hat{\beta}) - (X'X)^{-1}H'[H(X'X)^{-1}H']^{-1}[c - HE(\hat{\beta})] = \beta$$
$$\text{Var}(\hat{\beta}_H) = \{I - (X'X)^{-1}H'[H(X'X)^{-1}H']^{-1}H\}\sigma^2(X'X)^{-1} \cdot$$
$$\{I - H'[H(X'X)^{-1}H']^{-1}H(X'X)^{-1}\}$$
$$= \sigma^2 G \tag{4.10}$$

所以:

$$\hat{\beta}_H \sim N(\beta, \sigma^2 G)$$

(2) 因为 $\hat{\lambda}_H$ 是 $\hat{\beta}$ 的线性函数,所以 $\hat{\lambda}_H$ 服从正态分布。而:

$$E(\hat{\lambda}_H) = 2[H(X'X)^{-1}H']^{-1}[HE(\hat{\beta}) - c] = 0 \tag{4.11}$$

$$\text{Var}(\hat{\lambda}_H) = 4[H(X'X)^{-1}H']^{-1}\sigma^2(X'X)^{-1}[H(X'X)^{-1}H']^{-1} = \sigma^2 D \tag{4.12}$$

所以,$\hat{\lambda}_H \sim N(0, \sigma^2 D)$。

(3) 因为 $\hat{y}_H = X\hat{\beta}_H$ 可表示成 Y 的线性函数,所以 e_H 遵从正态分布是显然的。类似于证明 e 与 $\hat{\beta}$ 是相互独立的,同样可以证明 e_H 与 $\hat{\beta}_H$ 是相互独立的。

又因为:

$$\begin{aligned} E(e_H) &= E(y) - E(\hat{y}_H) \\ &= X\beta - XE(\hat{\beta}_H) = 0 \end{aligned} \tag{4.13}$$

且注意到 $y = e_H + \hat{y}_H$,e_H 与 $\hat{\beta}_H$ 相互独立,所以,e_H 与 $\hat{y}_H$ 也相互独立,故有:

$$\text{Var}(Y) = \text{Var}(e_H) + \text{Var}(\hat{Y}_H)$$

即:

$$\begin{aligned} \text{Var}(e_H) &= \text{Var}(Y) - \text{Var}(\hat{Y}_H) \\ &= \sigma^2 I - \text{Var}(X\hat{\beta}_H) \\ &= \sigma^2 I - X\sigma^2 GX' \\ &= \sigma^2(I - XGX') \end{aligned}$$

所以:

$$e_H \sim N[0, \sigma^2(I - XGX')]$$

(4) 由于:

$$\begin{aligned} S_{HE} &= (y - \hat{y})'(y - \hat{y}) + (\hat{y} - \hat{y}_H)'(\hat{y} - \hat{y}_H)E[(y - \hat{y})'(y - \hat{y})] \\ &= (n - p - 1)\sigma^2(\hat{y} - \hat{y}_H)'(\hat{y} - \hat{y}_H) \\ &= (\hat{\beta} - \hat{\beta}_H)'X'X(\hat{\beta} - \hat{\beta}_H) \\ &= \{(X'X)^{-1}H'[H(X'X)^{-1}H']^{-1}(c - H\hat{\beta})\}'X'X \\ &\quad \times \{(X'X)^{-1}H'[H(X'X)^{-1}H']^{-1}(c - H\hat{\beta})\} \\ &= (c - H\hat{\beta})'[H(X'X)^{-1}H']^{-1}(c - H\hat{\beta}) \end{aligned} \tag{4.14}$$

$$E(c - H\hat{\beta}) = 0$$

$$\text{Var}(c - H\hat{\beta}) = \text{Var}(H\hat{\beta}) = H(X'X)^{-1}H'\sigma^2 \tag{4.15}$$

所以:

$$
\begin{aligned}
E[(\hat{y}-\hat{y}_H)'(\hat{y}-\hat{y}_H)] &= E\{(c-H\hat{\beta})'\times[H(X'X)^{-1}H']\} \\
&= E\{tr[(H(X'X)^{-1}H')^{-1}(c-H\hat{\beta})(c-H\hat{\beta})']\} \\
&= tr\{[H(X'X)^{-1}H']^{-1}[H(X'X)^{-1}H']\sigma^2\} \\
&= q\sigma^2
\end{aligned}
$$

$$
E(S_{HE})=(n-p-1)\sigma^2+q\sigma^2=(n-p-1+q)\sigma^2
$$

注：利用定理 4.1 的(4)可得 σ^2 的一个无偏估计：

$$
\hat{\sigma}_H^2=\frac{S_{HE}}{n-p+q-1}
$$

第二节　多元线性回归模型的广义最小二乘估计

在前面的讨论中，我们总是假设线性回归模型的误差是等方差且不相关的，即 $\mathrm{Var}(e)=\sigma^2 I_n$。虽然在许多情况下，这个假设总是可以认为近似成立，但是在许多实际问题中，我们不能认为这个假设是合适的。它们的误差方差可能不相等，也可能彼此不相关。这时误差向量的协方差阵就假设是一个正定矩阵，即：

$$
\mathrm{Var}(e)=\sigma^2\Sigma
$$

其中，Σ 是一个正定矩阵，它往往包含未知参数。为了简单，在这一节里，我们假定 Σ 是完全已知的。我们讨论如下模型：

$$
\begin{cases}
y=X\beta+\varepsilon \\
E(\varepsilon)=0 \\
\mathrm{Var}(\varepsilon)=\sigma^2\Sigma
\end{cases}
\tag{4.16}
$$

对于该模型，求参数 β 的估计。

我们的方法是：通过适当的变换，将该模型转化为前面已讨论过的模型。

Σ 是正定的，则一定存在正交矩阵 P，使 Σ 对角化，即 $\Sigma=P'\Lambda P$，其中，$\Lambda=\mathrm{diag}(\lambda_1,\cdots,\lambda_n)$，$\lambda_i>0\ (i=1,\cdots,n)$ 是 Σ 的特征值。记 $\Sigma^{-\frac{1}{2}}=P'\mathrm{diag}(\lambda_1^{-\frac{1}{2}},\cdots,\lambda_n^{-\frac{1}{2}})P$，则 $(\Sigma^{-\frac{1}{2}})^2=\Sigma^{-1}$，称 $\Sigma^{-\frac{1}{2}}$ 是 Σ^{-1} 的平方根。

用 $\Sigma^{-\frac{1}{2}}$ 左乘模型(4.16)的第一式，并令 $Z=\Sigma^{-\frac{1}{2}}y$，$U=\Sigma^{-\frac{1}{2}}X$，$\nu=\Sigma^{-\frac{1}{2}}\varepsilon$，则模型 (4.16)变为：

$$\begin{cases} Z = U\beta + \nu \\ E(\nu) = 0 \\ \mathrm{Var}(\nu) = \sigma^2 I_n \end{cases} \tag{4.17}$$

模型(4.17)就是我们已经讨论过的模型(3.7),记模型(4.17)的最小二乘估计为:

$$\beta^* = (U'U)^{-1}U'Z = (X'\Sigma^{-1}X)^{-1}X'\Sigma^{-1}y \tag{4.18}$$

称 β^* 是 β 的广义最小二乘估计(简记为 GLSE),有时也称 Gauss-Markov 估计 (G-M 估计)。

定理 4.2 对于回归模型(4.16),有

(1) $E(\beta^*) = \beta$。

(2) $\mathrm{Var}(\beta^*) = \sigma^2(X'\Sigma^{-1}X)^{-1}$。

(3)(一般情况下的 G-M 定理)对于任意 $p+1$ 维已知向量 c,$c'\beta^*$ 是 $c'\beta$ 的唯一最小方差线性无偏估计。

证明:(1)和(2)的证明略去。

(3) 设 $b'y$ 是 $c'\beta$ 的任一线性无偏估计,则有:

$$c'\beta^* = c'(U'U)^{-1}U'Z$$

$$b'y = b'\Sigma^{\frac{1}{2}}\Sigma^{-\frac{1}{2}}y = b'\Sigma^{\frac{1}{2}}Z$$

由上可知,$c'\beta^*$ 是 $c'\beta$ 的最小二乘估计,而 $b'\Sigma^{\frac{1}{2}}Z$ 是 $c'\beta$ 的一个无偏估计,所以:

$$\mathrm{Var}(c'\beta^*) \leqslant \mathrm{Var}(b'\Sigma^{-\frac{1}{2}}Z) = \mathrm{Var}(b'y)$$

当且仅当 $c'\beta^* = b'y$ 时,等号成立。定理证毕。

注:定理 4.2 说明,在线性回归模型(4.16)中,β 的广义最小二乘估计 β^* 是最优的。但是,我们将 β^* 表达式中的 Σ 还原成 I_n,就得到 $\hat{\beta}$,称它是 β 的简单最小二乘估计。可以验证 $E(\hat{\beta}) = \beta$。对于任意线性函数 $c'\beta$,$c'\hat{\beta}$ 只是它的一个无偏估计,它未必是最优的。我们以后称 $c'\beta^*$ 和 $c'\hat{\beta}$ 分别是 $c'\beta$ 的广义最小二乘估计和(简单)最小二乘估计,且有:

$$\mathrm{Var}(c'\beta^*) \leqslant \mathrm{Var}(c'\hat{\beta})$$

对于线性回归模型(4.16),广义最小二乘估计总是优于(简单)最小二乘估计。

第三节　多项式回归

研究一个因变量与一个或多个自变量之间多项式的回归分析方法,称为多项式回

归(Polynomial Regression)。当自变量只有一个时,称为一元多项式回归;当自变量有多个时,称为多元多项式回归。

一元 m 次多项式回归方程为:

$$\hat{y} = b_0 + b_1 x + b_2 x^2 + \cdots + b_m x^m$$

二元二次多项式回归方程为:

$$\hat{y} = b_0 + b_1 x_1 + b_2 x_2 + b_3 x_1^2 + b_4 x_2^2 + b_5 x_1 x_2$$

在一元回归分析中,如果因变量 y 与自变量 x 的关系为非线性的,但是又找不到适当的函数曲线来拟合,则可以采用一元多项式回归。多项式回归的最大优点就是可以通过增加 x 的高次项对实测点进行逼近,直至满意。事实上,多项式回归可以处理一部分非线性问题,它在回归分析中占有重要的地位,因为任一函数都可以分段用多项式来逼近。所以,在通常的实际问题中,不论因变量与其他自变量的关系如何,我们总可以用多项式回归来分析。

一、多项式回归分析的一般方法

多项式回归问题可以通过变量转化为多元线性回归问题来解决。

对于一元 m 次多项式回归方程,令 $x_1 = x$, $x_2 = x^2$, $\cdots$, $x_m = x^m$,则该一元 m 次多项式就转化为 m 元线性回归方程:

$$\hat{y} = b_0 + b_1 x_1 + b_2 x_2 + \cdots + b_m x_m$$

因此,用多元线性函数的回归方法就可解决多项式回归问题。需要指出的是,在多项式回归分析中,检验回归系数 b_i 是否显著,实质上就是判断自变量 x 的 i 次方项 x^i 对因变量 y 的影响是否显著。

对于二元二次多项式回归方程,令:

$$z_1 = x_1,\ z_2 = x_2,\ z_3 = x_1^2,\ z_4 = x_2^2,\ z_5 = x_1 x_2$$

则该二元二次多项式函数就转化为五元线性回归方程:

$$\hat{y} = b_0 + b_1 z_1 + b_2 z_2 + b_3 z_3 + b_4 z_4 + b_5 z_5$$

但随着自变量个数的增加,多元多项式回归分析的计算量急剧增加。多元多项式回归属于多元非线性回归问题,在这里不作介绍。

在多项式回归中较为常用的是一元二次多项式回归和一元三次多项式回归,下面结合一个实例对一元二次多项式回归作详细介绍。

二、一元二次多项式回归分析

例 4.1　给动物口服某种药物 1 000 mg,每间隔 1 个小时测定血药浓度(g/ml),得到表 4.1 的数据(血药浓度为 5 头供试动物的平均值)。试建立血药浓度(因变量 y)对服药时间(自变量 x)的回归方程。

表 4.1　血药浓度与服药时间测定结果表

服药时间 x（小时）	1	2	3	4	5	6	7	8	9
血药浓度 y（g/ml）	21.89	47.13	61.86	70.78	72.81	66.36	50.34	25.31	3.17

根据表 4.1 的数据资料绘制 x 与 y 的散点图。由散点图可以看到:血药浓度最大值出现在服药后 5 个小时,在 5 个小时之前血药浓度随时间的增加而增加,在 5 个小时之后血药浓度随着时间的增加而减少,散点图呈抛物线形状,因此,我们可以选用一元二次多项式来描述血药浓度与服药时间的关系,即进行一元二次多项式回归或抛物线回归。

解:

设一元二次多项式回归方程为:

$$\hat{y} = b_0 + b_1 x + b_2 x^2$$

令 $x_1 = x$, $x_2 = x^2$,则得二元线性回归方程:

$$\hat{y} = b_0 + b_1 x_1 + b_2 x_2$$

下面进行二元线性函数的回归分析(详细计算过程省略),得到参数估计值:

$$\hat{b}_0 = -8.365\,5$$

$$\hat{b}_1 = 34.826\,9$$

$$\hat{b}_2 = -3.762\,4$$

于是,得到二元线性回归方程为:

$$\hat{y} = -8.365\,5 + 34.826\,9 x_1 - 3.762\,4\, x_2$$

现在对二元线性回归方程或二元线性回归关系进行显著性检验。

$$S_T = 4\,859.236\,4$$

$$S_R = b_1 SP_{10} + b_2 SP_{20}$$

$$S_E = S_T - S_R = 4\,859.236\,4 - 4\,829.127\,7 = 30.108\,7$$

$$\mathrm{d}f_T = n - 1 = 9 - 1 = 8$$

$$\mathrm{d}f_R = 2$$

$$\mathrm{d}f_E = \mathrm{d}f_y - \mathrm{d}f_R = 8 - 2 = 6$$

列出方差分析表(见表 4.2),进行 F 检验。

表 4.2　二元线性回归关系方差分析表

变异来源	SS	$\mathrm{d}f$	MS	F
回　归	4 829.127 7	2	2 414.563 9	481.170 9**
离回归	30.108 7	6	5.018 1	
总变异	4 859.236 4	8		

由 $\mathrm{d}f_1 = 2$, $\mathrm{d}f_2 = 6$ 查 F 值表得 $F > F_{0.01(2, 6)} = 10.92$, $P < 0.01$,表明二元线性回归关系是极显著的。

偏回归系数 $\hat{b}_1$、$\hat{b}_2$ 的显著检验应用 t 检验法:

由 $\mathrm{d}f_1 = 1$、$\mathrm{d}f_2 = 6$ 查表得,显著性概率 P 值小于 0.05,表明偏回归系数 $\hat{b}_1$、$\hat{b}_2$ 都是极显著的。

(1) 建立一元二次多项式回归方程

将 x_1 还原为 x, x_2 还原为 x^2,即得 y 对 x 的一元二次多项式回归方程为:

$$\hat{y} = -8.365\,5 + 34.826\,9x - 3.762\,4x^2$$

(2) 计算相关指数 R^2

$$R^2 = 1 - \frac{\sum (y - \hat{y})^2}{\sum (y - \bar{y})^2} = 0.993\,2$$

表明,y 对 x 的一元二次多项式回归方程的拟合度是比较高的,或者说该回归方程估测的可靠程度是比较高的。

第四节　多元数据变换后的线性拟合

到目前为止,我们可以总结性地写出关于变量 $x_1, \cdots, x_k$ 的最一般的线性回归模型:

$$y = \beta_0 z_0 + \beta_1 z_1 + \beta_2 z_2 + \cdots + \beta_p z_p + \varepsilon \tag{4.19}$$

其中:z_0 是伪变量,它总等于 1,在模型中一般不明确写出来,写出来是为了便于数学处理,对每一个 $j = 1, 2, \cdots, p$, z_j 是 $x_1, \cdots, x_k$ 的一般函数,即 $z_j = z_j(x_1, \cdots, x_k)$,有可能每个 z_j 只包含一个 x 变量。

一个模型只要能写成(4.19)的形式,就可用前面介绍的方法进行分析,当然对误差 ε 还要作通常那样的假设。

比较简单和常用的是关于自变量的多项式模型。以两个自变量 x_1、x_2 为例,可以写出一阶模型:

$$y = \beta_0 + \beta_1 x_1 + \beta_2 x_2 + \varepsilon$$

二阶模型:

$$y = \beta_0 + \beta_1 x_1 + \beta_2 x_2 + \beta_{11} x_1^2 + \beta_{22} x_2^2 + \beta_{12} x_1 x_2 + \varepsilon$$

三阶模型:

$$y = \beta_0 + \beta_1 x_1 + \beta_2 x_2 + \beta_{11} x_1^2 + \beta_{12} x_1 x_2 + \beta_{22}^2 + \beta_{111} x_1^3$$
$$+ \beta_{112} x_1^2 X_2 + \beta_{122} x_1 x_2^2 + \beta_{222} x_2^3 + \varepsilon$$

如果一阶模型不能满意地刻画所描述的对象,可以用二阶模型;如果二阶模型仍存在拟合不足,则可用三阶模型。然而,这种由低阶向高阶换用模型的办法并不总令人满意。事实上,通过变换自变量或因变量或同时变换两者,效果可能更好。比如,在假设残差特性允许每种拟合都可行的前提下,响应 $\log y$ 对 x 的直线性拟合往往比 y 对 x 的二阶拟合更可取。

变量变换除了可以简化模型外,通常的目的主要还是变换后的模型有(4.19)式的形式或者变换后的误差满足通常的假设。

一、变量变换

(一) 只变换自变量得到的模型

以如下模型为例:

$$y = \beta_0 + \beta_1 z_1 + \beta_2 z_2 + \varepsilon \tag{4.20}$$

对自变量可作下列常见变换:

1. 倒数变换

令 $z_1 = x_1^{-1}$、$z_2 = x_2^{-1}$,得到:

$$y = \beta_0 + \beta_1 x_1^{-1} + \beta_2 x_2^{-1} + \varepsilon \tag{4.21}$$

2. 对数变换

令 $z_1 = \ln x_1$、$z_2 = \ln x_2$,得到:

$$y = \beta_0 + \beta_1 \ln x_1 + \beta_2 \ln x_2 + \varepsilon \tag{4.22}$$

3. 平方根变换

令 $z_1 = x_1^{\frac{1}{2}}$、$z_2 = x_2^{\frac{1}{2}}$，得到：

$$y = \beta_0 + \beta_1 x_1^{\frac{1}{2}} + \beta_2 x_2^{\frac{1}{2}} + \varepsilon \tag{4.23}$$

显然，有各种各样可能的变换，同一个模型可以使用几种不同的变换，一个变换也可以同时包含多个变量。选择一个合适的变换不是一件容易的事情，往往要根据有关变量的基本知识来定。大原则是，作变换总要有效果，比如使变换的模型较简单或者对变换后模型的拟合精度较高。

（二）可线性化的非线性模型

非线性模型（待估参数是非线性的）可分为两类：一类是可通过适当的变量变换为(4.19)式那样的形式，这样的模型称为可线性化的非线性模型，否则就称为不可线性化的非线性模型。下面介绍一些可线性化的非线性模型，所用的变换既有自变量的变换，也有因变量的变换。

乘法模型：

$$y = \alpha x_1^{\beta} x_2^{\gamma} x_3^{\delta} \varepsilon \tag{4.24}$$

其中：α、β、γ、δ 都是未知参数，ε 是乘积随机误差。对(4.24)式两边取自然对数，得到：

$$\mathrm{Ln}\, y = \mathrm{Ln}\, \alpha + \beta\, \mathrm{Ln}\, x_1 + \gamma\, \mathrm{Ln}\, x_2 + \delta\, \mathrm{Ln}\, x_3 + \mathrm{Ln}\, \varepsilon \tag{4.25}$$

(4.25)式具有(4.19)式的形式，因而可用前面介绍的方法来处理。然而，必须强调指出的是，在求置信区间和做有关检验时，必须是 $\ln \varepsilon \sim N(0, \sigma^2 I_n)$，而不是 $\varepsilon \sim (0, \sigma^2 I_n)$。因此检验之前，要先检验 $\ln \varepsilon$ 是否满足这个假设。

指数模型：

$$y = e^{\beta_0 + \beta_1 x_1 + \beta_2 x_2} \varepsilon \tag{4.26}$$

两边同时取自然对数，得：

$$\ln y = \beta_0 + \beta_1 x_1 + \beta_2 x_2 + \ln \varepsilon \tag{4.27}$$

一个更复杂的指数模型：

$$y = \frac{1}{1 + e^{\beta_0 + \beta_1 x_1 + \beta_2 x_2 + \varepsilon}} \tag{4.28}$$

两边取倒数，减去 1，再取自然对数，得：

$$\ln(y^{-1} - 1) = \beta_0 + \beta_1 x_1 + \beta_2 x_2 + \varepsilon \tag{4.29}$$

注意：由于是对变换后的形如(4.19)式的模型用最小二乘分析，因此进行残差检验时是针对变换后的模型而作的。若对因变量作了变换，就要特别仔细检查变换后的模型是否还满足最小二乘假设[误差独立，且服从 $N(0, \sigma^2)$]。

二、变量变换族——Box - Cox 变换

如果响应变量 y 取正值，下面的 Box - Cox 变换是一个很有用的变换族：

$$W(\lambda) = \begin{cases} \dfrac{y^\lambda - 1}{\lambda}, & \lambda \neq 0 \\[2mm] \ln y, & \lambda = 0 \end{cases} \tag{4.30}$$

比如，当检验表明 y 不服从正态分布时，可对 y 使用 Box - Cox 变换，适当地选取 λ 使 $W(\lambda)$ 服从或近似于正态分布。

对变换参数 λ 来说，变换族是连续的。下面将用已知数据估计这个参数以及拟合模型：

$$W = X\beta + \varepsilon \tag{4.31}$$

其中：β 是参数向量，$W = [W_1(\lambda), W_2(\lambda), \cdots, W_n(\lambda)]'$ 是由观测向量 y 变换而来的新向量。

估计 λ 的方法主要有两种：

第一种方法：当将变换用于误差正态化的目的时，假设对适当选取的 λ，(4.32)式中的 $\varepsilon \sim N(0, \sigma^2 I_n)$，这时可用极大似然方法估计 λ，步骤如下：

(1) 在一定的范围内选取若干 λ 值。通常是在 $(-2, 2)$[有时甚至在 $(-1, 1)$]内取 11～21 个值。如果有必要，取值范围可放宽，取值点也可增加。

(2) 对选取的 λ，计算：

$$L_{\max}(\lambda) = -\frac{1}{2} n \ln \hat{\sigma}^2(\lambda) + \ln J(\lambda, y) \tag{4.32}$$

其中：n 是观测次数，$\hat{\sigma}^2(\lambda)$ 是对所取的 λ 值拟合模型(4.31)后的残差平方和的 $\dfrac{1}{n}$ 倍，即：

$$\hat{\sigma}^2(\lambda) = \frac{W'[I - X(X'X)^{-1}X']W}{n}$$

$$J(\lambda, y) = \prod_{i=1}^{n} \frac{\partial W_i}{\partial y_i} = \prod_{i=1}^{n} y_i^{\lambda-1}$$

显然，$\ln J(\lambda, y) = (\lambda - 1) \sum\limits_{i=1}^{n} \ln y_i$，因此，(4.33)可写成：

$$L_{\max}(\lambda) = -\frac{n}{2} \ln \left(\frac{S_E}{n} \right) + (\lambda - 1) \sum_{i=1}^{n} \ln y_i \tag{4.33}$$

（3）对选取的 λ 值，用(4.33)式算出 $L_{\max}(\lambda)$ 后，描出点 $[\lambda, L_{\max}(\lambda)]$，然后把这些点连接成光滑的曲线，使 $L_{\max}(\lambda)$ 达到最大的点 λ 的极大似然估计 $\hat{\lambda}$，应用时，一般不用 $\hat{\lambda}$ 的精确值，而用下列值中离 $\hat{\lambda}$ 最近的一个来代替：$\cdots, -2, -3/2, -1, -1/2, 0, 1/2, 1, 3/2, 2, \cdots$例如，若 $\hat{\lambda} = 0.11$，则用 $\lambda = 0$ 代替；若 $\hat{\lambda} = 0.94$，则用 $\lambda = 1$ 代替；等等。

还可求出 λ 的近似置信区间，要求上述替代值落入这个区间。λ 的一个近似的 $1 - \alpha$ 的置信区间由满足下面不等式的 λ 值组成：

$$L_{\max}(\hat{\lambda}) - L_{\max}(\lambda) \leqslant 0.5\chi^2(1, 1 - \alpha) \tag{4.34}$$

其中：$\chi^2(1, 1 - \alpha)$ 是自由度为 1 的 χ^2—分布的 $1 - \alpha$ 分位点。为求解(4.34)式，只需在 $y = L_{\max}(\lambda)$ 的图上画一条 $Y = L_{\max}(\lambda) - 0.5\chi^2(1, 1 - \alpha)$ 的水平线，该水平线与曲线的交点对应的两个 λ 值就是近似置信区间的端点。

第二种方法：选取 λ 以极小化希望它小的某些量或者极大化希望它大的某些量。例如，设有理由认为 y 能用 x_1 和 x_2 的如下二阶模型来拟合：

$$y - \beta_0 + \beta_1 x_1 + \beta_2 x_2 + \beta_{11} x_1^2 + \beta_{22} x_2^2 + \beta_{12} r_1 r_2 + \varepsilon \tag{4.35}$$

希望通过 Box‐Cox 变换的响应 W 能用一阶模型 $y = \beta_0 + \beta_1 x_1 + \beta_2 x_2 + \varepsilon$ 来拟合。对某个选择集中的 λ 值，用最小二乘法对 W 拟合(4.35)式，我们的目的是选择一个 λ 值以极小化某个适当的统计量。如果对最后选定的 λ 值，二阶项是不显著的，那么，我们的愿望就实现了，即可用一阶模型拟合变换后的数据。

下面通过两个例子来说明这两种选取 λ 值的方法。

例 4.2　表 4.3 给出了因变量 y 和两个自变量 x_1、x_2 的 23 组观测值，我们希望通过 Box‐Cox 变换使得变换后的数据能用一阶模型来拟合，且误差服从正态分布。也就是说，要拟合的模型是：

$$W = \beta_0 + \beta_1 x_1 + \beta_2 x_2 + \varepsilon$$

注意到因变量的取值范围从 13 到 157，$157/13 = 12.1$。当最大值与最小值之比达到(或是超过)一个数量级(大约为 10)时，对 y 作变换可能是行之有效的。

表 4.3　因变量 y 的 23 组观测值

x_2 ＼ x_1	0	12	24	36	48	60
0	26	38	50	76	108	157
10	17	26	37	53	83	124
20	13	20	27	37	57	87
30	—	15	22	27	41	63

在 $[-1, 1]$ 内取 20 个 λ 值，分别求出 $L_{\max}(\lambda)$。从表 4.4 可以看出，使 $L_{\max}(\lambda)$ 达到最大的 λ 值大约是 $\hat{\lambda} = -0.05$，接近 0。所得的 95％ 的近似置信区间为 $-0.135 \leqslant \lambda \leqslant 0.03$。由此可知，取 $\lambda = 0$ 代替 $\hat{\lambda}$ 是可行的。这样要做的变换是 $W = \ln y$。

表 4.4　选取的 λ 与对应的 $L_{\max}(\lambda)$

λ	$L_{\max}(\lambda)$	λ	$L_{\max}(\lambda)$	λ	$L_{\max}(\lambda)$
-1.0	-53.70	-0.08	-15.02	0.10	-20.43
-0.8	-47.68	-0.06	-14.8	0.2	-26.53
-0.6	-40.52	-0.05	-14.78	0.4	-37.27
-0.4	-31.46	-0.04	-14.82	0.6	-45.69
-0.2	-20.07	-0.02	-15.09	0.8	-52.67
-0.15	-17.40	0.00	-15.60	1.0	-58.80
-0.10	-15.47	0.05	-17.65		

对表 4.3 中的数据作自然对数变换后列成表 4.5。

表 4.5　对表 4.3 中数据作变换 $W = \ln y$ 后的值

x_2 ＼ x_1	0	12	24	36	48	60
0	3.258	3.638	3.912	4.331	4.682	5.056
10	2.833	3.258	3.611	3.970	4.419	4.820
20	2.565	2.996	3.296	3.611	4.043	4.466
30	—	2.708	3.091	3.296	3.714	4.413

用最小二乘法拟合变换后的数据得到：

$$\text{Ln } \hat{y} = 3.212 + 0.030\,88 x_1 - 0.031\,52 x_2$$

$R^2 = 99.51\%$ 总体回归的 F 值为 2 045，这些都说明得到了合适的拟合方程。

作为对照，用一阶段模型拟合没有经过变换的数据，得到：

$$\hat{y} = 28.184 + 1.55x_1 - 1.71x_2$$

$R^2 = 87.93\%$ 总体回归 $F = 72.9$。这个初始拟合本身就是很不错的，但用 $\ln y$ 时，有非常明显的改进（在其他例子中，初始拟合可能是非常糟的，而通过适当的变换能得到显著的拟合）。

有时，通过变换便有较大的可能用一低阶多项式模型来拟合，这与估计 λ 的第二种方法有关。

例 4.2(续) 再次使用表 4.3 中的数据，希望经 Box-Cox 变换后的数据能用一阶模型而不需要用二阶模型来拟合。先对选取的 17 个 λ 值（见表 4.6）分别拟合模型 (4.35)，并计算出相应的均方及均方比。

表 4.6 选取的 λ 及相应的 MS_1、MS_2 和 $\gamma = MS_2/MS_1$

λ	MS_1	MS_2	$\gamma = MS_2/MS_1$
−1.0	0.003 7	0.000 24	0.064 9
−0.8	0.015 2	0.000 63	0.041 5
−0.6	0.063 3	0.001 44	0.022 8
−0.4	0.269 8	0.002 51	0.009 3
−0.2	1.178 2	0.002 07	0.001 8
−0.1	2.485	0.000 79	0.000 3
−0.05	3.618	0.000 73	0.000 2
−0.025	4.368	0.001 30	0.000 3
0.0	5.276	0.002 59	0.000 5
0.025	6.375	0.005 04	0.000 8
0.05	7.705	0.009 11	0.001 2
0.1	11.272	0.025 76	0.002 3
0.2	24.236	0.138 2	0.005 7
0.4	114.23	1.980	0.017 3
0.6	552.36	19.379	0.035 1
0.8	2 739.1	160.05	0.058 4
1.0	13 921.3	1 206.66	0.086 7

从表 4.6 中可以看出，大约在 $\lambda = -0.05$ 处 γ 达到最小，从而是用 $\lambda = 0$ 来近似，即作对数变换，结果和第一种方法得到的结果完全一样（然而这种方法的一个缺点是不易求出 λ 的置信区间）。这个变换后的变量用二阶模型拟合后得到：

$$\text{Ln}\,\hat{y} = 3.231 + 0.028\,6x_1 - 0.033\,5x_2 + 0.000\,044\,2x_1^2$$
$$+ 0.000\,112\,1x_2^2 - 0.000\,037\,2x_1x_2$$

用未变换的数据拟合的二阶方程为：

$$\hat{y} = 24.067 + 0.573\,87x_1 - 0.826\,28x_2 + 0.026\,39x_1^2 + 0.027\,52x_2^2 - 0.049\,30x_1x_2$$

比较一下两种估计变换参数的方法，极大似然方法优点较多，用这种方法时，总可以求出一个近似置信区间，并且只需要拟合我们感兴趣的模型，而不是像第二种方法那样，需要拟合更复杂的模型。然而，在各种准则下进行分析，第二种方法还是有用的，可以把各种选择 λ 的准则的图形同时画出来，从这些图中选择折中的 λ 值。

小结

本章主要讨论了带约束条件的多元线性回归模型、多元线性回归模型的广义最小二乘估计、多项式回归模型以及多元数据变换后的线性拟合，最后详细介绍了如何把非线性模型变换为线性模型。

习题四

1. 如何将多项式回归转化为多元线性回归？

2. 根据重庆市种畜场奶牛群各月份产犊母牛平均 305 天产奶量的数据资料（如下表所示），试进行平均产奶量关于产犊月份的一元二次多项式回归分析。

产犊月份 x	1	2	3	4	5	6
平均产奶量 y(kg)	3 833.43	3 811.58	3 769.47	3 565.74	3 481.99	3 372.82
产犊月份 x	7	8	9	10	11	12
平均产奶量 y(kg)	3 476.76	3 466.22	3 395.42	3 807.08	3 817.03	3 884.52

3. 给动物口服某种药物 A 1 000 mg，每间隔 1 小时测定血药浓度(g/ml)，得到下表的数据（血药浓度为 5 头供试动物的平均值）。试建立血药浓度（因变量 y）对服药时间（自变量 x）的一元二次多项式回归分析。

服药时间 x（小时）	1	2	3	4	5	6	7	8	9
血药浓度 y（g/ml）	21.89	47.13	61.86	70.78	72.81	66.36	50.34	25.31	3.17
$\hat{y}$	22.718 2	46.256 3	62.268 4	70.754 5	71.714 6	65.148 7	51.056 8	29.438 9	0.295 0
$y - \hat{y}$	−0.828 2	0.873 7	−0.408 4	0.025 5	1.095 4	1.211 3	−0.716 8	−4.129 8	2.875 0

4. 一位饮食公司的分析人员想调查自助咖啡售货机数量与咖啡销售量之间的关系。她选择了 14 家餐馆进行实验。这 14 家餐馆的营业额、顾客类型和地理位置方面都是相近的。放在试验餐馆的自动售货机数量从 0（咖啡由服务员端来）到 6 不等，并且是随机分配到每个餐馆的。下表所示的是关于试验结果的数据。

餐馆	售货机数量	咖啡销售量（杯）	餐馆	售货机数量	咖啡销售量（杯）
1	0	508.1	8	3	697.5
2	0	498.4	9	4	755.3
3	1	568.2	10	4	758.9
4	1	577.3	11	5	787.6
5	2	651.7	12	5	792.1
6	2	657.0	13	6	841.4
7	3	713.4	14	6	831.8

要求：

(1) 作线性回归模型。

(2) 作多项式回归模型。

(3) 画出数据的散点图和拟合曲线。

5. 一位医院管理人员想建立一个回归模型，对重伤病人出院后的长期恢复情况进行预测。自变量是病人住院的天数(X)，因变量是病人出院后长期恢复的预后指数(Y)，指数的数值越大表示预后结果越好。为此，研究了 15 个病人的数据，这些数据列在下表中。经验表明，病人住院的天数(X)和预后指数(Y)服从非线性模型：

$$Y_i = \theta_0 \exp(\theta_1 X_i) + \varepsilon_i \qquad i = 1, 2, \cdots, 15$$

要求：

(1) 用内在线性模型方法计算其各种参数的估计值。

(2) 用非线性方法［nls()函数和 nlm()函数］计算其各种参数的估计值。

病号	住院天数(X)	预后指数(Y)	病号	住院天数(X)	预后指数(Y)
1	2	54	9	34	18
2	5	50	10	38	13
3	7	45	11	45	8
4	10	37	12	52	11
5	14	35	13	53	8
6	19	25	14	60	4
7	26	20	15	65	6
8	31	16			

第五章　回归诊断

第一节　引言

在第三章给出的回归参数的性质及其估计方法要以下面三个假设为前提：

假设 1　自变量 x_1，x_2，$\cdots$，x_p 是确定性变量，不是随机变量，且 $\mathrm{rank}(X) = p+1 < n$，即 X 为一个满秩矩阵。

假设 2　满足 G-M 条件，即：

$$\begin{cases} E(\varepsilon_i) = 0 & i = 1,\,2,\,\cdots,\,n \\ \mathrm{Cov}(\varepsilon_i,\,\varepsilon_j) = \begin{cases} \sigma^2,\ i = j \\ 0,\ i \neq j \end{cases} & i,\,j = 1,\,2,\,\cdots,\,n \end{cases}$$

假设 3　正态分布的假设条件为：

$$\begin{cases} \varepsilon_i \sim N(0,\,\sigma^2) & i = 1,\,2,\,\cdots,\,n \\ \varepsilon_1,\,\varepsilon_2,\,\cdots,\,\varepsilon_n \ \text{相互独立} \end{cases}$$

对于上述回归模型假设，用另一种形式表述为：

$$y = \beta_0 + \beta_1 X_1 + \beta_2 X_2 + \cdots + \beta_p X_p + \varepsilon \tag{5.1}$$

模型(5.1)也可以表示为：

$$y_i = \beta_0 + \beta_1 x_{1i} + \beta_2 x_{2i} + \cdots + \beta_p x_{pi} + \varepsilon_i \qquad i = 1,\,2,\,\cdots,\,n \tag{5.2}$$

模型(5.1)中的所有自变量 X_i 都是确定性变量，即只讨论自变量是确定性的回归问题，并且自变量之间不存在多重共线性(将在第七章讨论)。

模型(5.2)中的误差项 ε_i 满足正态性、独立性和等方差性。正态性是指 ε_i 服从均值为零的正态分布的随机变量；独立性是指 ε_1，ε_2，$\cdots$，ε_n 两两协方差为零，即相互独立(不存在序列相关)；等方差性(即方差齐性)是指 ε_1，ε_2，$\cdots$，ε_n 具有相同但未知的方差 σ^2，若方差不相等，则出现异方差问题。

上述假设在实际问题的研究中是否成立？判定是否成立的方法如何给出？如果有些假定不成立,应采取什么措施改进模型？本章将对这些问题进行讨论,并对上述假设进行诊断,同时给出假设不成立时的解决方法。

第二节　残差及其性质

为研究残差,使用第三章描述的矩阵来表示基本模型:

$$Y = X\beta + \varepsilon$$
$$E(\varepsilon) = 0 \tag{5.3}$$
$$\mathrm{Var}(\varepsilon) = \sigma^2 I_n$$

其中: X 是已知的满秩矩阵; β 的最小二乘估计是 $\hat{\beta} = (X'X)^{-1}X'Y$,估计对应于观测值 Y 的拟合值 $\hat{y}$ 为:

$$\begin{aligned}
\hat{y} &= X\hat{\beta} \\
&= X[(X'X)^{-1}X'y] \\
&= X(X'X)^{-1}X'y \\
&= Hy
\end{aligned} \tag{5.4}$$

其中: H 是 $n \times n$ 矩阵,定义为:

$$H = X(X'X)^{-1}X' \tag{5.5}$$

H 称为帽子矩阵,因为它将因变量的观测值向量 y 变换成拟合值向量 $\hat{y}$,残差向量 e 被定义为:

$$\begin{aligned}
e &= y - \hat{y} \\
&= y - X(X'X)^{-1}X'y \\
&= [I - X(X'X)^{-1}X']y \\
&= (I - H)y
\end{aligned} \tag{5.6}$$

e 和 ε 的区别: 误差 ε 是不可观测的随机变量,假设其均值为零,且互不相关,具有相同的方差 σ^2。 残差 e 是可以用图表示或用其他方式研究的可计算的量,它们的均值与方差为:

$$E(e) = 0$$
$$\mathrm{Var}(e) = \sigma^2(I - H) \tag{5.7}$$

类似于误差,残差的均值都为零,但残差可以有不同的方差,且它们是相关的。 由

(5.6)式可知,残差是误差的线性组合,故若误差是正态分布,则残差亦是正态分布。综上所述,残差 e 有下列性质:

(1) $E(e) = 0$, $\mathrm{Var}(e) = \sigma^2(I - H)$。

(2) $\mathrm{Cov}(\hat{Y}, e) = 0$。

(3) 当 $\varepsilon \sim N(0, \sigma^2 I)$ 时, $e \sim N[0, \sigma^2(I - H)]$。

用标量形式表示第 i 个残差的方差为:

$$\mathrm{Var}(e_i) = \sigma^2(1 - h_{ii}) \tag{5.8}$$

其中: h_{ii} 是 H 的第 i 个对角元素。诊断过程是基于计算所得的残差 e,它与不可观测的误差 ε 有着类似的性质。

根据 e 的分布可知, e_1, e_2, $\cdots$, e_n 是相关的,且它们的方差不等。根据(5.8)式,当 h_{ii} 较大时, $\mathrm{Var}(e_i)$ 将较小,从而直接用 e_1, $\cdots$, e_n 就会带来一定的麻烦,为此,引入标准化残差的概念,称:

$$r_i = \frac{e_i}{\hat{\sigma}\sqrt{1 - h_{ii}}} \qquad i = 1, \cdots, n \tag{5.9}$$

其中, $\hat{\sigma} = \sqrt{\dfrac{SSE}{n - p - 1}}$。

一般地, r_i 的分布比较难求。可以证明, r_1, $\cdots$, r_n 近似独立,且近似地服从 $N(0, 1)$,所以能近似地认为 r_1, $\cdots$, r_n 是来自 $N(0, 1)$ 的随机子样。

依据标准化残差 r_1, $\cdots$, r_n 近似服从 $N(0, 1)$,且近似相互独立,所以,常用残差图对模型假设的合理性进行检验。

残差图是一种直观的工具,是以残差 r 或 e 为纵坐标,以任何其他量为横坐标的散点图。常用的横坐标有如下三种选择:(1)以拟合值 $\hat{y}$ 为横坐标;(2)以 x_j 为横坐标, $j = 1$, $\cdots$, n;(3)以观测值或序列号为横坐标。

当模型的假设为真时,残差图上 n 个点的散布应该是无规则的。如在 $x - r$ 散点图中,当模型假设为真时,自变量 x 与残差向量 $\hat{\varepsilon}$ 是不相关的,从而 x 与 r_1, $\cdots$, r_n 间的相关性也应很小,那么,点 $(\hat{x}_i, r_i)$, $i = 1$, $\cdots$, n 应大致落在 $|r| \leqslant 2$ 的水平带内且不呈现任何趋势。由正态分布的性质可知:

$$P(|r_i| < 2) = 0.954\,5$$

因此, r_i 落在区间 $(-2, 2)$ 的概率为 95.45%。从而当残差图中的点呈现某种规律或很大部分的点落到了区间 $(-2, 2)$ 之外时,就可以对模型的假设提出怀疑,如图 5.1 所示。图 5.1(a)中的散点绝大多数落在 $(-2, 2)$ 水平带状区间内,且不显示任何趋势,完全随机地散布在横轴上下,说明回归模型设定良好;图 5.1(b)中的散点有不少数落在$(-2,2)$水平带状区间外,说明回归模型对样本数据的拟合不充分,究其原因,可能模型遗漏了某些重要的解释变量,或模型设定有误;图 5.1(c)和图 5.1(d)中的散点出现了某种规律性曲线形状,说明总体回归函数本质上是非线性的,所以模型设定有误。由此可见,残差图是验证线性回归模型基本假设是否成立的一个有效的工具。

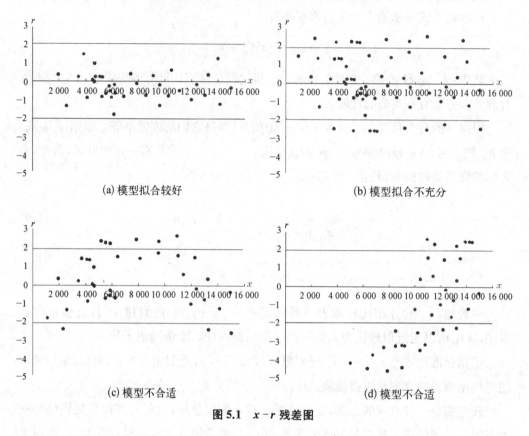

图 5.1　x-r 残差图

第三节　回归函数线性的诊断

由图 5.1 得知,使用残差图可以诊断回归函数是否是线性函数。当从残差图上发现回归函数可能非线性时,就要设法改进现有模型,也可以借助 $\hat{y}$-e 图或 $\hat{y}$-r 图判断回归函数关于哪个变量应该为非线性的及其如何修改(如例 5.1 所示)。

例 5.1　现在收集了 x 与 y 的 8 组数据(见表 5.1),并求得了 y 关于 x 的一元线性回归方程为 $\hat{y}_i = -1.82 + 0.004\,35x_i$。其拟合值与残差见表 5.1,此方程对应的 σ 的估计值是 0.889,相关系数是 0.935。

表 5.1　x 与 y 的 8 组数据

i	x	y	$\hat{y}$	e
1	80	0.60	1.66	−1.06
2	220	6.70	7.75	−1.05
3	140	5.30	4.27	1.03
4	120	4.00	3.40	0.60
5	180	6.55	6.01	0.54
6	100	2.15	2.53	−0.38
7	200	6.60	6.88	−0.28
8	160	5.75	5.14	0.61

　　将 (x_i, y_i) 看成一个点,画出的散点图见图 5.2。从散点图可见,将 $E(y)$ 看成 x 的线性函数不太合适,最好将其看成 x 的二次函数。若将 $(\hat{y}_i, e_i)$ 看成一个点,画出的散点图见图 5.3,发现这些点的散布是有规律可循的,对应 $\hat{y}$ 小的残差及 $\hat{y}$ 大的残差为负,而 $\hat{y}$ 介于中间的残差为正,因而怀疑回归函数线性的假定不成立。

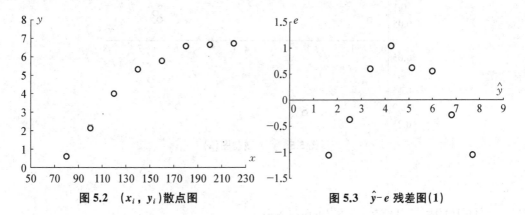

图 5.2　(x_i, y_i) 散点图　　　　　图 5.3　$\hat{y}$-e 残差图(1)

　　根据例 5.1,可以画出 x-e 图,即将 (x_i, e_i) 作为一个点画残差图(见图 5.4)。

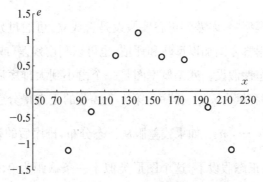

图 5.4　x_i-e 残差图

　　由此可见,在 x 较小或较大时,$e<0$;x 介于中间值时,$e>0$。从而设想改变回归模型,建立 y 关于 x、x^2 的回归方程,把 x 看作 x_1,把 x^2 看作 x_2,用二元线性回归方程的求法求得 $\hat{y}_i=-10.028+0.164\,2x_i+0.000\,4x_i^2$,其拟合值和残差见表5.2。这时 σ 的估计值是0.189,复相关系数是0.997 5,有了明显的改善,残差图 $\hat{y}$-e 见图5.5,已经呈无规律散布,说明二次回归方程是合适的。

表 5.2　残差 e 列的数值

i	$\hat{y}$	e	i	$\hat{y}$	e
1	0.54	0.06	5	6.49	0.06
2	6.62	0.08	6	3.37	−0.22
3	5.08	0.22	7	6.72	−0.12
4	3.89	0.11	8	5.59	−0.20

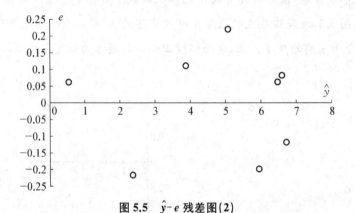

图 5.5　$\hat{y}$-e 残差图(2)

第四节　误差正态性的诊断

　　在所建的回归模型中,误差的正态性假设是否成立,可通过残差分析得出的残差计算其频数分布并用直方图加以反映和评估,也可以利用残差(或标准残差)概率图检查误差是否满足正态性假设。残差概率图是一个由小到大排序后的残差关于正态得分的散点图,当样本容量为 n 时,排序后第 i 个残差的正态得分就是标准正态分布的 $\dfrac{i}{n}$ 分位点,$i=1,2,\cdots,n$。如果残差服从正态分布,排序后的残差就近似地与正态得分相同。因此,在正态假设下,这个图形类似于一条截距为 0、斜率为 1 的直线(截距和斜率分别表示残差的均值和标准差)。

例 5.2 某时装店 15 家分店的年销售额、店面面积和年促销费用的资料如表 5.3 所示,以此建立的二元线性回归方程为 $\hat{y}_i = -51.312\,7 + 1.405\,3 x_{1i} + 6.382\,3 x_{2i}$,其拟合值和残差见表 5.4。这时,$\sigma$ 的估计值是 112.101 5,复相关系数是 0.922 7,拟合优度是 0.851 407。

表 5.3 某时装店 15 家分店的年销售额、店面面积和年促销费用统计表

商 店	年销售额 y(万元)	店面面积 x_1(平方米)	年促销费用 x_2(万元)
1	368	172	20
2	389	164	20
3	665	281	55
4	854	355	25
5	341	129	30
6	556	220	40
7	366	113	45
8	469	350	25
9	546	315	40
10	288	151	20
11	1 067	516	55
12	758	456	30
13	1 170	584	50
14	408	350	25
15	650	405	30

表 5.4 残差已列的数值表

i	$\hat{y}$	e	i	$\hat{y}$	e
1	5.789 7	−4.789 7	9	7.981 4	1.018 6
2	5.620 5	−3.620 5	10	5.345 5	4.654 5
3	6.637 7	−3.637 7	11	11.608 1	−0.608 1
4	9.452 0	−5.452 0	12	11.380 1	0.619 9
5	4.463 8	0.536 2	13	13.254 5	−0.254 5
6	5.972 1	0.027 9	14	9.346 3	4.653 7
7	3.500 8	3.499 2	15	10.301 4	4.698 6
8	9.346 3	−1.346 3			

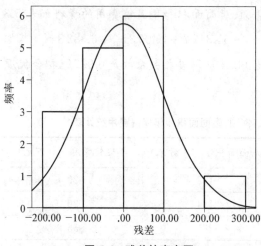

把表 5.4 中的残差 e 列的数值做直方图，由图 5.6 得知，所建的回归模型的残差近似服从正态分布。

也可以把表 5.4 中的残差 e 列的数值做 P-P 图（见图 5.7），图 5.7(a) 显示，残差值与截距为 0、斜率为 1 的直线即对角线基本重合；图 5.7(b) 显示，实际累计概率和按正态分布计算的理论累计概率之差基本分布在零值上下，即图 5.7(a) 与图 5.7(b) 均显示这组残差值服从正态分布。

图 5.6   残差的直方图

所以，两种方法都显示所建模型满足随机误差的正态性假设。

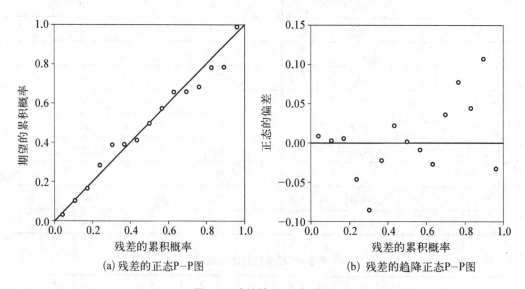

(a) 残差的正态P-P图   (b) 残差的趋降正态P-P图

图 5.7   残差的 P-P 概率图

第五节   误差等方差性的诊断

利用残差图还可以判断误差方差是否满足相等这个假设。若残差图 $\hat{y}-r$ 呈现喇叭型或倒喇叭型（如图 5.8 所示），则认为各个观测误差的方差不等，因为它表示误差方差随 $\hat{y}_i$ 增大而增大或减小。

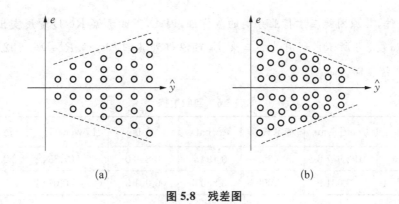

图 5.8　残差图

例 5.3　表 5.5 所给的数据包括美国 18 个行业 1998 年的销售、利润和研究与发展(R&D)费用支出。

表 5.5　美国 1998 年 18 个行业销售、利益和 R&D 数量　　　　单位：百万美元

序号	行　　业	销售额	R&D 费用支出	利　润
1	容器与包装	6 357.3	62.5	185.1
2	非银行金融机构	11 626.4	92.9	1 569.5
3	服务行业	14 655.1	178.3	274.8
4	金属与采掘业	21 896.2	258.4	2 828.1
5	住房与建筑业	26 408.3	494.7	225.9
6	一般制造业	32 405.6	1 083.0	3 751.9
7	闲暇时间行业	35 107.7	1 620.6	2 884.1
8	纸与林产品行业	40 295.4	421.7	4 645.7
9	食品行业	70 761.6	509.2	5 036.4
10	健康护理业	80 552.8	6 620.1	13 869.9
11	宇航业	95 294.0	3 918.6	4 487.8
12	消费品	101 314.1	1 595.3	10 278.9
13	电器与电子行业	116 141.3	6 107.5	8 787.3
14	化学工业	122 315.7	4 454.1	16 438.8
15	聚合物	141 649.9	3 163.8	9 761.4
16	办公设备与计算机	175 025.8	13 210.7	19 774.5
17	燃料	230 614.5	1 703.8	22 626.6
18	汽车行业	293 543.0	9 528.2	18 415.4

由于上述每个行业都包含了若干不同的企业类型,各个企业类型所包括的公司的规模又各不相同,如果考察 R&D 费用支出数据对销售额和利润的回归,很难保证同

方差的条件,其原因就在于行业分类的多样性,因此,下面考察 R&D 费用支出和销售额数据(如表 5.6 所示),利用最小二乘法,可以得到其回归方程 $R\&D = 192.977\ 6 + 0.031\ 9 \times$ 销售额。

表 5.6　回归数据

项　目	Coefficients	标准误差	t Stat	P 值	Lower 95%	Upper 95%
Intercept	192.977 6	990.35	0.194 7	0.848 0	−1 907.834 8	2 293.790 0
X Variable 1	0.031 9	0.008 3	3.830 0	0.001 5	0.014 2	0.049 6

但是,如果观察其残差图(见图 5.9),可以清楚地看出,残差的绝对值随着销售额的增加而增加。由此,在本问题中方差相同的假定不成立。对于这类问题,不能直接使用最小二乘法进行分析。

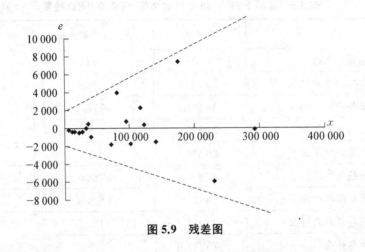

图 5.9　残差图

在满足回归假设的条件下,最小二乘估计具有最优性,即在所有线性无偏估计中,最小二乘估计具有方差最小性。如果在回归假设中,随机误差方差 σ^2 为常数的假设不成立,同时其他假设仍然满足,此时可以在理论上得到如下结论:

(1) 最小二乘估计仍然是线性的,也是无偏的。

(2) 最小二乘估计不能再得到保证。

(3) 在前面的讨论中,随机误差方差 σ^2 的无偏估计 $\hat{\sigma}^2$ 的无偏性不再满足。

(4) 在前面所讨论的有关 t 分布和 F 分布的假设检验及置信区间中,由于 $\hat{\sigma}^2$ 的有偏性,仍然使用第三章的方法作假设检验和区间估计可能会得出错误的结论。

综上所述,当误差方差 σ^2 具有异方差时,按照第三章所用的假设检验会得出错误的结论。所以,判断误差方差 σ^2 的方差齐性问题是十分重要的。在实际应用中,一般来说,异方差有三种类型:(1)递增型异方差;(2)递减型异方差;(3)条件自回归型异方差。误差的方差是否相等还可以利用如下统计量作统计检验：

设共有 n 个不同的条件，第 i 个条件下的试验结果服从 $N(\mu_i, \sigma_i^2)$，$i=1, \cdots, n$，其中，μ_i 与 p 个变量 $x_1, \cdots, x_p$ 中的一个值有关，并且假定在第 i 个条件下共进行了 m_i 次试验，其结果为 $y_{i1}, \cdots, y_{im_i}$，又记：

$$\bar{y}_i = \frac{1}{m_i} \sum_{j=1}^{m_i} y_{ij} \qquad i=1, \cdots, n$$

$$s_i^2 = \frac{1}{m_i - 1} \sum_{j=1}^{m_i} (y_{ij} - \bar{y}_i)^2 \qquad i=1, \cdots, n$$

要检验的假设是：

$$H_0 : \sigma_1^2 = \cdots = \sigma_n^2 \tag{5.10}$$

在 $m_1 = m_2 = \cdots = m_n \hat{=} m$ 时，给出下列几种检验统计量：

（1）Hartley 检验

$$F_{\max} = \frac{\max\{s_1^2, s_2^2, \cdots, s_n^2\}}{\min\{s_1^2, s_2^2, \cdots, s_n^2\}} \tag{5.11}$$

检验统计量(5.11)的分布与总体个数 n 和 s_i^2 的自由度 $m-1$ 有关，可以算出其临界值 $F_{\max, 1-\alpha}(k, \nu)$。其中：$k$ 为总体个数，ν 是 s_i^2 的自由度（具体参见附表4）。对于给定的显著性水平 α，当 $F_{\max} > F_{\max, 1-\alpha}(n, m-1)$ 时拒绝假设(5.10)。但是，当 $\min\{s_1^2, s_2^2, \cdots, s_n^2\}$ 为零或很小，以及 $m \leqslant 2$ 时，此检验不能用，此时可以使用 Cochran 检验：

（2）Cochran 检验

$$G_{\max} = \frac{\max\{s_1^2, s_2^2, \cdots, s_n^2\}}{\sum_{i=1}^{n} s_i^2} \tag{5.12}$$

其分布同样与总体个数 n 和 s_i^2 的自由度 $m-1$ 有关。附表5给出了 Cochran 检验的临界值。对于给定的显著性水平 α，当 $G_{\max} > G_{\max, 1-\alpha}(n, m-1)$ 时，拒绝假设(5.10)。

当 $m_1, \cdots, m_n$ 不全等时，引入 Barlett 检验。

（3）Barlett 检验

$$\chi^2 = \frac{1}{c} \Big[f_e \log s^2 - \sum_i (m_i - 1) \log s_i^2 \Big] \tag{5.13}$$

其中：

$$f_e = \sum_i (m_i - 1)$$

$$s^2 = \frac{\sum_i (m_i - 1)s_i^2}{f_e}$$

$$c = \frac{\sum_i \frac{1}{m_i - 1} - \frac{1}{f_e}}{3(n-1)} + 1$$

在假设(5.10)为真时,检验统计量近似地服从自由度为 $n-1$ 的 χ^2 分布,对于给定的显著性水平 α,当 $\chi^2 > \chi^2_{1-\alpha}(n-1)$ 时,拒绝假设(5.10)。

当 $m_1 = m_2 = \cdots = m_n \doteq m$ 时,检验(5.13)可以简化为:

$$\chi^2 = \frac{1}{c} n(m-1)\left(\log s^2 - \frac{1}{n} \sum_i \log s_i^2 \right) \tag{5.14}$$

其中:

$$s^2 = \frac{\sum_i s_i^2}{n}$$

$$c = \frac{n+1}{3n(m-1)} + 1$$

但是,当 $s_1^2, s_2^2, \cdots, s_n^2$ 中有一个为零或很小时,Barlett 检验也不能使用。

例 5.4 在 5 种不同的温度 (x) 下分别进行三次试验,测得化工产品所得率 (y) 如表 5.7 所示,并把由每种温度下的三个数据所得的样本方差 s_i^2 也列示在表 5.7 中。

表 5.7   实验温度数据分析

x_i	y_{i1}	y_{i2}	y_{i3}	s_i^2
60	90	92	88	4
65	97	93	92	7
70	96	96	93	3
75	84	83	88	7
80	84	86	82	4

$$\sum_i s_i^2 = 25$$

$$s^2 = \frac{\sum_i s_i^2}{5} = 5$$

因为 $n_1 = n_2 = \cdots = n_5 = 3$,且各 s_i^2 均不太小,所以,可以用(5.11)式、(5.12)式和(5.14)式中的任一种检验,分别求得:

$$F_{\max} = \frac{\max\{s_1^2, s_2^2, \cdots, s_n^2\}}{\min\{s_1^2, s_2^2, \cdots, s_n^2\}} = \frac{7}{3} = 2.333$$

$$G_{\max} = \frac{\max\{s_1^2, s_2^2, \cdots, s_n^2\}}{\sum_{i=1}^{n} s_i^2} = \frac{7}{25} = 0.28$$

$$\chi^2 = \frac{1}{c} n(m-1)\left(\log s^2 - \frac{1}{n}\sum_i \log s_i^2\right) = 0.47$$

在 $\alpha = 0.05$ 时，可以查得 $F_{\max, 0.95}(5, 2) = 202$，$G_{\max, 0.95}(5, 2) = 0.6838$，$\chi^2_{0.95}(4) = 9.488$。上述统计量值分别小于各自的临界值。因此，可以认为不能拒绝方差齐性的假定。

第六节　误差的独立性诊断

在实际问题中，相关数据非常多。例如，河流的水位总有一个变化过程，当一场暴雨使河流水位上涨后，往往需要几天才能使水位降低，因而当逐日测定河流最高水位时，相邻两天的观测值之间就不一定独立。本节对于独立性问题，可以分别绘制两种图形进行评价：一种是以时间 t 为横坐标，以估计值残差 e_t 为纵坐标绘制的散点图，简称 e_t-t 图；另一种是以估计值残差的滞后一阶 e_{t-1} 为横坐标，以估计值残差 e_t 为纵坐标绘制的散点图，简称 e_{t-1}-e_t 图。

如果观测数据中存在某种自相关的因素，那么前后相邻的残差 e_{t-1} 和 e_j 就会有某种联系，其结果违背了随机误差项 ε_i 的独立性假设。这种影响会分别在上述两种散点图上显示。

随着时间的推移，残差的散点会连续在 e_t-t 图横坐标上出现几次，然后又连续在横坐标下方出现几次，如此反复；而在 e_{t-1}-e_t 图中则是由左下方向右上方伸展，就可以判断存在正自相关，或称正序列相关性，如图 5.10 所示。

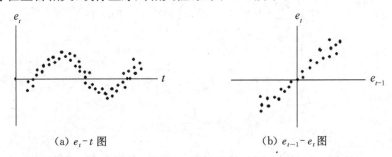

(a) e_t-t 图　　　　　　　　　　(b) e_{t-1}-e_t 图

图 5.10　正自相关

如果随着时间的推移,残差的散点在 e_t - t 图横坐标一上一下反复出现,而在 e_{t-1} - e_t 图上则是由左上方向右下方伸展,就可以判断存在负自相关,或称负序列相关性(如图 5.11 所示)。

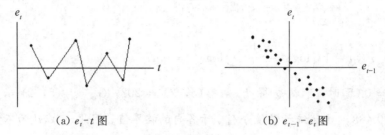

(a) e_t - t 图　　　　　　　(b) e_{t-1} - e_t 图

图 5.11　负自相关

考虑相邻观测之间存在的一种最简单的相关情形——一阶自相关。设 ε_i 与 ε_{i+1} 有如下关系:

$$\varepsilon_{i+1} = \rho\varepsilon_i + u_{i+1} \qquad i = 1, \cdots, n-1$$

其中:$u_2, u_3, \cdots, u_n$ 相互独立,当 $\rho \neq 0$ 时,称 $\varepsilon_1, \varepsilon_2, \cdots, \varepsilon_n$ 之间存在一阶自相关。此时,检验误差的独立性问题变成了下列假设检验问题:

$$H_0: \rho = 0 \tag{5.15}$$

进一步假定 $u_i \sim N(0, \sigma^2)$,并且 n 不太大时,可以引入 D - W 检验,即:

$$DW = \frac{\sum\limits_{i=2}^{n}(e_i - e_{i-1})^2}{\sum\limits_{i=1}^{n}e_i^2} \tag{5.16}$$

由于 ε 是不可观测的随机变量,因此,考察 ε_i 之间的相关性常用残差 $\hat{\varepsilon}_i$ 来进行,将 $\{\hat{\varepsilon}_1, \hat{\varepsilon}_2, \cdots, \hat{\varepsilon}_{n-1}\}$ 和 $\{\hat{\varepsilon}_2, \hat{\varepsilon}_3, \cdots, \hat{\varepsilon}_n\}$ 看成两个序列,其相关系数 r 称为一阶自相关系数:

$$r = \frac{\sum\limits_{i=1}^{n-1}(e_i - e_{1, n-1})(e_{i+1} - e_{2, n})}{\sqrt{\sum\limits_{i=1}^{n-1}(e_i - e_{1, n-1})^2 \sum\limits_{i=1}^{n-1}(e_{i+1} - e_{2, n-1})^2}}$$

其中:

$$e_{1, n-1} = \frac{1}{n-1}\sum\limits_{i=1}^{n-1}e_i$$

$$e_{2, n-1} = \frac{1}{n-1}\sum\limits_{i=2}^{n}e_i$$

由于 $|\hat{\varepsilon}_i|$ 的值一般较小,因此可以认为在各 $\hat{\varepsilon}_i$ 之间有下列近似:

$$\sum_{i=1}^{n-1} e_i \approx \sum_{i=2}^{n} e_i \approx \sum_{i=1}^{n} e_i = 0$$

$$\sum_{i=1}^{n-1} e_i^2 \approx \sum_{i=2}^{n} e_i^2 \approx \sum_{i=1}^{n} e_i^2$$

可以得到：

$$r \approx \frac{\sum\limits_{i=1}^{n-1} e_i e_{i+1}}{\sqrt{\sum\limits_{i=1}^{n-1} e_i^2 \sum\limits_{i=2}^{n} e_i^2}} \approx \frac{\sum\limits_{i=1}^{n-1} e_{i-1} e_i}{\sum\limits_{i=1}^{n} e_i^2} \tag{5.17}$$

由(5.16)式和(5.17)式可知，D–W 检验统计量与相关系数 r 有如下近似关系：

$$DW \approx \frac{\sum\limits_{i=2}^{n} e_i^2 - \sum\limits_{i=1}^{n-1} e_i^2 - 2\sum\limits_{i=1}^{n-1} e_i e_{i-1}}{\sum\limits_{i=1}^{n} e_i^2}$$

$$\approx \frac{2\sum\limits_{i=1}^{n} e_i^2 - 2\sum\limits_{i=1}^{n-1} e_i e_{i+1}}{\sum\limits_{i=1}^{n} e_{i+1}^2}$$

$$\approx 2 - 2r \tag{5.18}$$

由(5.18)式可知，当 $r=-1$ 时，$DW \approx 4$；当 $r=1$ 时，$DW \approx 0$；当 $r=0$ 时，$DW \approx 2$。

所以，当 $|DW-2|$ 过大时，拒绝假设(5.15)，根据 DW 的值可以按照下面的规则判断：当 $DW < d_L$ 时，认为 $\varepsilon_1, \varepsilon_2, \cdots, \varepsilon_n$ 之间存在正相关关系；当 $d_U < DW < 4-d_U$ 时，认为 $\varepsilon_1, \varepsilon_2, \cdots, \varepsilon_n$ 之间不相关；当 $DW > 4-d_L$ 时，认为 $\varepsilon_1, \varepsilon_2, \cdots, \varepsilon_n$ 之间存在负相关关系；当 $d_L < DW < d_U$ 或 $4-d_U < DW < 4-d_L$ 时，对于 $\varepsilon_1, \varepsilon_2, \cdots, \varepsilon_n$ 是否相关暂不下结论。对于给定的 α，d_L 和 d_U 的值可以从附表 3 中查出。

例 5.5　为研究某地居民对农产品的消费量 y 与居民收入 x 之间的关系，现收集了 16 组数据(见表 5.8)。

表 5.8　某地居民农产品消费量与收入的关系

i	x_i	y_i	$\hat{y}$	e
1	255.7	116.5	118.01	$-1.513\ 9$
2		120.8	120.69	$0.108\ 1$
3	275.4	124.4	124.96	$-0.555\ 6$

(续表)

i	x_i	y_i	$\hat{y}$	e
4	278.3	125.5	125.98	$-0.477\,5$
5		131.7	132.46	$-0.761\,2$
6	309.3	136.2	136.90	$-0.701\,1$
7	315.8	138.7	139.19	$-0.491\,5$
8	330.0	146.8	140.25	$-0.048\,6$
9	340.2	146.8	144.20	$2.604\,8$
10	350.7	149.6	147.79	$1.810\,6$
11	367.3	153.0	151.49	$1.510\,7$
12	381.3	158.2	157.34	$0.861\,3$
13	406.5	163.2	162.27	$0.928\,1$
14	430.8	170.5	171.15	$-0.651\,7$
15	430.8	178.2	179.71	$-1.514\,3$
16	451.5	185.9	187.01	$-1.108\,4$

由表 5.8 的数据可以求得 y 关于 x 的一元线性回归方程：

$$\hat{y}_i = 27.912 + 0.352\,4x_i \tag{5.19}$$

由此求得的各个残差列于表 5.9 中，从而算得：

$$DW = 0.680\,0$$

表 5.9   残差列表(1)

i	x_i^*	y_i^*	$\hat{y}_i^*$	$e_i^* = y_i^* - \hat{y}_i^*$
1	102.490	47.533 2	46.945 2	0.588 0
2	109.811	48.428 9	49.430 0	$-1.001\,1$
3	105.101	47.264 8	47.831 3	$-0.566\,5$
4	121.677	52.773 1	53.457 9	$-0.684\,8$
5	122.705	53.373 9	53.806 9	$-0.433\,0$
6	121.281	53.043 8	53.323 5	$-0.279\,7$
7	120.193	52.971 6	52.954 2	0.017 4
8	129.507	58.628 2	56.115 5	2.512 8
9	137.663	57.277 5	57.186 8	0.090 7
10	136.748	58.916 6	58.573 5	0.343 1

（续表）

i	x_i^*	y_i^*	$\hat{y}_i^*$	$e_i^* = y_i^* - \hat{y}_i^*$
11	146.745	61.978 3	61.966 7	0.011 6
12	150.305	63.708 0	63.175 1	0.532 9
13	166.700	67.863 5	68.740 3	−0.876 8
14	175.152	70.972 5	71.609 1	−0.636 5
15	180.570	73.830 0	73.448 0	0.382 0

取 $\alpha = 0.05$，查附表 3 得 $d_L = 1.10$、$d_U = 1.37$，则 $DW < d_L$，这表明各次观测值之间存在正相关关系。

当认为误差独立性不成立时，可以通过对数据进行变换使其独立性成立，具体有多种方法，现介绍下列两种方法：

1. 差分法

令：

$$\Delta y_i = y_{i+1} - y_i, \ \Delta x_i = x_{i+1} - x_i \qquad i = 1, \cdots, n-1$$

如例 5.5，建立 Δy 关于 Δx 的一元线性回归方程：

$$\Delta \hat{y} = 0.928\ 0 + 0.283\ 3\Delta x$$

其残差列于表 5.10 中，求得关于 Δy 的 D-W 检验统计量：

$$DW = 2.320\ 9$$

表 5.10 残差列表（2）

i	Δx_i	Δy_i	$\Delta \hat{y}_i$	$e_i' = \Delta y_i - \Delta \hat{y}_i$
1	7.6	4.3	3.08	1.218 5
2	12.1	3.6	4.36	−0.756 5
3	2.9	1.1	1.75	−0.649 7
4	18.4	6.2	6.14	0.058 4
5	12.6	4.5	4.50	0.001 8
6	6.5	2.5	2.77	−0.269 8
7	3.0	1.5	1.78	−0.278 1
8	11.2	6.6	4.10	2.498 5
9	10.2	2.8	3.82	−1.018 2

（续表）

i	Δx_i	Δy_i	$\Delta \hat{y}_i$	$e'_i = \Delta y_i - \Delta \hat{y}_i$
10	10.5	3.4	3.90	$-0.502\ 3$
11	16.6	5.2	5.63	$-0.431\ 6$
12	14.0	5.0	4.89	$0.105\ 1$
13	25.2	7.3	8.07	$-0.768\ 4$
14	24.3	7.7	7.81	$-0.113\ 4$
15	20.7	7.7	6.79	$0.906\ 7$

当 $\alpha = 0.05$ 时，查附表 3 得 $d_L = 1.08$、$d_U = 1.36$，则 $d_U < DW < 4 - d_U$，故可以认为 Δy_i 之间是不相关的。此时，可以用下列模型作预测：

$$\hat{y}_{i+1} = y_i + 0.928\ 0 + 0.283\ 3(x_{i+1} - x_i)$$

2. 迭代法

仍然以例 5.5 加以叙述。先求出 y 关于 x 的一元线性回归方程，求得表 5.10 中的残差 $e_i (i = 1, \cdots, n)$，然后得 $e_1, e_2, \cdots, e_n$ 之间的一阶自相关系数 $r = 0.628\ 9$，再令：

$$y_i^* = y_{i+1} - ry_i, \quad x_i^* = x_{i+1} - rx_i \qquad i = 1, \cdots, n-1$$

其数据见表 5.9。

y^* 关于 x^* 的一元线性回归方程：

$$\hat{y}_i^* = 12.157 + 0.339\ 4x_i^*$$

其残差也列于表 5.9 中。这时，$DW = 1.919\ 7$，当 $\alpha = 0.05$ 时，有 $d_U < DW < 4 - d_U$，故可以认为 y_i^* 之间是不相关的。此时，可以用下列模型作预测：

$$\hat{y}_{i+1}^* = 0.628\ 9y_i + 12.157 + 0.339\ 4 \times (x_{i+1} - 0.628\ 9x_i)$$

如果 y_i^* 之间仍是不独立的，则可以重新估计 r，再重复上述步骤。

第七节　异常点与强影响点

残差图不但可以检验所建线性回归模型是否满足基本假设，而且可以判断数据中是否包含异常点或强影响点。

异常点通常是指数据中的极端点或来自与其他数据的模型不同的数据点。

强影响点是指保留该点或删除该点对建立的回归方程中的回归系数会产生很大差异的点。

例 5.6 表 5.11 所示的是 Anscombe 构造的 4 组数据。

表 5.11 Anscombe 构造的 4 组数据

i	x_1	y_1	x_2	y_2	x_3	y_3	x_4	y_4
1	10	8.04	10	9.14	10	7.46	8	6.58
2	8	6.95	8	8.14	8	6.77	8	5.76
3	13	7.58	13	8.74	13	12.74	8	7.71
4	9	8.81	9	8.77	9	7.11	8	8.84
5	11	8.33	11	9.26	11	7.81	8	8.47
6	14	9.96	14	8.10	14	8.84	8	7.04
7	6	7.24	6	6.13	6	6.08	8	5.25
8	4	4.26	4	3.10	4	5.39	19	12.50
9	12	10.84	12	9.13	12	8.15	8	5.56
10	7	4.82	7	7.26	7	6.42	8	7.91
11	5	5.68	5	4.74	5	5.73	8	6.89

对表 5.11 中的 4 组数据进行一元线性回归分析,最终得出的结果相同,即这 4 组数据有相同的相关系数 0.816,相同的拟合优度 0.666,所建立的回归方程都为:

$$\hat{y}_i = 3.003 + 0.5x_i \qquad i = 1, 2, \cdots, 11$$

从回归分析得出的数据来看,这 4 组数据都适合建立一元线性回归模型。结果真是这样吗?下面用 (x_i, y_i) 散点图(见图 5.12)和 $x_i - r$ 残差图(见图 5.13)给出答案。

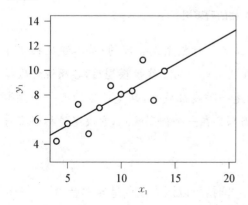
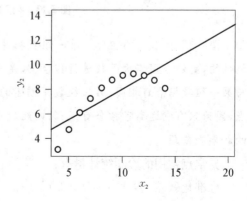

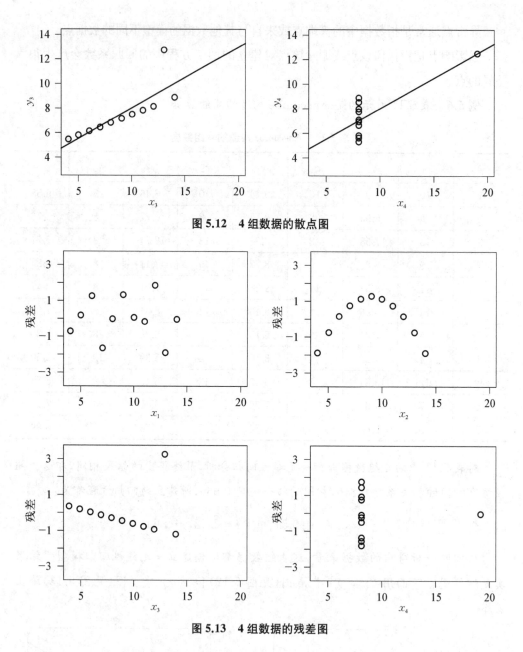

图 5.12   4 组数据的散点图

图 5.13   4 组数据的残差图

图 5.12 和图 5.13 显示：第一组数据建立的线性模型是合理的；第二组数据是非线性的，更适合用二次函数进行拟合，只是在错误地应用了线性模型后，各项统计数据与第一组数据恰好相同；第三组数据描述的是一种线性关系，只是这里面有一个异常点，因为只有它远离了拟合直线；第四组数据只存在一个强影响点，它决定了拟合直线的斜率和截距。

异常点常用的诊断统计量有：

标准化残差 r_i，当 $|r_i| > 2$ 或 $|r_i| > 3$ 时，可以认为该点是异常点。

若第 j 点为均值平移模型，即指模型为：

$$\begin{cases} y_i = \beta_0 + \beta_1 x_{i1} + \beta_2 x_{i2} + \cdots + \beta_p x_{ip} + \varepsilon_i \\ y_j = \gamma + \beta_0 + \beta_1 x_{j1} + \cdots + \beta_p x_{jp} + \varepsilon_j \qquad j = 1, \cdots, n, i \neq j \\ \text{各 } \varepsilon_j \text{ 独立同分布} \sim N(0, \sigma^2) \end{cases}$$

可以检验如下假设：

$$H_0 : \gamma = 0, \ H_1 : \gamma \neq 0 \tag{5.20}$$

当拒绝 H_0 时，第 j 点属于异常点。用外学生化残差 t_j 作为统计量进行检验，对于给定的显著性水平 α，拒绝域为 $\{| t_j | > t_{1-\frac{\alpha}{2}}(n - p - 2)\}$。

强影响点常用的诊断统计量有：

（1）描述性统计量：设投影阵的对角元为 h_{ii}，h_{ii} 的值越大，第 i 点（也称该点为杠杆点）对回归系数的估计的影响越大。

（2）采用 Cook 距离：

$$D_i = \frac{h_{ii}}{1 - h_{ii}} \cdot \frac{r_i^2}{p + 1}$$

其中：r_i 是第 i 点的标准化残差，该值越大，第 i 点对回归系数的估计的影响越大。

（3）W-K 统计量：

$$DFFITS_i = t_i \cdot \sqrt{\frac{h_{ii}}{1 - h_{ii}}}$$

其中：t_i 是第 i 点的外学生化残差，该值越大，第 i 点对回归系数的估计的影响越大。

要注意的是，若某点为异常点，它可能是强影响点，也可能不是强影响点；同样，强影响点可能是异常点，也可能不是。

当具有异常点或强影响点时，避免它对估计和拟合的影响的一种方法是：删除该点，重新建立回归方程。

例 5.7 工业上净化煤的方法有很多，表 5.12 中的数据是从一个净化煤的试验装置获得的。这个试验是用一种聚合物溶剂与煤混合，然后通过该装置来除去煤中的杂质。其中：x_1 表示净化过程中输入溶液所含煤和杂质的百分比，x_2 表示溶液的 ph 值，x_3 表示溶液的流量，y 表示净化后溶液中杂质的重量，这是衡量净化效率的指标。试研究数据点 y 关于 3 个自变量的线性回归方程的影响。

表 5.12　某净化煤试验数据

i	x_1	x_2	x_3	y	r_i	t_i	h_{ii}	D_i	$DFFITS_i$
1	1.5	6.0	1 315	243	−0.258	−0.292 3	0.450 1	0.020	−0.264 4
2	1.5	6.0	1 315	261	0.708	0.835 9	0.450 1	0.149	0.756 3
3	1.5	9.0	1 890	244	−0.922	−1.137 2	0.466 0	0.272	−1.062 4
4	1.5	9.0	1 890	285	1.297	1.766 5	0.466 0	0.538	1.650 3
5	2.0	7.5	1 575	202	0.055	0.063 1	0.083 8	0.000	0.019 1
6	2.0	7.5	1 575	180	−0.993	−1.038 5	0.083 8	0.024	−0.314 2
7	2.0	7.5	1 575	183	−0.853	−0.869 8	0.083 8	0.018	−0.263 1
8	2.0	7.5	1 575	207	0.305	0.299 0	0.083 8	0.002	0.090 5
9	2.5	9.0	1 315	216	1.727	2.869 5	0.450 1	0.885	2.596 3
10	2.5	9.0	1 315	160	1.277	−1.714 1	0.450 1	0.484	−1.550 8
11	2.5	6.0	1 890	104	0.025	0.028 2	0.466 0	0.000	0.026 4
12	2.5	6.0	1 890	110	0.350	0.400 6	0.466 0	0.039	0.374 3

利用表 5.12 的数据建立 y 关于 3 个自变量的线性回归方程：

$$\hat{y} = 397.087 − 110.750x_1 + 15.583x_2 − 0.058x_3$$

$$\hat{\sigma}^2 = 435.862$$

$$R^2 = 0.899$$

由此方程所得残差计算的有关统计量都列在表 5.12 中，从中可以看出，虽然对一切 i 来说，$|r_i|$ 都小于 2，但是若取 $\alpha = 0.05$，那么，$|t_9| > t_{0.975} = 2.364\ 6$，所以第九点是异常点，若删除该点，则所得的回归方程为：

$$\hat{y} = 419.9 − 125.39x_1 + 10.705x_2 − 0.033\ 7x_3$$

$$\hat{\sigma}^2 = 228.9$$

$$R^2 = 0.953\ 4$$

显然有所改进。

对于一切 i 来说，h_{ii} 都不太大，说明没有强影响点。

从 D_i 和 $DFFITS_i$ 来看，$D_9 = 0.885$，$DFFITS_9 = 2.596\ 3$，说明第九点不仅是异常点，而且是一个强影响点；除第九点外，这两个统计量的值在第四点和第十点也较大，它们分别为：$D_4 = 0.538$，$DFFITS_4 = 1.650\ 3$，$D_{10} = 0.484$，$DFFITS_{10} = −1.550\ 8$，说明这两个数据对回归系数的估计的影响较大。

小结

本章主要讨论了回归诊断问题。首先讨论了残差的性质,给出了残差图的定义,进一步利用残差图对回归函数是否存在线性、误差方差是否相同和误差的独立性诊断问题进行了讨论。当假定不真时,提出了异常点和强影响点的定义,并且给出这两种情况的判断方法。

习题五

1. 什么是残差? 残差有哪些性质?

2. 有哪些方法可以判断线性回归模型中误差方差相等这个基本假设?

3. 什么是异常点和强影响点,其判断的方法分别是什么?

4. 某保险公司希望确定居民住宅区火灾造成的损失数额与该住户到最近消防站的距离之间的关系,以便准确地定出保险金额。下表列出了15起火灾事故的损失及火灾发生地与最近的消防站的距离。

与消防站的距离 x(km)	3.4	1.8	4.6	2.3	3.1	5.5	0.7	3
火灾损失 y(千元)	26.2	17.8	31	23.1	27.5	36	14.1	22.3
与消防站的距离 x(km)	2.6	4.3	2.1	1.1	6.1	4.8	3.8	
火灾损失 y(千元)	19.6	31.3	24	17.3	43.2	36.4	26.1	

要求:

(1) y 关于 x 的回归方程。

(2) 残差 e_i。

(3) 根据计算得出的残差 e_i,以 x 为横坐标,以 e_i 为纵坐标作残差图,并判断所建模型是否合适。

5. 在合成异戊橡胶性能的研究中,安排了28种不同的试验条件,测出各条件下橡胶的特性黏度 x_1、低分子含量 x_2 与门尼黏度 y 的数据如下表所示:

i	x_{i1}	x_{i2}	y_i	e_i	h_{ii}
1	8.18	28.8	75.0	1.30	0.053 6
2	6.10	33.1	57.5	1.50	0.061 3
3	3.89	20.0	63.0	15.84	0.466 6
4	5.95	25.4	37.5	−21.74	0.135 9
5	5.54	36.3	47.0	−2.79	0.065 8
6	10.80	14.4	88.0	−13.08	0.181 5

i	x_{i1}	x_{i2}	y_i	e_i	h_{ii}
7	9.07	4.7	97.0	3.15	0.255 1
8	8.80	29.5	57.5	-20.36	0.071 5
9	4.03	57.3	20.5	-6.63	0.120 7
10	8.30	26.5	79.5	3.62	0.060 3
11	8.36	35.6	73.0	1.81	0.068 4
12	8.91	39.1	85.0	11.75	0.125 0
13	6.70	33.0	54.0	-6.46	0.044 4
14	4.88	55.3	32.0	-2.50	0.097 0
15	8.32	34.5	72.0	0.49	0.062 6
16	3.95	63.4	24.0	0.91	0.164 8
17	9.42	31.3	89.0	7.60	0.110 5
18	8.90	38.3	81.0	7.37	0.117 6
19	6.22	39.4	56.5	3.18	0.039 0
20	8.45	30.9	81.5	7.00	0.060 0
21	4.06	59.9	22.5	-3.28	0.135 5
22	7.75	33.8	75.5	7.78	0.043 8
23	7.24	39.9	60.0	-0.53	0.045 1
24	5.57	51.8	41.0	-0.54	0.076 2
25	6.85	37.6	55.5	-3.47	0.035 8
26	3.40	55.9	28.0	4.71	0.140 6
27	3.98	56.6	25.0	-2.15	0.118 9
28	7.19	31.6	70.5	5.16	0.042 5

现已求得 y 关于两个自变量的线性回归方程为：

$$\hat{y} = 29.885\ 9 + 7.345\ 3x_1 - 0.564\ 8x_2$$

$\hat{\sigma} = 8.70$，对应各点的残差 e_i 及 H 矩阵的对角元 h_{ii} 也列在上表中。

要求：

(1) 各点的标准化残差。

(2) 用残差图判断二元回归模型是否合适，并判断方差是否齐性。

(3) 若这 28 次试验是依次进行的，试用 DW 统计量检验数据之间有无一阶自相关。

6. 检验如下正态总体方差是否相等：

(1) 在三个总体中分别抽出容量为 8 的子样，各子样的方差分别为 6.21、1.12、4.34，请分别用

F_{max}、G_{max}、χ^2 统计量作检验,在 $\alpha = 0.05$ 时结论是什么?

(2) 在三个总体中分别抽出容量为 9、6、5 的子样,各子样的方差分别为 8.00、4.67、4.00,试用 χ^2 统计量作检验,在 $\alpha = 0.05$ 时结论是什么?

7. 下表给出的是 1984 年苏格兰举行的 34 场高山赛跑的比赛结果数据,由赛跑记录时间 y(秒)、距离 x_1(英里)和攀爬高度 x_2(英尺)组成。

场　次	时间(秒)	距离(英里)	高度(英尺)	场　次	时间(秒)	距离(英里)	高度(英尺)
1	965	2.5	650	18	1 045	4.5	1 000
2	2 901	6.0	2 500	19	1 954	5.5	600
3	2 019	6.0	900	20	957	3.0	300
4	2 736	7.5	800	21	1 674	3.5	1 500
5	3 736	8.0	3 070	22	2 859	6.0	2 200
6	4 393	8.0	2 866	23	1 076	2.0	900
7	12 277	16.0	7 500	24	1 121	3.0	600
8	2 182	6.0	800	25	1 573	4.0	2 000
9	1 785	5.0	800	26	2 066	6.0	800
10	2 385	6.0	650	27	1 714	5.0	950
11	11 560	28.0	2 100	28	3 030	6.5	1 750
12	2 583	5.0	2 000	29	1 257	5.0	500
13	3 900	9.5	2 200	30	5 135	10.0	4 400
14	2 648	6.0	500	31	1 943	6.0	600
15	1 616	4.5	1 500	32	10 215	18.0	5 200
16	4 335	10.0	3 000	33	1 686	4.5	850
17	5 905	14.0	2 200	34	9 590	20.0	5 000

由上表数据所建的回归方程为:

$$y = -539.483 + 373.073x_1 + 0.663x_2$$

$$\hat{\sigma}^2 = 880.520$$

$$R^2 = 0.919$$

要求:

(1) 计算该方程所得的残差和相关统计量,判断所给数据中是否存在异常点,若存在,请删除,并重新建立回归方程,判断方程是否改进。

(2) 试判断所给数据中是否存在强影响点。

第六章　含定性变量的数量化方法

在实际问题的研究中,经常会碰到一些非数量型的变量,如性别,正常年份、干旱年份,改革前、改革后等的定性变量(也称品质变量)。在建立一个回归方程时,经常需要考虑这些定性变量,如建立粮食产量预测方程就应考虑正常年份与受灾年份的不同影响。本章主要介绍两种方法:一种是讨论自变量中含定性变量的回归模型;另一种是在一定条件下,利用协方差分析方法研究含定性变量的问题。

第一节　自变量中含定性变量的回归模型

在回归分析中,对一些自变量是定性变量的情形先给予数量化处理,这种数量化处理往往通过引入"虚拟变量"来完成,即根据定性变量的属性类型构造只取"0"或"1"的人为变量,这样的变量称为虚拟变量。例如,反映"性别"的虚拟变量可表示为:

$$D = \begin{cases} 1, & 男 \\ 0, & 女 \end{cases}$$

需要注意的是,虽然虚拟变量取某一数值,但这一数值没有任何数量大小的意义,它仅仅用来说明观察单位的性质或属性。

一、定性变量取两类可能值的回归模型

例如,研究粮食产量问题,y 为粮食产量,x 为施肥量,另外考虑气候因素,分为正常年份和干旱年份两种情况。对这个问题的数量化方法是引入虚拟变量 D,令:

$$D_i = \begin{cases} 1, & 正常年份 \\ 0, & 干旱年份 \end{cases}$$

粮食产量的回归模型为:

$$y_i = \beta_0 + \beta_1 x_i + \beta_2 D_i + \varepsilon_i \qquad i = 1, \cdots, n \tag{6.1}$$

其中：$\varepsilon_i \sim N(0, \sigma^2)$，且相互独立，$i = 1, \cdots, n$。在以下回归模型中不再一一注明。

干旱年份的粮食平均产量为：

$$E(y_i \mid D_i = 0) = \beta_0 + \beta_1 x_i$$

正常年份的粮食平均产量为：

$$E(y_i \mid D_i = 1) = \beta_0 + \beta_2 + \beta_1 x_i$$

这里有一个前提条件，就是认为干旱年份与正常年份回归直线的斜率 β_1 是相等的，也就是说，不论是干旱年份还是正常年份，施肥量 x 每增加一单位，粮食产量 y 平均都增加相同的数量 β_1。对(6.1)式的参数估计仍采用普通最小二乘法。

例 6.1　某经济学家想调查文化程度对家庭储蓄的影响，在一个中等收入的样本框中，随机调查了 13 户高学历家庭与 14 户中低学历家庭。因变量 y 为上一年家庭储蓄增加额，自变量 x_1 为上一年家庭总收入，自变量 x_2 表示家庭学历。高学历家庭 $x_2 = 1$，低学历家庭 $x_2 = 0$，调查数据见表 6.1。

表 6.1　相关调查数据

序　号	y(元)	x_1(万元)	x_2	e_i	de_i
1	235	2.3	0	−588	455
2	346	3.2	1	−220	−2 372
3	365	2.8	0	−2 371	−1 047
4	468	3.5	1	−1 246	−3 229
5	658	2.6	0	−1 313	−101
6	867	3.2	1	301	−1 851
7	1 085	2.6	0	−886	326
8	1 236	3.4	1	−96	−2 135
9	1 238	2.2	0	797	1 784
10	1 345	2.8	1	2 309	−67
11	2 365	2.3	0	1 542	2 585
12	2 365	3.7	1	−115	−1 985
13	3 256	4.0	1	−371	−2 074
14	3 256	2.9	0	137	1 517

(续表)

序　号	y(元)	x_1(万元)	x_2	e_i	de_i
15	3 265	3.8	1	403	−1 412
16	3 265	4.6	1	−2 658	−4 023
17	3 567	4.2	1	−826	−2 416
18	3 658	3.7	1	1 178	−692
19	4 588	3.5	0	−827	891
20	6 436	4.8	1	−252	−1 505
21	9 047	5.0	1	1 593	453
22	7 985	4.2	0	−108	2 002
23	8 950	3.9	0	2 005	3 947
24	9 865	4.8	0	−524	1 924
25	9 866	4.6	0	243	2 578
26	10 235	4.8	0	−154	2 294
27	10 140	4.2	0	2 047	4 157

建立 y 对 x_1、x_2 的线性回归,用最小二乘法得回归方程为:

$$\hat{y} = -7\,976 + 3\,826x_1 - 3\,700x_2$$

这个结果表明,中等收入家庭每增加 1 万元收入,平均拿出 3 826 元作为储蓄。高学历家庭每年的平均储蓄额低于低学历家庭,平均少 3 700 元。

如果不引入家庭学历定性变量 x_2,仅用 y 对家庭年收入 x_1 作一元线性回归,得相关系数 $R^2 = 0.618$,说明拟合效果不好。

家庭年收入 x_1 是连续型变量,它对回归的贡献也是不可缺少的。如果不考虑家庭年收入这个自变量,13 户高学历家庭的平均年储蓄增加额为 3 009.31 元,14 户低学历家庭的平均年储蓄增加额为 5 059.36 元,这样会认为高学历家庭每年的储蓄额比低学历家庭平均少 2 050.05 元(5 059.36 − 3 009.31),而用回归法算出的数值是 3 700 元,两者并不相等。

用回归法算出的高学历家庭每年的平均储蓄额比低学历家庭平均少 3 700 元,这是在假设两者的家庭年收入相等的基础上储蓄的差值,或者说是消除了家庭年收入的影响后的差值,因而反映了学历高低对储蓄额的真实差异。而直接由样本计算的差值 2 050.05 元是包含家庭年收入影响的差值,是虚假的差值。所调查的 13 户高学历家庭的平均年收入为 3.838 5 万元,14 户低学历家庭的平均年收入为 3.407 1 万元,两者并不相等。

通过本例的分析可以看到,在一些问题的分析中,仅依靠平均数是不够的,很可能得到虚假的数值,只有通过对数据的深入分析,才能得到正确的结果。

二、定性变量取多种可能值的回归模型

对于定性变量取多种可能值的情况,如某商场策划营销方案,需要考虑销售额受季节性的影响,分为春、夏、秋、冬 4 种情况。如果引入 4 个虚拟变量来表示不同的季节:

$$D_{ji} = \begin{cases} 1, & \text{观测 } i \text{ 处于第 } j \text{ 季} \\ 0, & \text{其他季} \end{cases} \quad j = 1, 2, 3, 4$$

则回归模型为:

$$y_i = \beta_0 + \beta_1 D_{1i} + \beta_2 D_{2i} + \beta_3 D_{3i} + \beta_4 D_{4i} + \beta_5 x_i + \varepsilon_i \tag{6.2}$$

需要指出的是,显然 4 个季节构成了所有状态空间,4 个虚拟变量之间具有如下关系:

$$D_{1i} + D_{2i} + D_{3i} + D_{4i} = 1 \tag{6.3}$$

造成了完全多重共线性,这就是虚拟变量"陷阱"问题。为了克服"陷阱"问题,要改变虚拟变量的引入方法,只使用三个虚拟变量:

$$D_{ji} = \begin{cases} 1, & \text{观察 } i \text{ 处于第 } j \text{ 季} \\ 0, & \text{其他季} \end{cases} \quad j = 2, 3, 4$$

这样,第一季度可以用 $D_{2i} = D_{3i} = D_{4i} = 0$ 表示,这时,回归函数的季节回归模型表述为:

$$y_i = \beta_0 + \beta_2 D_{2i} + \beta_3 D_{3i} + \beta_4 D_{4i} + \beta_5 x_i + \varepsilon_i \tag{6.4}$$

一般地,若某自变量具有 k 个不同的水平,则设置 $k-1$ 个虚拟变量,令:

$$D_i = \begin{cases} 1, & \text{当该自变量取第 } i \text{ 个水平时} \\ 0, & \text{当该自变量取其他水平时} \end{cases} \quad i = 1, \cdots, k-1 \tag{6.5}$$

把 $D_1, D_2, \cdots, D_{k-1}$ 与其他定量的变量一起建立线性回归方程,仍使用最小二乘估计求出回归系数,可以用最小二乘基本定理检验该定性变量的显著性。

例 6.2　在酿酒工艺中,要将大麦浸在水中以吸收一定的水分 (x_1),为了提高产

量,还要加入某种化学溶剂浸泡一段时间(x_2),然后测量大麦吸入化学溶剂的量(y),控制 y 的量对质量是极为重要的。由经验可知,y 与 x_1 和 x_2 有较好的线性关系,但是随着季节的不同会有差异,在三个季节的每个季节下各收集了 6 组数据,结果见表 6.2,建立回归方程,并且在 $\alpha = 0.05$ 水平上就季节对于 y 的影响是否显著进行检验。

表 6.2　每个季节下收集的 6 组数据

序 号	季 节	x_1	x_2	y
1	冬	130	200	7.5
2	冬	136	200	4.2
3	冬	140	215	1.5
4	冬	138	265	3.7
5	冬	134	235	5.3
6	冬	142	260	1.2
7	春	136	215	6.2
8	春	137	250	7.0
9	春	136	180	5.5
10	春	138	240	5.6
11	春	139	220	4.6
12	春	141	260	3.9
13	夏	130	205	11.0
14	夏	140	265	6.0
15	夏	139	250	6.5
16	夏	136	245	9.1
17	夏	135	235	9.3
18	夏	137	220	7.0

令:

$$u_1 = \begin{cases} 1, & 冬季 \\ 0, & 其他 \end{cases} \qquad u_2 = \begin{cases} 1, & 春季 \\ 0, & 其他 \end{cases}$$

则回归模型为:

$$\begin{cases} y_i = \beta_0 + \beta_1 x_{i1} + \beta_2 x_{i2} + \delta_1 u_{i1} + \delta_2 u_{i2} + \varepsilon_i & i = 1, \cdots, 18 \\ \varepsilon_i \sim i.i.d.N(0, \sigma^2) \end{cases} \tag{6.6}$$

根据最小二乘法得回归方程：

$\hat{y} = 90.31 - 0.64x_1 + 0.024x_2 - 3.83u_1 - 1.39u_2$

此方程对应的残差平方和为：

$SSE = 1.492\,3$

$F_E = 13$

为检验季节对 y 有无影响，即要检验假设：

$H_0 : \delta_1 = \delta_2 = 0$

$H_1 : \delta_1 、 \delta_2$ 不全为 0

在原假设 H_0 成立的条件下，模型可以写为：

$$\begin{cases} y_i = \beta_0 + \beta_1 x_{i1} + \beta_2 x_{i2} + \varepsilon_i & i = 1, \cdots, 18 \\ \varepsilon_i \sim i.i.d.N(0, \sigma^2) \end{cases}$$

此时，求得残差平方和为：

$SSE_M = 46.194\,5$

$s = 2$

则我们构造检验统计量：

$$F = \frac{(46.194\,5 - 1.492\,3)/2}{1.492\,3/13} = 194.71 > F_{0.95}(2, 13) = 3.81$$

因此，拒绝原假设 H_0，说明季节对于 y 是有影响的，从而所得的回归方程可以分季节写为：

冬季：$\hat{y} = 86.48 - 0.64x_1 + 0.024x_{22}$

春季：$\hat{y} = 88.92 - 0.64x_1 + 0.024x_{22}$

夏季：$\hat{y} = 90.31 - 0.64x_1 + 0.024x_{22}$

例6.3 国内外研究表明，开放式基金的赎回往往受回报率、风险、费率等的影响，对于规模因素的作用，可以通过将基金公司按规模大小分类，使用虚拟变量加入回归方程的方式进行检验。考虑到我国开放式基金的费率水平基本相同，同一行情下的申购比率与赎回比率有一定的同向影响，因而选取申购率、风险调整收益和规模因素来构建影响投资者赎回（持有）选择的解释方程。模型观测的重点是虚拟变量的显著性，它们表明投资者在同等申购、同等回报的情况下，是否会因基金公司的规模而倾向赎回或继续持有基金。风险调整收益采用基于 CAPM 理论框架的 Treynor 指标，反映基金每承担一单位风险所获得的收益。观测期间选取 2006 年初到 2007 年上半年，以同期上证综指作为市场指数、一年期定期存款利率作为无风险利率。考虑 56 家基金公司的规模分布情况，将其分为三类：总规模大于 350 亿元的为第一类，共 16 家；总规模为 100 亿元到 350 亿元的为第二类，共 25 家；总规模小于100亿元的为第三类,共15家。选取研究期内具有连续各季申购、赎回数据的股票型、混合型基金作为研究对象,按照其所属基金公司的规模归入一、二、三类。由于研究期内基金公司在建仓期对申购赎回的特殊限制以及一些非正常捧场资金的存在会干扰申购率、赎回率,因此,采用研究期间申购率、赎回率的中位数进行回归分析,设置变量如下:

y_i = 第 i 支基金各季度赎回率的中位数

$x_{1,i}$ = 第 i 支基金各季度申购率的中位数

$x_{2,i}$ = 第 i 支基金在观测期内的 Treynor 指标

$$D_{i,1} = \begin{cases} 1, & \text{当第 } i \text{ 支基金属于第一类基金公司所有时} \\ 2, & \text{当第 } i \text{ 支基金不属于第一类基金公司所有时} \end{cases}$$

$$D_{i,2} = \begin{cases} 1, & \text{当第 } i \text{ 支基金属于第二类基金公司所有时} \\ 2, & \text{当第 } i \text{ 支基金不属于第二类基金公司所有时} \end{cases}$$

建立投资者赎回/持有选择行为的回归方程如下:

$$y_i = \beta_0 + \beta_1 x_{1,i} + \beta_2 x_{2,i} + \beta_3 D_{1,i} + \beta_4 D_{2,i} + \varepsilon_i \tag{6.7}$$

部分原始数据如表6.3所示。

表 6.3　原始数据示例

序　号	规模类别	x_1	x_2	y
1	1	0.348 017 84	18.286 15	0.511 734 88
2	3	0.334 971 03	11.556 35	0.525 969 93
3	3	0.331 133 35	7.026 9	0.585 471 00
4	2	0.327 665 94	18.236 4	0.367 815 86
5	1	0.324 795 95	12.804 95	0.397 822 91
6	2	0.324 781 56	22.938 65	0.345 532 37
7	2	0.324 223 87	11.555 85	0.342 106 58
8	3	0.320 610 21	10.615 85	0.525 875 44
9	1	0.304 890 45	16.048 25	0.254 557 59
10	3	0.295 014 20	8.248 5	0.606 526 53
11	3	0.293 257 14	20.471 9	0.307 555 80
12	2	0.291 210 51	13.272 4	0.214 406 91
13	1	0.289 411 31	15.437 05	0.345 266 16

（续表）

序　号	规模类别	x_1	x_2	y
...	...	...	...	...
106	1	0.285 276 92	22.087 6	0.257 205 95

　　回归结果为：调整后的复决定系数为 0.723，F 检验 $P = 0.000$ 高度显著，方程拟合程度较好。回归参数估计如表 6.3 所示，各变量作用显著（申购率和规模虚拟变量高度显著，Treynor 指标在 10% 显著性水平下通过检验）。

　　最终建立对(6.7)式的估计结果如下：

$$\hat{y}_i = 0.451 + 0.437x_{1,i} - 0.772x_{2,i} - 0.086D_{1,i} - 0.091D_{2,i} \tag{6.8}$$

　　从(6.8)式的系数可知：在一定外部市场行情下，投资者的赎回行为与申购行为有着同向变动的特征；投资者的赎回行为与 Treynor 系数反向变动，说明基金获取的超额回报越高，投资者越会倾向于继续持有基金。两个虚拟变量的系数检验结果均显著，说明在同等申购、同等回报的情况下，公司规模会显著影响投资者继续持有基金的决定。投资者对三类基金公司有所选择，来自第二类中型公司的基金最占优势，将会比第三类小型公司少赎回 9.1%（$\hat{\beta}_4 = 0.091$），来自第一类大型公司的基金比第三类小型公司少赎回 8.6%（$\hat{\beta}_3 = 0.086$），但第一类与第二类的差别比较小（如表 6.4 所示）。

表 6.4　回归系数估计结果

模型	非标准化系数		标准化系数	t	Sig.
	B	Std. Error	Beta		
常数项	.451	.064		7.045	.000
X_1	.437	.043	.712	10.141	.000
X_2	−.772	.455	−.118	−1.696	.093
D_1	−.086	.029	−.294	−2.961	.004
D_2	−.091	.031	−.290	−2.947	.004

三、含多个定性变量的回归模型

　　例 6.4　表 6.5 是对某家大公司中计算机专业人员的薪水进行调查的数据集。调查的目的是识别和量化决定薪水差异的变量。因变量是年薪(y)，以美元为单位。自变量有：(1) 工作经验(X)，以年为单位；(2) 教育(E)，1 代表获得大专文凭，2 代表获得学士学位，3 代表获得更高的学位；(3) 管理(M)，1 代表管理人员，0 代表非管理人员。

表 6.5　薪水调查结果

序号	y	X	E	M	序号	y	X	E	M
1	13 876	1	1	1	24	22 884	6	2	1
2	11 608	1	3	0	25	16 978	7	1	1
3	18 701	1	3	1	26	14 803	8	2	0
4	11 283	1	2	0	27	17 404	8	1	1
5	11 767	1	3	0	28	22 184	8	3	1
6	20 872	2	2	1	29	13 548	8	1	0
7	11 772	2	2	0	30	14 467	10	1	0
8	10 535	2	1	0	31	15 942	10	2	0
9	12 195	2	3	0	32	23 174	10	3	1
10	12 313	3	2	0	33	23 780	10	2	1
11	14 975	3	1	1	34	25 410	11	2	1
12	21 371	3	2	1	35	14 861	11	1	0
13	19 800	3	3	1	36	16 882	12	2	0
14	11 417	4	1	0	37	24 170	12	3	1
15	20 263	4	3	1	38	15 990	13	1	0
16	13 231	4	3	0	39	26 330	13	2	1
17	12 884	4	2	0	40	17 949	14	2	0
18	13 245	5	2	0	41	25 685	15	3	1
19	13 677	5	3	0	42	27 837	16	2	1
20	15 965	5	1	1	43	18 838	16	2	0
21	12 336	6	1	0	44	17 483	16	1	0
22	21 352	6	3	1	45	19 207	17	2	0
23	13 839	6	2	0	46	19 346	20	1	0

该例中含有两个定性变量——文凭和是否是管理岗位。其中,文凭的虚拟变量分别为:

$$E_1 = \begin{cases} 1, & 大专 \\ 0, & 其他 \end{cases} \qquad E_2 = \begin{cases} 1, & 本科 \\ 0, & 其他 \end{cases}$$

管理岗位的虚拟变量为:

$$M = \begin{cases} 1, & 是管理人员 \\ 0, & 其他 \end{cases}$$

采用上面定义的虚拟变量建立如下回归模型:

$$y = \beta_0 + \beta_1 X + \gamma_1 E_1 + \gamma_2 E_2 + \delta_1 M + \varepsilon \tag{6.9}$$

根据虚拟变量的不同取值,6 种类别(由 3 种学历类别和 2 种管理类别组合而成)有不同的回归模型,列于表 6.6 中。从给出的模型可以看出,经过工作经验调整,虚拟变量有助于将基础薪水水平表示为学历和管理的函数。

表 6.6　学历和管理的 6 种组合的回归模型

类　别	E	M	回　归　模　型
1	1	0	$y = \beta_0 + \gamma_1 + \beta_1 X + \varepsilon$
2	1	1	$y = \beta_0 + \gamma_1 + \delta_1 + \beta_1 X + \varepsilon$
3	2	0	$y = \beta_0 + \gamma_2 + \beta_1 X + \varepsilon$
4	2	1	$y = \beta_0 + \gamma_2 + \delta_1 + \beta_1 X + \varepsilon$
5	3	0	$y = \beta_0 + \beta_1 X + \varepsilon$
6	3	1	$y = \beta_0 + \delta_1 + \beta_1 X + \varepsilon$

模型(6.9)的回归计算结果列于表 6.7 中。薪水的变化由模型解释的程度较高($R^2 = 0.957$)。要验证上述模型假定的合理性,需通过残差分析进一步分析(通过分析发现模型需要调整),但现在把这个验证推后并假定模型是合理的,从而讨论回归结果中回归系数的解释。

表 6.7　薪水调查数据的回归分析结果

项　目	系　数	标准误差	t 统计量	p 值
常数项	11 031.81	383.217 1	28.787 36	$<0.000\ 1$
X	546.184	30.519 19	17.896 41	$<0.000\ 1$
E_1	$-2\ 996.21$	411.752 7	$-7.276\ 72$	$<0.000\ 1$
E_2	147.824 9	387.659 3	0.381 327	0.704 93
M	6 883.531	313.919	21.927 73	$<0.000\ 1$
$n = 46$		$R^2 = 0.957$　　$\hat{\sigma} = 1\ 027$		

由表 6.7 可以看出,X 的回归系数是 564.184,表明工作每增加一年,年薪估计平均增加 564.184 美元。管理的虚拟变量系数 δ_1 的估计是 6 883.531,其解释为管理职员比普通职员平均增加的年薪。对于学历变量,γ_1 度量的是大专类学历相对更高学历的薪水差异,γ_2 度量的是本科学历相对更高学历的薪水差异,而差值 $\gamma_2 - \gamma_1$ 度量的是大专学历相对本科学历的薪水差异。从回归结果看,对于计算机人员,具有更高学历的职员比大专学历的职员年薪多 2 996 美元,本科毕业的职员比具有更高学历的职员年薪多 148 美元(这个差异统计不显著,p 值大于 0.1),而有本科学历的职员比只有大专学历的职员年薪多 3 144 美元。这些薪水差异相对于相同工作经验的情况成立。

四、定性变量之间有交互效应的回归模型

继续讨论例 6.4 中的薪水调查数据问题,对已经建立的回归模型,现在讨论模型的设定是否合理。工作经验 X 的残差图(如图 6.1 所示)表明,可能存在 3 个或更多特定的残差水平。前面定义的虚拟变量可能不足以解释学历和管理者两个变量对薪水的影响。实际上,每个残差都可以被识别出来与 6 个学历-管理组合中的一个有关。为此绘制关于类别和工作经验的残差图(如图 6.2 所示)。

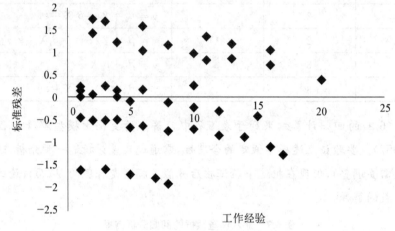

图 6.1   关于工作经验 X 的残差图

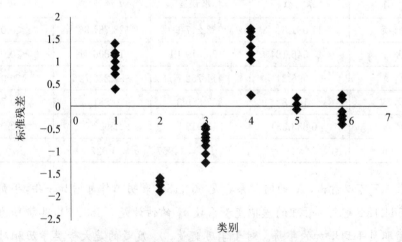

图 6.2   关于学历-管理分类变量的标准化残差图

图 6.1 与图 6.2 表明,教育和管理对薪水的影响不具有可加性。但应注意的是,在模型 6.9 和表 6.6 的进一步解释中,这两个变量的增加影响是可加的。例如,是否为管理人员对薪水的影响是 δ_1,独立于学历高低。但是,这个模型没有反应不可加的效应,下面通过构造另外的变量来刻画这些不可加效应,这些不可加效应被称为交互效

应或乘法效应。相应的变量被称为交互变量,定义为已有虚拟变量的成绩$(E_1 \cdot M)$和$(E_2 \cdot M)$,将这两个新变量添加到模型(6.9)的右侧得到一个新的模型,新模型中学历和管理的效应不再是可加的,而是一种交互效应。扩展后的模型为:

$$y = \beta_0 + \beta_1 X + \gamma_1 E_1 + \gamma_2 E_2 + \delta_1 M + \alpha_1 (E_1 \cdot M) + \alpha_2 (E_2 \cdot M) + \varepsilon \quad (6.10)$$

扩展模型的分析结果见表 6.8,残差图见图 6.3。可知,第三十三个观察点是个异常点,模型过高地预测了这一点的薪水,检查原始数据中的这个观测值,看出这个人似乎比其他类似特征的职员少几百美元的收入,为了保证这一观测值不过度影响回归估计,将其删除重新回归,表 6.9 给出新的回归结果。

表 6.8   薪水数据的回归分析:扩展模型

项　目	系　数	标准误差	t 统计量	p 值
截　距	11 203.43	79.065 45	141.698 2	$<0.000\ 1$
X	496.987	5.566 415	89.283 14	$<0.000\ 1$
E_1	$-1\ 730.75$	105.333 9	$-16.431\ 1$	$<0.000\ 1$
E_2	-349.078	97.567 9	$-3.577\ 79$	$<0.000\ 1$
M	7 047.412	102.589 2	68.695 46	$<0.000\ 1$
$E_1 \cdot M$	$-3\ 066.04$	149.330 4	$-20.531\ 9$	$<0.000\ 1$
$E_2 \cdot M$	1 836.488	131.167 4	14.001 1	$<0.000\ 1$
$n = 46$		$R^2 = 0.998\ 8$　$\hat{\sigma} = 173.8$		

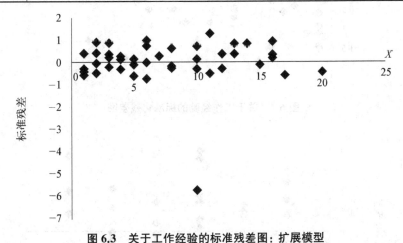

图 6.3   关于工作经验的标准残差图:扩展模型

表 6.9   薪水数据的回归分析:扩展模型,剔除观察 33

项　目	系　数	标准误差	t 统计量	p 值
截　距	11 199.71	30.533 38	366.802 3	$<0.000\ 1$
X	498.417 8	2.151 688	231.640 4	$<0.000\ 1$

（续表）

项　目	系　数	标准误差	t 统计量	p 值
E_1	$-1\,741.34$	$40.682\,5$	$-42.803\,1$	$<0.000\,1$
E_2	-357.042	$37.681\,14$	$-9.475\,36$	$<0.000\,1$
M	$7\,040.58$	$39.619\,07$	$177.706\,9$	$<0.000\,1$
$E_1 \cdot M$	$-3\,051.76$	$57.674\,2$	$-52.913\,8$	$<0.000\,1$
$E_2 \cdot M$	$1\,997.531$	$51.784\,98$	$38.573\,55$	$<0.000\,1$
$n = 46$		$R^2 = 0.999\,9$	$\hat{\sigma} = 67.12$	

表 6.9 与表 6.8 相比，虽然回归系数基本不变，但是误差的标准差已经降到了 67.13 美元，R^2 已经达到了 0.999 9，关于 X 的残差图（如图 6.4 所示）与可加模型（如图 6.1 所示）相比，前者更令人满意。此外，每个学历-管理类别的残差图（如图 6.5 所示）表明，每组的残差近似关于零对称分布。因此，交互效应项的引入比较准确地揭示了薪水差异，从而模型（6.10）充分刻画了薪水与工作经验、学历、管理之间的关系。

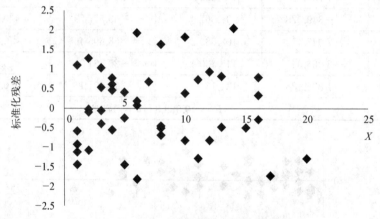

图 6.4　关于工作经验的标准化残差图

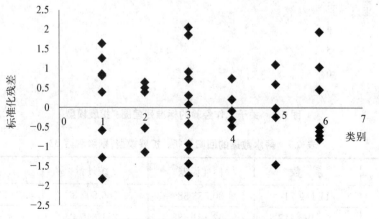

图 6.5　关于学历-管理分类变量的标准化残差图

第二节　虚拟变量对回归模型的影响

一、虚拟变量只影响回归函数的截距

设回归模型为：

$$y_i = \beta_0 + \beta_1 x_i + \varepsilon_i$$

如果观察单位的不同状态只影响回归函数的截距而不影响斜率，可以如例 6.1 所示，引进一个反映这种影响的虚拟变量 D，并将模型(6.1)改写成：

$$y_i = \beta_0 + \beta_1 x_i + \beta_i D_i + \varepsilon_i \tag{6.11}$$

其中：

$$D_i = \begin{cases} 1, & \text{状态 1} \\ 0, & \text{状态 2} \end{cases}$$

当(6.11)式满足经典回归假定时，可应用 OLS 法，得：

$$\hat{y}_i = \begin{cases} \hat{\beta}_0 + \hat{\beta}_2 + \hat{\beta}_1 x_i, & \text{状态 1} \\ \hat{\beta}_0 + \hat{\beta}_1 x_i, & \text{状态 2} \end{cases}$$

β_2 表示回归函数在状态 1 与状态 2 的差异。根据检验假设 $H_0: \beta_2 = 0$ 是否成立，可以判断状态 1 与状态 2 的截距是否无显著差异。

二、虚拟变量既影响回归函数的截距又影响斜率

引进虚拟变量 D，并将模型(6.1)改写为：

$$y_i = \beta_0 + \beta_1 D_i + (\beta_2 + \beta_3 D_i) x_i + \varepsilon_i \tag{6.12}$$

其中：

$$D_i = \begin{cases} 1, & \text{状态 1} \\ 0, & \text{状态 2} \end{cases}$$

当(6.12)式满足经典回归假定时，可应用 OLS 法，得：

$$\hat{y}_i = \begin{cases} \hat{\beta}_0 + \hat{\beta}_1 + (\hat{\beta}_2 + \hat{\beta}_3) x_i, & \text{状态 1} \\ \hat{\beta}_0 + \hat{\beta}_1 x_i, & \text{状态 2} \end{cases}$$

β_1 表示回归函数在状态 1 与状态 2 的截距差异，β_3 则表示回归函数在状态 1 与状态 2 的斜率差异。

应该指出，应用 OLS 法的条件是回归函数在状态 1 与状态 2 具有相同的方差。

三、虚拟变量引入折线模型

在实际中可能会遇到折线回归的情况,如图 6.6 所示。

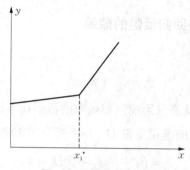

图 6.6   两段折线模型

数据观测以 x^* 为分界点,当 $x < x^*$ 时,y 与 x 的总体关系表现为一条直线;当 $x > x^*$ 时,y 与 x 的总体关系表现为另一条截距与斜率都不相同的直线。可以用一个统一的折线回归模型来表示:

$$y_i = \beta_0 + \beta_1 x_i + \beta_2 (x_i - x^*) D_i + \varepsilon_i \tag{6.13}$$

$$D_i = \begin{cases} 1, & x_i > x^* \\ 0, & x_i \leqslant x^* \end{cases}$$

当(6.13)式满足经典回归假定时,应用 OLS 法,得:

$$\hat{y}_i = \begin{cases} \hat{\beta}_0 + \hat{\beta}_1 x_i, & x \leqslant x^* \\ \hat{\beta}_0 - \hat{\beta}_2 x^* + (\hat{\beta}_1 + \hat{\beta}_2) x_i, & x > x^* \end{cases}$$

要检验真实的回归线在 x^* 点是否有弯折,只需要对(6.13)式中的 β_2 进行显著性检验。

由此类推,还可以拓展到更为复杂的折线模型,如下方法可以用于三段折线模型(如图 6.7 所示):

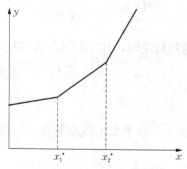

图 6.7   三段折线模型

$$y_i = \beta_0 + \beta_1 x_i + \beta_2 (x_i - x_1^*) D_{1i} + \beta_3 (x_i - x_2^*) D_{2i} + \varepsilon_i \qquad (6.14)$$

$$D_{1i} = \begin{cases} 1, & x_i > x_1^* \\ 0, & x_i \leqslant x_1^* \end{cases}$$

$$D_{2i} = \begin{cases} 1, & x_i > x_2^* \\ 0, & x_i \leqslant x_2^* \end{cases}$$

例 6.5　表 6.10 是某工厂生产批量 x 与单位成本 y 的数据,试用分段回归建立回归模型。

表 6.10　生产数据

序　号	y（美元）	x_1（个）	x_2（个）
1	2.57	650	150
2	4.40	340	0
3	4.52	400	0
4	1.39	800	300
5	4.75	300	0
6	3.55	570	70
7	2.49	720	220
8	3.77	480	0

由图 6.8 可以看出,当生产批量大于 500 时,成本可能服从另一种线性关系,可以考虑由两段构成的分段线性回归,这可以通过引入一个虚拟自变量实现。

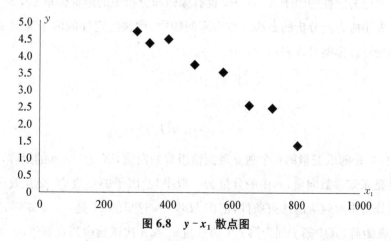

图 6.8　y-x_1 散点图

假定回归直线的斜率在 $x = 500$ 处改变,则可以建立回归模型:

$$y_i = \beta_0 + \beta_1 x_i + \beta_2 (x_i - 500) D_i + \varepsilon_i$$

其中：

$$D_i = \begin{cases} 1, & x_i > 500 \\ 0, & x_i \leqslant 500 \end{cases}$$

为了方便起见，引入两个新的自变量 x_1、x_2。这时有 $x_{i1} = x_i$，$x_{i2} = (x_i - 500)D_i$，其中，x_1 为生产批量，x_2 的数值列在表 6.10 中，这样回归模型可以转化为 $y_i = \beta_0 + \beta_1 x_{i1} + \beta_2 x_{i2} + \varepsilon_i$，该式子可以分解为两个线性回归方程：

当 $x_1 \leqslant 500$ 时，$E(y) = \beta_0 + \beta_1 x_1$

当 $x_1 > 500$ 时，$E(y) = \beta_0 - 500\beta_2 + (\beta_1 + \beta_2)x_1$

于是，β_1 和 $\beta_1 + \beta_2$ 分别是两条回归线的斜率，β_0 和 $\beta_0 - 500\beta_2$ 分别是两个 y 的截距。用普通最小二乘法拟合回归方程，得：

$$\hat{y} = 5.895 - 0.003\,95x_1 - 0.003\,89x_2$$

利用模型可说明，当生产批量小于 500 时，每增加 1 单位批量，单位成本降低 0.003 95 美元；当生产批量大于 500 时，每增加 1 单位批量，单位成本降低 0.007 84 美元（0.003 95 + 0.003 89）。这里只是为了说明分段回归的方法，进一步作统计检验会发现，x_2 的系数并不显著，这里不过多讨论。

第三节　协方差分析

本节我们讨论另一类问题。在一个问题中，影响试验结果 y 的因素既有像方差分析中所讨论的定性的因子 A、B …，也有像回归分析中的定量变量 z_1，z_2，…，z_k，此时可以采用协方差分析的方法。在实际问题中，称这些定性的因子为因子、定量的变量为协变量。模型可以表示为：

$$\begin{cases} Y = X\beta + Z\gamma + \varepsilon \\ H\beta = 0 \\ \varepsilon \sim N(0, \sigma^2 I_n) \end{cases} \tag{6.14}$$

其中：Y 是随机变量的 n 个独立观测值组成的向量，X 为 $n \times p$ 的矩阵，其元素非 0 即 1，β 是未知参数向量，其中的分量为一般平均、因子的主效应、交互效应等，它们满足方差分析中对效应的约束条件，记作 $H\beta = 0$，这里的 H 是 $s \times p$ 矩阵，其秩为 s，Z 为 $n \times k$ 矩阵，其中第 j 列为第 j 个协变量 z_j 在 n 次试验中的观测值，r 为 $k \times 1$ 的协变量的回归系数向量，ε 是随机误差向量。

关于参数 β、γ 的参数估计，仍使用最小二乘估计方法，称：

$$\begin{cases} Y = X\beta + \varepsilon \\ H\beta = 0 \\ \varepsilon \sim N(0, \sigma^2 I_n) \end{cases} \tag{6.15}$$

(6.15)式为(6.14)式对应的方差分析模型,由第三章的定理可知,β 的最小二乘估计为 Y 的线性函数,记作:

$$\hat{\theta}_0 = AY \tag{6.16}$$

它是

$$\begin{cases} X'X\beta = X'Y \\ H\beta = 0 \end{cases} \tag{6.17}$$

的解,其残差平方和记作:

$$R_{00} = (Y - X\hat{\theta}_0)'(Y - X\hat{\theta}_0) = Y'(Y - X\hat{\theta}_0)$$

(6.14)式可以写为:

$$\begin{cases} Y = (X \quad Z) \begin{bmatrix} \beta \\ \gamma \end{bmatrix} + \varepsilon \\ H\beta = 0 \\ \varepsilon \sim N(0, \sigma^2 I_n) \end{cases} \tag{6.18}$$

对应的正规方程组为:

$$\begin{cases} \begin{bmatrix} X' \\ Z' \end{bmatrix} (X \quad Z) \begin{bmatrix} \beta \\ \gamma \end{bmatrix} = \begin{bmatrix} X' \\ Z' \end{bmatrix} Y \\ H\beta = 0 \end{cases}$$

即:

$$\begin{cases} X'X\beta + XZ\gamma = X'Y \\ Z'X\beta + Z'Z\gamma = Z'Y \\ H\beta = 0 \end{cases} \tag{6.19}$$

记:

$$Z = (Z_1, Z_2, \cdots, Z_k)$$

$$\gamma = \begin{bmatrix} \gamma_1 \\ \gamma_2 \\ \vdots \\ \gamma_k \end{bmatrix}$$

由此:

$$\begin{cases} X'X\beta = X'(Y - Z\gamma) \\ H\beta = 0 \end{cases} \tag{6.20}$$

利用(6.16)式是(6.17)式的解,可以得到(6.16)式的解为:

$$\hat{\beta} = A(Y - Z\gamma)$$
$$= AY - AZ_1\gamma_1 - \cdots - AZ_k\gamma_k \tag{6.21}$$

而 AZ_j 可以看作模型:

$$\begin{cases} Z_j = X\theta_j + \varepsilon \\ H\theta_j = 0 \\ \varepsilon \sim N(0, \sigma^2 I_n) \end{cases}$$

的最小二乘估计 $\hat{\theta}_j$。 所以,有:

$$\hat{\beta} = \hat{\theta}_0 - \hat{\theta}_1\gamma_1 - \cdots - \hat{\theta}_k\gamma_k \tag{6.22}$$

只要求出了 $\gamma_1, \cdots, \gamma_k$ 的估计 $\hat{\gamma}_1, \cdots, \hat{\gamma}_k$,将其代入(6.22)式,就可得:

$$\hat{\beta} = \hat{\theta}_0 - \hat{\theta}_1\hat{\gamma}_1 - \cdots - \hat{\theta}_k\hat{\gamma}_k \tag{6.23}$$

为了得到 $\hat{\gamma}_1, \cdots, \hat{\gamma}_k$,我们将(6.23)式代入(6.19)式中的第二个方程,则:

$$Z'X(\hat{\theta}_0 - \hat{\theta}_1\hat{\gamma}_1 - \cdots - \hat{\theta}_k\hat{\gamma}_k) + Z'(Z_1\hat{\gamma}_1 + \cdots + Z_k\hat{\gamma}_k) = Z'Y$$

即:

$$Z'(Y - X\theta_0) = Z'(Z_1 - X\hat{\theta}_1)\hat{\gamma}_1 + \cdots + Z'(Z_k - X\hat{\theta}_k)\hat{\gamma}_k \tag{6.24}$$

记:

$$R_{ij} = (Z_i - X\hat{\theta}_i)'(Z_j - X\hat{\theta}_j)$$
$$= Z_i'(Z_j - X\hat{\theta}_j) \qquad i, j = 1, \cdots, k$$

$$R_{i0} = (Z_i - X\hat{\theta}_i)'(Y - X\hat{\theta}_0)$$
$$= Z_i'(Y - X\hat{\theta}_0)$$
$$= Y'(Z_i - X\hat{\theta}_i) \qquad i = 1, \cdots, k$$

则(6.20)式可以写成:

$$\begin{cases} R_{11}\hat{\gamma}_1 + \cdots + R_{1k}\hat{\gamma}_k = R_{10} \\ \vdots \qquad\qquad \vdots \qquad \vdots \\ R_{k1}\hat{\gamma}_1 + \cdots + R_{kk}\hat{\gamma}_k = R_{k0} \end{cases} \tag{6.25}$$

此时,$\hat{\gamma}_1, \cdots, \hat{\gamma}_k$ 为线性方程组(6.25)的解。

综上所述,模型的参数估计可以按以下步骤进行:

第一,利用方差分析中关于效应的估计公式,求得 $\hat{\theta}_0$, $\hat{\theta}_1$, $\cdots$, $\hat{\theta}_k$。

第二,利用方差分析中有关求误差平方和的公式,求得各个残差乘积和与残差平方和 $R_{ij}(i, j = 0, 1, \cdots, k)$。

第三,解方程组(6.25),得 $\hat{\gamma}_1$, $\cdots$, $\hat{\gamma}_k$。

第四,求出 $\hat{\beta} = \hat{\theta}_0 - \hat{\theta}_1 \hat{\gamma}_1 - \cdots - \hat{\theta}_k \hat{\gamma}_k$。

关于某个因子或交互作用的显著性检验,以及有关某个协变量的回归系数的显著性检验,我们可以通过考虑下列假设进行检验:

$$\begin{aligned} &H_0 : M \begin{bmatrix} \beta \\ \gamma \end{bmatrix} = 0 \\ &H_1 : M \begin{bmatrix} \beta \\ \gamma \end{bmatrix} \neq 0 \end{aligned} \tag{6.26}$$

对于上述检验问题,我们可以按照下列步骤进行:

第一,计算原模型中的残差平方和:

$$R_0 = R_{00} - R_{10} \hat{\gamma}_1 - \cdots - R_{k0} \hat{\gamma}_k \tag{6.27}$$

其自由度为 $f_0 = f_e - k$,这里的 f_e 是模型(6.14)中的误差的偏差平方和 S_e 的自由度。

第二,在 H_0 为真的条件下改写模型,求出它对应的残差平方和 SSE_{M1},记作 R_1^2,以及其自由度 f_1。

第三,计算检验统计量:

$$F = \frac{(R_1^2 - R_0^2)/(f_1 - f_0)}{R_0^2/f_0} \tag{6.28}$$

对于给定的显著性水平 α,当 $F > F_{1-\alpha}(f_1 - f_0, f_0)$ 时,拒绝原假设 H_0。

例 6.6 设有三种饲料 A_1、A_2、A_3,要研究它们对猪的催肥效果,现用每种饲料喂养 8 头猪,获取每头猪在喂养前的初始重量 z 以及喂养一段时间后的增重 y,数据见表 6.11。请研究不同饲料对猪的催肥效果有无显著性差异。

表 6.11 相关实测数据

序 号	A_1		A_2		A_3	
	z	y	z	y	z	y
1	15	85	17	97	22	89
2	16	83	16	90	24	91

（续表）

序 号	A₁		A₂		A₃	
	z	y	z	y	z	y
3	17	65	18	160	20	83
4	18	76	18	95	23	95
5	19	80	21	103	25	100
6	20	91	22	106	27	102
7	21	84	19	99	30	105
8	22	90	18	94	32	110

由于初始重量对增重有影响，因此，为比较三种饲料的效果，采用一个因子一个协变量($k=1$)的协方差模型，具体可写为：

$$\begin{cases} y_{ij} = \mu + a_i + \gamma z_{ij} + \varepsilon_{ij} & i=1,2,3; \ j=1,\cdots,8 \\ a_1 + a_2 + a_3 = 0 \\ \varepsilon_{ij} \sim N(0, \sigma^2) \ \text{且相互独立} \end{cases}$$

首先计算方差分析模型中误差的偏差平方和及偏差乘积和。

对于 y，有：$S_T(y)=255.958$，$S_A(y)=1\,317.583$，从而 $R_{00}=S_e(y)=1\,238.375$，其自由度 $f_e=21$。

对于 z，有：$S_T(z)=720.50$，$S_A(z)=659.875$，从而 $R_{11}=S_e(z)=175.25$。

类似的：

$$S_T(yz)=\sum_{i=1}^3 \sum_{j=1}^8 (y_{ij}-\bar{y}_i)(z_{ij}-\bar{z}_i)=1\,080.750$$

$$S_A(yz)=\sum_{i=1}^3 8(\bar{y}_i-\bar{y})(\bar{z}_i-\bar{z})=659.875$$

从而 $R_{10}=S_e(yz)=S_T(yz)-S_A(yz)=175.25$。

根据(6.25)式，$R_{11}\gamma=R_{10}$，解之得 $\hat{\gamma}=R_{10}/R_{11}=2.40$，由(6.27)式得 $R_0=R_{00}-R_{10}\hat{\gamma}=227.615$，其自由度 $f_1=f_e-k=20$。

考虑假设检验问题：

$H_0: \gamma=0$ $H_1: \gamma\neq 0$

$R_1^2=S_e(y)=R_{00}=1\,238.375$

自由度 $f_1=f_e-k=21$。根据(6.24)式，其检验统计量：

$$F=\frac{(R_1^2-R_0^2)/(f_1-f_0)}{R_0^2/f_0}=88.81 > F_{0.95}(1,20)=4.4$$

说明协变量对于结果有显著影响。

进一步地,可以考虑因子的显著性问题,即考虑假设检验问题:

$H_0: a_1 = a_2 = a_3 = 0$

$H_1:$ 至少有一个 $a_i \neq 0$

在原假设 H_0 为真的条件下,模型变成 y 关于 x 的一元线性回归模型,类似地有 $R'_{00} = 2\,555.98$,$R'_{11} = 720.50$,$R'_{10} = 1\,080.75$,则 $\hat{\gamma}' = R'_{10}/R'_{11} = 1.50$,从而 $R'_0 = R'_{00} - R'_{10}\hat{\gamma}' = 707.218$,自由度 $f_1 = f_e + f_A - k = 22$,则检验统计量:

$$F = \frac{(R_1^2 - R_0^2)/(f_1 - f_0)}{R_0^2/f_0} = 31.07 > F_{0.95}(2, 20) = 3.5$$

这说明因子 A 是显著的。

对于 y、z 的方差分析模型,根据模型参数估计的计算步骤,可以求得参数估计:

$\hat{\theta}_0 = (\bar{y} \quad \bar{y}_1 - \bar{y} \quad \bar{y}_2 - \bar{y} \quad \bar{y}_3 - \bar{y}) = (92.21 \quad -10.46 \quad 5.76 \quad 4.67)$

$\hat{\theta}_1 = (\bar{z} \quad \bar{z}_1 - z \quad \bar{z}_2 - \bar{z} \quad \bar{z}_3 - \bar{z}) = (19.25 \quad -5.50 \quad -0.63 \quad 6.13)$

则 $\hat{\beta} = \hat{\theta}_0 - \hat{\theta}_1 \hat{\gamma} = (46.01 \quad 2.74 \quad 7.30 \quad -10.04)$。在不同饲料种类下,增重关于初始重量的回归方程为:

$A_1: \hat{y} = \hat{\beta}_0 + a_1 + \gamma \cdot z$
$\qquad = 48.75 + 2.4 \cdot z$

$A_2: \hat{y} = \hat{\beta}_0 + a_2 + \gamma \cdot z$
$\qquad = 53.31 + 2.4 \cdot z$

$A_3: \hat{y} = \hat{\beta}_0 + a_3 + \gamma \cdot z$
$\qquad = 35.97 + 2.4 \cdot z$

从中可知,A_2 是三种饲料中效果最好的,它能使猪的重量增加最多。

小结

本章主要利用引入的数量化方法,讨论自变量中含定性变量的情况。一种数量化方法是引入了虚拟变量的概念,然后利用最小二乘法得到回归方程。另一种是在一定条件下,利用协方差分析方法研究含定性变量的问题。

习题六

1. 对自变量中含有定性变量的问题,为什么不对同一属性分别建立回归模型,而采取设虚拟变量的方法建立回归模型?

2. 一个学生使用含有季节定性变量的回归模型,对春、夏、秋、冬 4 个季节引出虚拟变量,用

SPSS 软件计算的结果中总是自动剔除其中一个自变量,他为此困惑不解,出现这种情况的可能原因是什么?

3. 研究者想研究采取某项保险革新措施的速度(y)与保险公司的规模(x_1)和保险公司类型的关系。因变量的计量是第一个公司采纳这项革新和给定公司采纳这项革新在时间上先后间隔的月数。第一个自变量公司的规模是数量型的,用公司的总资产额(百万美元)计量;第二个自变量公司的类型是定性变量,由两种类型构成,即股份公司和互助公司。数据资料如下表所示,试建立 y 对公司规模和公司类型的回归。

i	y	x_1	公司类型
1	17	151	互助
2	26	92	互助
3	21	175	互助
4	30	31	互助
5	22	104	互助
6	0	277	互助
7	12	210	互助
8	19	120	互助
9	4	290	互助
10	16	238	互助
11	28	164	股份
12	15	272	股份
13	11	295	股份
14	38	68	股份
15	31	85	股份
16	21	224	股份
17	20	166	股份
18	13	305	股份
19	30	124	股份
20	14	246	股份

4. 某车站装载某种物品的情况如下表所示,其中 x 表示天数,y 表示车厢数。根据三点图观察,$x = 5$ 处有折点,求 y 与 x 的折现回归。

x/天数	1	2	3	4	5	6	7	8	9
y/车厢数	3	6	9	12	15	16	17	18	19

5. 用协方差分析方法对例 6.2 的数据作分析,写出模型,对各种假设作检验,最后给出回归方程。

第七章　自变量选择

第一节　引言

回归分析主要用于预测和控制。用于预测时,希望预测的均方误差较小;用于控制时,希望各回归系数具有较小的方差和均方误差。在构建回归模型时,如果丢掉一些重要的变量,模型就会拟合不足,得到有偏的系数和有偏的预测;反之,如果回归模型中包括的变量的个数太多,就会导致过度拟合,得到的模型也很不稳定,预测效果也不好。在实际应用中,运用变量评价准则和变量选择方法建立回归模型时,不能保证在什么情况下都能找到最优的回归模型,因为各种评价准则会由于数据类型不同,变量的共线性(将在下一章中介绍)、序列相关、异方差,以及变量是否采用了正确的函数形式等问题的存在而产生一些虚假的信息,而且各种评价准则都带有一定的主观性,对每种评价准则设定的临界值不同,得出的结论也就不同。

从 20 世纪 60 年代开始,关于回归自变量的选择成为统计学中研究的热点问题。统计学家提出了许多回归选元的准则,并提出了许多行之有效的选元方法。挑选变量是选择模型的一种方法。建立统计模型的目的往往不只是通过模型对数据进行总结,而且要通过分析认识客观规律,并在今后的实践中利用这些规律,一旦选入本来与变量无关的自变量,不仅干扰了对相关变量之间关系的理解,而且可能需要在今后的活动中对这个变量进行持续观测,甚至因此而采取某些行动(比如像在控制问题中那样),不但浪费人力物力,而且可能造成损失。研究表明,在回归建模的过程中,如果把一些对变量影响不大,甚至没有影响的自变量选入回归模型,估计和预测的精度会下降。漏选变量所造成的问题不言而喻。所以在建模时,存在着矛盾,在模型中引入较多自变量,可以更多地接近潜在的复杂结构,偏差也随之缩小,然而,为了增加可预测性、减少方差,往往需要删除那些不显著的变量以获得最优变量子集,因此,一个在多数情况下适宜的模型应该是一个包括适当变量子集的模型,寻求模型的偏差和方差之间的平衡。

选择变量的方法也是选择回归模型的方法,即从众多回归模型中选择一个最优模型的方法。在选择变量的过程中,最简单也是最烦琐的方法是全部子集回归法,即建立被解释变量和解释变量全部子集组合的回归模型,然后从中选出最好的模型。对于含有 p 个解释变量的问题,有 2^p-1 个组合方式,即会产生 2^p-1 个回归模型,从中可以看出随着解释变量数目的增多,需要筛选的模型的数目呈指数增加,为了快速准确地对模型进行筛选,统计学家提出了很多种选择变量的评价准则,其中常用的有 T 统计量、F 统计量、R^2、S^2、修正的 R^2、Mallwos C_p 统计量、AIC 信息准则和 BIC 信息准则等。

第二节 自变量选择对于模型参数估计及预测的影响

一、全模型和选模型

设研究某一实际问题涉及对因变量有影响的因素共有 m 个,回归模型为:

$$y = \beta_0 + \beta_1 x_1 + \cdots + \beta_m x_m + \varepsilon \tag{7.1}$$

(7.1)式称为全回归模型,其参数估计为:

$$\hat{\beta}_m = (X'_m X_m)^{-1} X'_m y$$

$$\hat{\sigma}^2 = \frac{1}{n-m-1} S_E^m$$

其中:$S_E^m = (y - \hat{y}_m)'(y - \hat{y}_m)$,$\hat{y}_m = X_m (X'_m X_m)^{-1} X'_m y$。

如果我们从所有可供选择的 m 个变量中挑选出 p 个,记作 $x_1, \cdots, x_p$,构成的回归模型为:

$$y = \beta_{0p} + \beta_{1p} x_1 + \cdots + \beta_{pp} x_p + \varepsilon_p \tag{7.2}$$

(7.2)式称为全回归模型(7.1)的选模型,其参数估计为:

$$\hat{\beta}_p = (X'_p X_p)^{-1} X'_p y$$

$$\hat{\sigma}^2 = \frac{1}{n-p-1} S_E^p$$

其中:$S_E^p = (y - \hat{y}_p)'(y - \hat{y}_p)$,$\hat{y}_p = X_p (X'_p X_p)^{-1} X'_p y$。

二、自变量选择对预测的影响

可以证明,在 $x_j (j=1, \cdots, p)$ 与 $x_{p+1}, \cdots, x_m$ 的相关系数不全为 0 时,选模型回归系数的最小二乘估计是全模型相应参数的有偏估计,即:

$$E(\hat{\beta}_{jp}) = \beta_{jp} \neq \beta_j \qquad j = 1, \cdots, p$$

这样，在给定 $x_0 = (1, x_{01}, x_{02}, \cdots, x_{0m})'$ 时，对应于 $y_0 = \beta_0 + \beta_1 x_{01} + \beta_2 x_{02} + \cdots + \beta_m x_{0m} + \varepsilon_0$，运用选模型 (7.2) 得到的预测值 $\hat{y}_0 = \hat{\beta}_0 + \hat{\beta}_1 x_{01} + \hat{\beta}_2 x_{02} + \cdots + \hat{\beta}_p x_{0p}$ 是 y_0 的有偏预测，即：

$$E(\hat{y}_0) \neq E(y_0)$$

进一步地，如果设 $\hat{\beta}_m = (\hat{\beta}_{0m}, \hat{\beta}_{1m}, \cdots, \hat{\beta}_{mm})'$ 是全模型 (7.1) 回归系数的最小二乘估计，$\hat{\beta}_p = (\hat{\beta}_{0p}, \hat{\beta}_{1p}, \cdots, \hat{\beta}_{pp})'$ 是选模型 (7.2) 回归系数的最小二乘估计，那么可以得到：

$$\mathrm{Var}(\hat{\beta}_{jp}) \leqslant \mathrm{Var}(\hat{\beta}_{jm}) \qquad j = 1, \cdots, p$$

由此，可以得到：

$$\mathrm{Var}(e_{0p}) \leqslant \mathrm{Var}(e_{0m})$$

其中：$e_{0p} = y_0 - \hat{y}_{0p}$，$e_{0m} = y_0 - \hat{y}_{0m}$。

综上所述，一个好的回归模型并不是考虑的自变量越多越好。在建立回归模型时，选择自变量的基本指导思想是"少而精"。哪怕我们丢掉了一些对因变量有影响的自变量，由选模型估计的保留变量的回归系数的方差也要比由全模型估计的相应变量的回归系数的方差小。对于所预测的因变量的方差来说也是如此。丢掉了一些对因变量有影响的自变量后，所付出的代价是估计量产生了有偏性。尽管估计量是有偏的，但预测偏差的方差会下降。另外，如果保留下来的自变量有些对因变量无关紧要，那么，方程中包括这些变量会导致参数估计、预测的有偏性和精度降低。

第三节　自变量选择的准则

在多元回归分析中，自变量的选择是很重要的。如果遗漏了重要的变量，回归分析的效果一定不会好；如果变量过多，将会把对 y 影响不显著的变量也选入回归方程，这样就影响了回归方程的稳定性，效果也好不了。由于变量选择很重要，因此有大量文章提出了各种各样的方法，内容十分丰富。从数据与模型拟合优劣的直观考虑出发，认为残差平方和 S_E 最小的回归方程是最好的；还曾用复相关系数 R 来衡量回归拟合的好坏。然而这两种方法都有明显的不足，这是因为：

$$S_E^{p+1} \leqslant S_E^p$$
$$R_{p+1}^2 \geqslant R_p^2$$

因此,我们将考虑如下几种常用的准则:

一、修正的 R^2

我们知道,R^2 随自变量个数的增加而增大,因而,当增加一些无用的变量时,R^2 也会上升。克服 R^2 这一缺点的办法是将 R^2 作适当修正,使得只有加入"有意义"的变量时,修正的相关系数才会增加。所谓修正的 R^2,是指:

$$\bar{R}_s^2 = 1 - (1 - R_s^2)\frac{n}{n-s} \tag{7.3}$$

其中:s 为回归方程中参数的数目,显然,需要满足 $n > s$。

设回归方程中原有 r 个自变量,后来增加了 s 个自变量,检验这 s 个新增加自变量是否有意义的统计量为:

$$F = \frac{R_{r+s}^2 - R_r^2}{1 - R_{r+s}^2} \cdot \frac{n-r-s}{s} \tag{7.4}$$

则有:

$$1 - R_{r+s}^2 = \left[(1 - R_r^2) - (1 - R_{r+s}^2)\right]\frac{n-r-s}{Fs}$$

$$= (1 - R_r^2)\frac{n-r-s}{Fs+n-r-s}$$

所以:

$$\bar{R}_{r+s}^2 = 1 - (1 - R_{r+s}^2)\frac{n}{n-r-s}$$

$$= 1 - (1 - R_r^2)\frac{n-r-s}{Fs+n-r-s} \cdot \frac{n}{n-r-s}$$

$$= 1 - (1 - R_r^2)\frac{n}{Fs+n-r-s}$$

$$= 1 - (1 - R_r^2)\frac{n}{n-r} \cdot \frac{n-r}{Fs+n-r-s}$$

$$= 1 - (1 - \bar{R}_r^2)\frac{n-r}{Fs+n-r-s}$$

函数 $f(F) = \dfrac{n-r}{Fs+n-r-s}$ 是严格单调下降的,又 $f(1)=1$,所以,当 $F > 1$ 时,$f(F) < 1$。

因而当 $F \geqslant 1$ 时，$\overline{R}_{r+s}^2 = 1 - (1 - \overline{R}_r^2) \dfrac{n-r}{Fs+n-r-s} \geqslant \overline{R}_r^2$。

$F \geqslant 1$ 表明增加的自变量是有意义的，因此可以在所有变量子集中选取 $\overline{R}_s^2$ 达到极大的作为最优子集。

另一方面，R_s^2 与残差平方和 $S_E = Q_s$ 有如下关系：

$$R_s^2 = 1 - \frac{S_E}{\sum\limits_{i=1}^{n}(y_i - \overline{y})^2} = 1 - \frac{Q_s}{\sum\limits_{i=1}^{n}(y_i - \overline{y})^2} \tag{7.5}$$

$$Q_s = (1 - R_s^2) \sum_{i=1}^{n}(y_i - \overline{y})^2 \tag{7.6}$$

称 $\overline{Q}_s = \dfrac{1}{n-s} Q_s$ 为平均残差平方和。

如果我们用 $\overline{Q}_s$ 作为选择变量的准则，则"$\overline{Q}_s$ 越小越好"，这一点在直观上也不难理解。增加自变量时，Q_s 必定会减小，但当所增加的变量对 Q_s 减小的贡献不大时，由于 s 的增大，$\overline{Q}_s$ 不会减小。

二、预测偏差的方差 $(n+s)\overline{Q}_s$

回归方程的建立主要是为了预测，对于预测当然要有个精度要求，基于此，我们又提出了预测偏差的方差的概念，并提出了又一个选择自变量的原则。

设我们只选择了 s 个变量，n 个试验点为 $x_{is}(i=1, 2, \cdots, n)$，用 X_s 表示设计矩阵，$\hat{\beta}_s$ 表示所选模型中 β_s 的最小二乘估计，则在这 n 个试验点上，y 的预测值为 $\hat{y} = X_s\hat{\beta}_s$。预测偏差为 $D_s = y - X_s\hat{\beta}_s$；在点 x_{is} 的预测偏差为 $D_{is} = y_i - x'_{is}\hat{\beta}_s$。偏差的方差为：

$$\mathrm{Var}(D_s) = \sigma^2[1 + X_s(X'_sX_s)^{-1}X'_s]$$

所选模型在 n 个试验点 $x_{is}(i=1, 2, \cdots, n)$ 的预测偏差的方差之和为：

$$\begin{aligned}
\sum_{i=1}^{n}\mathrm{Var}(D_{is}) &= \sum_{i=1}^{n}\sigma^2[1 + X'_{is}(X'_sX_s)^{-1}X_{is}]\\
&= n\sigma^2 + \sigma^2\sum_{i=1}^{n}tr[(X'_sX_s)^{-1}X_{is}X'_{is}]\\
&= n\sigma^2 + \sigma^2 tr\sum_{i=1}^{n}tr\Big[(X'_sX_s)^{-1}\sum_{i=1}^{n}X_{is}X'_{is}\Big]\\
&= n\sigma^2 + \sigma^2 trI_s\\
&= (n+s)\sigma^2
\end{aligned}$$

如果用 σ^2 的估计值 $\hat{\sigma}^2 = \overline{Q}_s$ 来代替 σ^2，就得到预测偏差方差之和的一个估计 $(n+s)\overline{Q}_s$。当然，我们希望 $(n+s)\overline{Q}_s$ 越小越好，因此，我们就选变量子集使 $(n+s)$ $\overline{Q}_s$ 达到最小。这就是我们选择变量的又一个原则。

三、Mallwos C_p 统计量

1964 年 G.L. Mallows 从预测的角度提出了用 C_p 统计量来衡量方程优劣的准则。现将模型(7.1)称为全模型，从 p 个变量中选取 k 个，不妨设前 k 个，组成一个 y 关于这 k 个变量的模型，称为选模型，即有：

$$y_i = \beta_0 + \beta_1 x_{i1} + \beta_2 x_{i2} + \cdots + \beta_k x_{ik} + \varepsilon_i \tag{7.7}$$

用 y_i^* 表示 y 的估计值，用 β_0^*，β_1^*，$\cdots$，β_k^* 表示 β_0，β_1，$\cdots$，β_k 的估计值以表示与第三章经典模型的区别。为与 C_p 名称一致，将第三章经典模型中的 p 改用 t 表示，将(7.7)式中的 k 改用 $p-1$ 表示，$p-1 \leqslant t$。设：

$$E(y_i) = \beta_0 + \beta_1 x_{i1} + \cdots + \beta_t x_{it} \qquad i = 1, 2, \cdots, n$$

现在选用了(7.7)式，则 y_i 的回归值为：

$$y_i^* = \beta_0^* + \beta_1^* x_{i1} + \cdots + \beta_{p-1}^* x_{i, p-1}$$

从而在 n 个点上带来的总的偏差可用 J_p 来衡量：

$$J_p = \frac{1}{\sigma^2} \sum_i \left[y_i^* - E(y_i) \right]^2$$

我们当然希望 J_p 越小越好。通过计算可知：

$$E(J_p) = \frac{1}{\sigma^2} E(S_E) - n + 2p$$

其中：S_E 是选模型对应的剩余平方和，由于 σ^2 未知，故用全模型中 σ^2 的估计值 $\hat{\sigma}^2$ 代替，又用选模型的 S_E 代替 $E(S_E)$，由此引入 C_p 统计量：

$$C_p = \frac{S_E}{\hat{\sigma}^2} - n + 2p \tag{7.8}$$

选 C_p 最小的方程为最终的回归方程。

四、JJ_p 统计量

这个统计量是 Mallows(1967 年)和 Bothman(1963 年)基于 n 个试验点的预测偏

差的方差之和应较小而提出来的,采用与 C_p 统计量这一小节中相同的符号,我们可以证明 n 个点上预测偏差 $y_i^* - y_i$ 的方差和为:

$$\sum_i \mathrm{Var}(y_i^* - y_i) = (n + p)\sigma^2$$

但其中 σ^2 未知,我们用选模型中 σ^2 的估计值代入,从而得 JJ_p 统计量为:

$$JJ_p = \frac{n+p}{n-p} S_E \tag{7.9}$$

其中: S_E 是所选回归方程的剩余平方和。选 JJ_p 最小的方程为最终的回归方程。

五、S_p 统计量

我们称 S_p 统计量为:

$$S_p = \frac{1}{(n-p-1)(n-p)} Q_p \tag{7.10}$$

设有 k 个自变量,入选自变量为 $x_1,\ x_2,\ \cdots,\ x_{p-1}(p=1,\ 2,\ \cdots,\ k+1)$, $p-1$ 个变量的数据矩阵中心化为:

$$X_p = \begin{bmatrix} x_{11} - \bar{x}_1 & x_{12} - \bar{x}_2 & \cdots & x_{1p-1} - \bar{x}_{p-1} \\ x_{21} - \bar{x}_1 & x_{22} - \bar{x}_2 & \cdots & x_{2p-1} - \bar{x}_{p-1} \\ \vdots & \vdots & & \vdots \\ x_{n1} - \bar{x}_1 & x_{n2} - \bar{x}_2 & \cdots & x_{np-1} - \bar{x}_{p-1} \end{bmatrix}$$

建立回归方程:

$$\hat{y}_i = \bar{y} + \beta_1(x_{i1} - \bar{x}_1) + \beta_2(x_{i2} - \bar{x}_2) + \cdots + \beta_{p-1}(x_{ip-1} - \bar{x}_{p-1}) \qquad i = 1,\ 2,\ \cdots,\ n$$

$\beta_1,\ \beta_2,\ \cdots,\ \beta_{p-1}$ 的最小二乘估计为:

$$\hat{\beta}_p = (X_p' X_p)^{-1} X_p' y$$

在任一点 $x = (x_1,\ x_2,\ \cdots,\ x_{p-1})'$ 处,由于 y 与该点的预测值 $\tilde{y}$ 独立,所以有:

$$\mathrm{Var}(\tilde{y}) = \mathrm{Var}(y) + \mathrm{Var}(\tilde{y} - y)$$

$$= \sigma^2 + \frac{1}{n}\sigma^2 + \sigma^2(X - \bar{X})'(X_p' X_p)^{-1}(X - \bar{X})$$

$$= \sigma^2 \left[1 + \frac{1}{n}(X - \bar{X})'(X_p' X_p)^{-1}(X - \bar{X}) \right] \tag{7.11}$$

如果进一步假定 $(x_1, x_2, \cdots, x_{p-1}) \sim N_{p-1}(\mu, \Sigma)$，即自变量也是随机的，这时 (7.11)式也是随机的，可以证明：

$$E[\mathrm{Var}(\tilde{y})] = \frac{(n+1)(n-2)}{n(n-p-1)}\sigma^2 \tag{7.12}$$

从中去掉与 p 无关的因子 $\dfrac{(n+1)(n-2)}{n}$，用 $\hat{\sigma}^2$ 代替 σ^2，便得到 S_p。从 S_p 的定义可以知道，选择变量应使 S_p 最小。

六、AIC 准则

AIC 准则（An Information Criterion）是由日本统计学家赤池弘次（Akaika）在 1973 年提出的。该准则既考虑拟合模型对数据的接近程度，也考虑模型中所含待定参数的个数，所以该准则可用作回归模型的自变量选择。

AIC 准则的一般形式可表述为：

$$AIC = -2\ln(模型最大似然度) + 2(模型独立参数个数)$$

对于回归模型来说，设模型的似然函数为 $L(\theta, y)$，θ 的维数为 $p+2$，y 是随机样本，则其 AIC 为：

$$AIC = -2\log L(\hat{\theta}_L, y) + 2(p+2) \tag{7.13}$$

其中：$\hat{\theta}_L$ 为参数 θ 的极大似然估计。(7.13)式右端的第一项是似然函数对数的 -2 倍，第二项是惩罚因子，是未知参数个数的两倍。根据极大似然原理，使得似然函数达到最大的估计量最好，所以使得(7.13)式达到最小的模型是最优模型。

假设回归模型的随机误差 $\varepsilon \sim N(0, \sigma^2 I_n)$，此时可以得到对数似然函数：

$$\log L(\hat{\theta}_L, y) = -\frac{n}{2}\log(2\pi) - \frac{n}{2}\log(2\hat{\sigma}_L^2) - \frac{1}{2\hat{\sigma}_L^2}S_E$$

其中：$\hat{\sigma}_L^2 = \dfrac{S_E}{n}$，将其代入上式得：

$$\log L(\hat{\theta}_L, y) = -\frac{n}{2}\log(2\pi) - \frac{n}{2}\log\left(\frac{S_E}{n}\right) - \frac{n}{2}$$

代入(7.13)式，得到：

$$AIC = n\log(2\pi) + n\log\left(\frac{S_E}{n}\right) + n + 2(p+2)$$

最终可以得到回归模型的 AIC 为：

$$AIC = n \log(S_E) + 2p$$

在为处理实际问题而建立回归模型的过程中，需要对每一个回归子集计算 AIC，而 AIC 最小者所对应的回归模型就是最优的回归模型。

七、BIC 准则

AIC 准则为模型选择提供了非常有效的方法，但是，当样本量 n 很大时，AIC 准则中拟合误差提供的信息要受样本量 n 的放大的影响，其值为 $n \log(S_E)$；与此同时，未知参数个数的权数与样本容量 n 无关，仍为常数 2。因此，当样本容量 n 趋于无穷大时，由 AIC 准则选择的模型不收敛于真实的模型，它通常比真实的模型所含的未知参数个数要多。

Akaika 在 1976 年改进了 AIC 准则，避免了在大样本情况下，AIC 准则在选择阶数时收敛性不好的缺点，在 AIC 准则的基础上提出了 BIC 准则。Schwartz 在 1978 年根据 Bayes 理论也提出了同样的判别准则，其具体定义如下：

$$BIC = -2\log(模型的极大似然函数值) + \log(n)(模型中参数的个数)$$

BIC 准则对于 AIC 准则的改进就是将未知参数个数的权数由 2 改为样本容量 n 的对数，即 $\log(n)$。

假设回归模型的随机误差 $\varepsilon \sim N(0, \sigma^2 I_n)$，回归模型的 SBC 为：

$$BIC = n \log(S_E/n) + p \log n$$

在为处理实际问题而建立回归模型的过程中，同样，BIC 最小者所对应的回归模型就是最优的回归模型。

第四节　自变量选择的方法

自变量的所有可能子集构成 $2^p - 1$ 个回归方程，当可供选择的自变量不太多时，用之前的方法可以求出一切可能的回归方程，然后用几个选元准则挑出"最好"的方程；但是，当自变量的个数较多时，要求出所有可能的回归方程是非常困难的。为此，人们提出了一些较为简便、实用、快速的选择"最优"方程的方法。人们所给出的方法各有优缺点，至今没有绝对最优的方法，目前常用的方法有前进法、后退法、最优子集法、逐步回归法，以及基于 Mallwos C_p 统计量、AIC 信息准则、BIC 信息准则的变量选择法和交互验证法等。其中，前进法、后退法和逐步回归法都是基于 F 检验的方法。

一、前进法

变量由少到多，每次增加一个，直至全部变量都进入回归方程，先在 p 个变量中选一个使残差平方和最小的变量，设为 x_{i1}，建立回归方程；然后在剩余的 $p-1$ 个变量中选一个 x_{i2}，使由 x_{i1}、x_{i2} 建立起来的二元回归方程残差平方和最小；接着在其余 $p-2$ 个变量中选一个变量 x_{i3}，使得 x_{i1}、x_{i2} 和 x_{i3} 联合起来得到的回归方程残差平方和最小。如此进行下去，直到全部 p 个变量都进入回归方程为止。这样共得到 p 个回归方程。最后比较这 p 个回归方程，从中选出最好的一个就为所求的回归方程，这个方程中的变量即为所选择的变量。从以上过程可知，每一步得到新的变量子集都包含前一步的变量子集，所以全部过程中使用的所有变量子集是一个由小到大的套结构。

二、后退法

首先将全部 p 个变量纳入回归方程。然后在这 p 个变量中选择一个最不重要的变量设为 x_{i1}，将它从回归方程中剔除；在剩下的 $p-1$ 个变量中再剔除一个不重要的，设为 x_{i2}；这样下去，直至方程中剩下一个变量 x_{ip}。在这个过程中共有 p 个回归方程。最后在这 p 个回归方程中挑选最好的一个，其中的变量为所选择的变量。从以上过程可知，后退法与前进法的程序正好相反，每剔除一个变量所得到的一个新变量子集都包含在前一步的变量子集中，这也是一种套结构，只不过是由大到小的套结构。

三、最优子集法

设有 p 个变量，产生一切可能的回归，这些回归中有包含一个自变量的回归、包含两个自变量的回归……包含全部 p 个自变量的回归，在所有这些回归中找出一个最好的，它所包含的变量即为所求。

一般来说，这三种方法以及逐步回归方法所得的结果是不同的。将这三种方法进行比较不是一件容易的事，从理论上讲，最优子集法求的解应是全局最优的，而其他方法求的解是局部最优的，但由于试验误差的干扰，最优回归子集法不一定能求得全局最优解，这是造成问题的复杂性的原因。在这方面仍有许多值得研究的课题，在某些问题中，最优子集法所得的解可能比别的方法得到的好。

四、逐步回归法

逐步回归的基本思想是,将变量一个一个引入,引入变量的条件是其偏回归平方和经检验是显著的,同时每引入一个新变量后,对已选入的变量要进行逐个检验,将不显著变量剔除,这样保证最后所得的变量子集中的所有变量都是显著的,这样经若干步便得到"最优"变量子集。

逐步回归的数学模型与多元线性回归的数学模型一样,即为:

$$y = X\beta + \varepsilon$$

设有 k 个自变量 x_1, x_2, $\cdots$, x_k, 有 n 组观察数据 $(y_i, x_{i1}, x_{i2}, \cdots, x_{ik})$, $i = 1, 2, \cdots, n$, 则有:

$$X = \begin{pmatrix} 1 & x_{11} & \cdots & x_{1k} \\ 1 & x_{21} & \cdots & x_{2k} \\ \vdots & \vdots & \ddots & \vdots \\ 1 & x_{n1} & \cdots & x_{nk} \end{pmatrix}$$

如果再增加一个自变量 u, 相应的资料向量为 $u_{n \times 1}$, 于是模型就变为:

$$y = (X, u)\begin{pmatrix} \beta \\ b_u \end{pmatrix} + \varepsilon \tag{7.14}$$

两个模型的差别仅在于自变量的个数不同,而因变量的个数以及观察资料都没有改变。我们用 $\hat{\beta}$ 和 Q 分别表示经典模型相应的最小二乘估计及残差平方和,用 $\hat{\beta}(u)$ 与 $\hat{b}_u$ 表示模型(7.14)中相应的 β 与 b_u 的最小二乘估计,用 $Q(u)$ 表示相应的残差平方和。用前面已有结果,得:

$$\hat{b}_u = (u'Ru)^{-1}u'Ry \tag{7.15}$$

$$\hat{\beta}(u) = \hat{\beta} - (X'X)^{-1}X'u\,\hat{b}_u \tag{7.16}$$

$$Q(u) = Q - \hat{b}_u^2(u'Ru) \tag{7.17}$$

其中: $R = I - X(X'X)^{-1}X'$。

要确定变量 u 是否进入变量子集,需检验假设:

$$H_0: b_u = 0$$

检验统计量为:

$$F = \frac{\hat{b}_u^2 (n-k-2)}{Q(u)(u'Ru)^{-1}} \tag{7.18}$$

或

$$t = \frac{\hat{b}_u}{\sqrt{Q(u)(u'Ru)^{-1}/(n-k-2)}} \tag{7.19}$$

如果经检验假设 $H_0: b_u = 0$ 被接受，则变量 u 不能入选；若 H_0 被拒绝，则变量 u 应入选。根据这个想法，我们可以得出选入变量与剔除变量的一般方法。

假定在某一步，已入选的自变量为 x_1, x_2, $\cdots$, x_r, 而待考察的自变量为 x_{r+1}, x_{r+2}, $\cdots$, x_s 相应的资料矩阵记为：

$$X = \begin{pmatrix} 1 & x_{11} & \cdots & x_{1r} \\ 1 & x_{21} & \cdots & x_{2r} \\ \vdots & \vdots & \ddots & \vdots \\ 1 & x_{n1} & \cdots & x_{nr} \end{pmatrix}$$

$$X_{r+1} = \begin{pmatrix} x_{1r+1} \\ x_{2r+1} \\ \vdots \\ x_{nr+1} \end{pmatrix}, \cdots, X_s = \begin{pmatrix} x_{1s} \\ x_{2s} \\ \vdots \\ x_{ns} \end{pmatrix}$$

如果只考虑 x_1, x_2, $\cdots$, x_r 对 y 的回归，就有：

$$y = X\beta + \varepsilon$$

逐个考虑添加 x_{r+1}, x_{r+2}, $\cdots$, x_s, 就相当于把 x_{r+1}, x_{r+2}, $\cdots$, x_s 的资料逐个添加到上式中。例如，考察 x_{r+1}, 添入后的模型为：

$$y = (X, X_{r+1}) \begin{bmatrix} \beta \\ b_{r+1} \end{bmatrix} + \varepsilon \tag{7.20}$$

在这里，对于模型 (7.20) 要确定 x_{r+1} 是否能入选，也就是检验假设：

$$H_0: b_{r+1} = 0$$

检验统计量为：

$$\begin{aligned} F &= (n-r-2) \frac{\hat{b}_{r+1}^2 (X'_{r+1} R X_{r+1})}{Q(r+1)} \\ &= \frac{(n-r-2) \hat{b}_{r+1}^2 (X'_{r+1} R X_{r+1})}{Q - b_{r+1}^2 (X'_{r+1} R X_{r+1})} \end{aligned} \tag{7.21}$$

其中：$Q(r+1) = Q(x_{r+1})$。

因为(7.21)式是用来检验变量 x_{r+1} 是否可以入选的统计量，所以，我们记 F 为 F_{r+1}；类似的，对 x_{r+1}，x_{r+2}，$\cdots$，x_s 中某一个变量 x_j 是否能入选的检验统计量记作：

$$F_j = (n-r-2)\frac{\hat{b}_j^2(x_j'Rx_j)}{Q-\hat{b}_j^2(x_j'Rx_j)}$$

$$= (n-r-2)\frac{\hat{b}_j^2(x_j'Rx_1)}{Q(j)} \tag{7.22}$$

其中：$x_j = (x_{1j}, x_{2j}, \cdots, x_{nj})'$，$j = r+1, r+2, \cdots, s$。

比较 F_{r+1}，F_{r+2}，$\cdots$，F_s，不妨设 F_{r+1} 为其中最大者，记显著性水平为 α 的临界值为 $F_\alpha(1, n-r-2)$，如果 $F_{r+1} \leqslant F_\alpha(1, n-r-2)$，则 F_{r+1}，F_{r+2}，$\cdots$，F_s 都不能选入，选择变量的过程可以结束。如果 $F_{r+1} > F_\alpha(1, n-r-2)$，则 x_{r+1} 将选入。这时，将(7.20)式中的 X 增加一列 x_{r+1}，即用 (X, x_{r+1}) 代替 X，然后逐个考察 F_{r+2}，$\cdots$，F_s，直至没有变量需要选入。

逐步回归的每一步骤，不但要选入变量，而且要对已入选变量进行检验，看看每一个变量的重要性有没有发生变化。对不重要的变量要剔除，这就要给出剔除变量的准则和方法。

设已入选变量就是前 $k+1$ 个变量 x_1，x_2，$\cdots$，x_{k+1}，要考察其中是否有变量要剔除。不妨设考察 x_{k+1} 是否要剔除，记：

$$X = \begin{pmatrix} 1 & x_{11} & \cdots & x_{1k} \\ 1 & x_{21} & \cdots & x_{2k} \\ \vdots & \vdots & \ddots & \vdots \\ 1 & x_{n1} & \cdots & x_{nk} \end{pmatrix}$$

则要考察的模型为：

$$y = (X, x_{k+1})\begin{pmatrix} \beta \\ b_{k+1} \end{pmatrix} + \varepsilon \tag{7.23}$$

其中：$x_{k+1} = (x_{1k+1}, x_{2k+1}, \cdots, x_{nk+1})'$。

检验假设为：

$$H_0: b_{k+1} = 0$$

检验统计量为:

$$F = (n-k-2) \frac{\hat{b}_{k+1}^2 (x'_{k+1} R x_{k+1})}{Q} \tag{7.24}$$

其中: $\hat{b}_{k+1}$ 与 Q 是相应于模型(7.23)式中 x_{k+1} 的回归系数的最小二乘估计与总的残差平方和 $R = I - X(X'X)^{-1}X'$。

因为(7.24)式是用来检验 x_{k+1} 是否能剔除的统计量,所以记 F 为 F_{k+1}。同样,用 F_j 表示变量 $x_j (j=1, 2, \cdots, k+1)$ 是否能剔除的统计量,用 b_j、$Q(j)$、$R(j)$,$j = 1, 2, \cdots, k+1$ 分别表示相应的 x_j 的回归系数的最小二乘估计、残差平方和与矩阵 R,则有:

$$F_j = (n-k-2) \frac{\hat{b}_j^2 [x'_j R(j) x_j]}{Q(j)} \qquad j=1, 2, \cdots, k+1 \tag{7.25}$$

比较 F_1, F_2, $\cdots$, F_{k+1},取其中最小者,不妨设为 F_{k+1}。设显著性水平为 α 时的临界值为 $F_\alpha(1, n-k-2)$,如果 $F_{k+1} \leqslant F_\alpha(1, n-k-2)$,则表明 x_{k+1} 不重要,可以剔除。对剩下的变量 x_1, x_2, $\cdots$, x_k 再进行考察,直到没有需要剔除的变量,再转入考察是否有变量可以入选。如果 $F_{k+1} > F_\alpha(1, n-k-2)$,则表明 x_1, x_2, $\cdots$, x_{k+1} 中没有需要剔除的变量,这时转入考察是否有应入选的变量。

按上述方法选入变量与剔除变量,经过若干步,直到没有应选入的变量也没有需剔除的变量为止,这就结束了选择变量的过程。接下来要计算回归系数、给出估计值等,这就是通常的回归计算了。

现在我们介绍逐步回归的计算方法与计算公式。设有 p 个自变量,n 组数据资料,线性回归模型为:

$$y_i = \beta_0 + \beta_1 x_{i1} + \beta_2 x_{i2} + \cdots + \beta_p x_{ip} + \varepsilon_i \qquad i=1, 2, \cdots, n \tag{7.26}$$

为了对自变量进行选择并求出回归系数的最小二乘估计,用以下步骤进行逐步回归:

第一,对数据进行标准化,记:

$$Z_{ij} = \frac{x_{ij} - \bar{x}_j}{\sigma_j}$$

$$y'_i = \frac{y_i - \bar{y}}{\sigma_y} \qquad i=1, 2, \cdots, n; j=1, 2, \cdots, p$$

其中: $\bar{x}_j = \dfrac{1}{n} \sum\limits_{i=1}^{n} x_{ij}$, $\bar{y} = \dfrac{1}{n} \sum\limits_{i=1}^{n} y_i$, $\sigma_j = \sqrt{\sum\limits_{i=1}^{n} (x_{ij} - \bar{x})^2}$, $\sigma_y =$

$$\sqrt{\sum_{i=1}^{n}(y_i-\bar{y})^2}, \ i=1, \ 2, \ \cdots, \ p。$$

上述模型经以上变换后变为：

$$y'_i=\beta'_0+\beta'_1Z_{i1}+\beta'_2Z_{i2}+\cdots+\beta'_pZ_{ip}+\varepsilon_i \qquad i=1, \ 2, \ \cdots, \ n \qquad (7.27)$$

第二，比较模型(7.26)与模型(7.27)，对模型(7.27)的各种平方和进行计算。

第三，选入变量。

第四，剔除变量。

第五，整理结果。

前面讨论的变量选择方法，在实际使用过程中要根据具体情况来定，最优子集法不要被机械地使用，变量进入或者退出回归方程的次序并不能说明这些变量在回归方程中的重要性。一般来说，前进法、后退法和逐步回归法所得到的变量选择结果是相同的，相对前进法，我们更加推荐使用后退法，这是因为后退法首先计算了全模型的回归方程，尽管它不是最终被推荐的模型，但是，在处理共线性数据(后面章节介绍)时，后退法比前进法的表现会好一些。

在应用变量选择的过程中，会得到若干个回归模型，每个回归方程包含不同的自变量，对于已经选出的每一个回归方程，可以使用不同的评价统计量，如 Mallwos C_p、JJ_p、S_p、AIC 或者 BIC 等统计量作进一步评价，也可以使用其他方法进行评价，也就是尽可能对模型进行全面系统的分析，这样才能合理选择变量，得到一个符合实际的回归模型。

案例分析　管理数据分析

例 3.1(续)　首先我们计算所有可能组合 63 个回归模型的 C_p 值，具体见表 7.1，基于 C_p 值的最优的变量子集列于表 7.2 中。

表 7.1　C_p 统计量的值(所有变量组合)

变　量	C_p	变　量	C_p	变　量	C_p	变　量	C_p
1	1.41	3	26.56	1 2 3	2.51	2 4	29.20
2	44.40	1 3	1.11	4	30.06	1 2 4	4.99
1 2	3.26	2 3	26.96	1 4	3.19	3 4	23.25

（续表）

变　量	C_p	变　量	C_p	变　量	C_p	变　量	C_p
1 3 4	3.09	2 4 5	30.82	1 2 3 6	3.28	3 5 6	25.02
2 3 4	24.56	1 2 4 5	6.97	4 6	27.73	1 3 5 6	3.46
1 2 3 4	4.49	3 4 5	25.23	1 4 6	4.70	2 3 5 6	25.11
5	57.91	1 3 4 5	5.09	2 4 6	25.91	1 2 3 5 6	5.14
1 5	3.41	2 3 4 5	26.53	1 2 4 6	6.63	4 5	29.50
2 5	45.62	1 2 3 4 5	6.48	3 4 6	16.50	1 4 5 6	6.69
1 2 5	5.26	6	57.95	1 3 4 6	3.35	2 4 5 6	27.74
3 5	27.94	1 6	3.33	2 3 4 6	17.57	1 2 4 5 6	8.61
1 3 5	3.11	2 6	46.39	1 2 3 4 6	5.07	3 4 5 6	18.42
2 3 5	28.53	1 2 6	5.22	5 6	58.76	1 3 4 5 6	5.29
1 2 3 5	4.51	3 6	24.82	1 5 6	5.32	2 3 4 5 6	19.51
4 5	31.62	1 3 6	1.60	2 5 6	47.91	1 2 3 4 5 6	7.00
1 4 5	5.16	2 3 6	24.62	1 2 5 6	7.22		

表 7.2　基于 C_p 统计量的值的最优变量子集

变　量	C_p	$\hat{\sigma}^2$	变　量	C_p	$\hat{\sigma}^2$
x_1	1.41	6.993	x_1, x_3, x_4, x_5	5.09	7.080
x_1, x_4	3.19	7.093	x_1, x_2, x_3, x_4, x_5	6.48	7.139
x_1, x_4, x_6	4.70	7.163	$x_1, x_2, x_3, x_4, x_5, x_6$	7.00	7.068

　　从上述计算结果可以看出，在应用 C_p 统计量进行变量选择时，需要估计 σ^2，此时要利用到全模型。假如这个全模型中含有较多没有用的解释变量（这些变量的回归系数为 0），则由全模型的残差平方和所得到的 σ^2 的估计量 $\hat{\sigma}^2$ 将会偏大，这样，C_p 将会变小。因此，要让 C_p 发挥正常的作用，要有很好的估计量 $\hat{\sigma}^2$；否则，C_p 的作用就无法发挥。

　　我们运用前进法，鉴于上述分析，表 7.3 给出了每个方程所含的变量、$\hat{\sigma}^2$、C_p 统计量、AIC 和 BIC，我们使用两个停止规则：（1）若最小的 t 检验值的绝对值小于 $t_{0.05}(n-p)$；（2）若最小的 t 检验值的绝对值小于 1。

　　第一个停止规则比较严格，过程停止于 x_1、x_3［因为 $t_{0.05}(n-p)=t_{0.05}(24)=1.710\,9$］；第二个停止规则比较宽松，过程停止于 x_1、x_3、x_6。

表 7.3　运用前进法变量选择的结果

变　　　量	min($|t|$)	$\hat{\sigma}^2$	C_p 统计量	AIC	BIC
x_1	7.74	6.993	1.41	118.63	121.43
x_1, x_3	1.57	6.817	1.11	118.00	122.21
x_1, x_3, x_6	1.29	6.734	1.60	118.14	123.74
x_1, x_3, x_6, x_2	0.59	6.820	3.28	119.73	126.73
x_1, x_3, x_6, x_2, x_4	0.47	6.928	5.07	121.45	129.86
$x_1, x_3, x_6, x_2, x_4, x_5$	0.26	7.068	7.00	123.36	133.17

我们运用后退法，表 7.4 给出了每个方程所含的变量，$\hat{\sigma}^2$、C_p 统计量、AIC 和 BIC，我们使用两个停止规则：（1）若最小的 t 检验值的绝对值大于 $t_{0.05}(n-p)$；（2）若最小的 t 检验值的绝对值大于 1。

表 7.4　运用后退法变量选择的结果

变　　　量	min($|t|$)	$\hat{\sigma}^2$	C_p 统计量	AIC	BIC
$x_1, x_2, x_3, x_4, x_5, x_6$	0.26	7.068	7.00	123.36	133.17
x_1, x_2, x_3, x_4, x_6	0.47	6.928	5.07	121.45	129.86
x_1, x_2, x_3, x_6	0.59	6.820	3.28	119.73	126.73
x_1, x_3, x_6	1.29	6.734	1.60	118.14	123.74
x_1, x_3	1.57	6.817	1.11	118.00	122.21
x_1	7.74	7.068	1.41	118.63	121.43

根据表 7.3 可以看到，当依赖均方误差选择变量时，$\hat{\sigma}^2$ 的值随 p 的增加而减少，但是在后阶段，$\hat{\sigma}^2$ 的值随 p 的增加而增加，这说明，后面进入的变量对于压缩均方误差没有多大作用。如果利用 C_p 进行变量选择，则必须同时考虑 $\hat{\sigma}^2$ 的变化情况，否则，其效果可能会不好。

为此，表 7.3、表 7.4 分别计算了 AIC 和 BIC。AIC 的最小值为 118.0，对应的选择变量为 x_1、x_3，如果将 AIC 的值之间的差异小于 2 的模型看作等价的，那么有 4 种选择，分别为 x_1、x_1、x_3、x_1、x_3、x_6 和 x_1、x_2、x_3、x_6，所以，可以在 4 个模型中选定一个作为最终模型。BIC 的最小值为 121.43，只有 x_1、x_3 对应的 BIC 值与最小值相差不到 2。总之，变量选择不能简单地机械操作，在许多情况下，没有最好的模型或最好的变量子集，我们需要根据数据的具体背景，通过分析找出所有"好的"模型。

小结

本章对于变量选择方法,也即回归模型的选择方法进行了讨论。对于含有 p 个解释变量的问题,有 2^p-1 个组合方式,会产生 2^p-1 个回归模型,从中可以看出随着解释变量数目的增多,需要筛选的模型的数目呈指数增加,为了快速准确地对模型进行筛选,我们介绍了常用的 T 统计量、F 统计量、R^2、S^2、修正的 R^2、Mallwos C_p 统计量、AIC 信息准则和 BIC 信息准则等。有关自变量选择的方法,我们介绍了前进法、后退法、最优子集法和逐步回归法等。

 习题七

1. 自变量的选择对回归参数的估计有何影响?

2. 自变量的选择对回归预测有何影响?

3. 如果所建模型主要用于预测,应该用哪个准则来衡量回归方程的优劣?

4. 试述前进法的思想和方法。

5. 试述后退法的思想和方法。

6. 前进法和后退法各有哪些优缺点?

7. 试述逐步回归法的思想和方法。

8. y 表示某种商品的销售额,x_1 表示居民可支配收入,x_2 表示该类商品的价格指数,x_3 表示其他消费品的平均价格指数。下表给出了某地区 18 年某种商品的销售情况,请分别使用后退法和逐步回归法进行变量选择。

序　号	x_1(元)	x_2(%)	x_3(%)	y(百万元)
1	81.2	85.0	87.0	7.8
2	82.9	92.0	94.0	8.4
3	83.2	91.5	95.0	8.7
4	85.9	92.9	95.5	9.0
5	88.0	93.0	96.0	9.6
6	99.9	96.0	97.0	10.3
7	102.0	95.0	97.5	10.6
8	105.3	95.6	97.0	10.9
9	117.7	98.9	98.0	11.3
10	126.4	101.5	101.2	12.3
11	131.2	102.0	102.5	13.5
12	148.0	105.0	104.0	14.2
13	153.0	106.0	105.9	14.9

（续表）

序　号	x_1(元)	x_2(%)	x_3(%)	y(百万元)
14	161.0	109.0	109.5	15.9
15	170.0	112.0	111.0	18.5
16	174.0	112.2	112.0	19.5
17	185.0	113.0	112.3	19.9
18	189.0	114.0	113.0	20.5

9. 已知财政收入 Y，农业增加值 X_1，工业增加值 X_2，建筑业增加值 X_3，人口数 X_4，社会消费总额 X_5，受灾面积 X_6 等数据资料如下：

时间	财政收入 Y(亿元)	农业增加值 X_1(亿元)	工业增加值 X_2(亿元)	建筑业增加值 X_3(亿元)	人口数 X_4(万人)	社会消费总额 X_5(亿元)	受灾面积 X_6(万公顷)
1	1 132	1 018	1 607	138	96 259	2 239	50 760
2	1 146	1 258	1 769	143	97 542	2 619	39 370
3	1 159	1 359	1 996	195	98 705	2 976	44 530
4	1 175	1 545	2 048	207	100 072	3 309	39 790
5	1 212	1 761	2 162	220	101 654	3 638	33 130
6	1 367	1 960	2 357	270	106 008	4 012	34 710
7	1 642	2 295	2 789	316	104 357	4 695	31 890
8	2 004	2 541	3 448	417	105 851	5 773	44 370
9	2 122	2 763	3 967	525	107 507	6 542	47 140
10	2 199	3 204	4 585	665	109 300	7 451	42 090
11	2 357	3 831	5 777	810	111 026	9 360	50 870
12	2 664	4 228	6 484	794	112 704	10 577	46 990
13	2 937	5 017	6 858	859	114 333	11 365	38 470
14	3 149	5 288	8 087	1 015	115 823	13 146	55 470
15	3 483	5 800	10 284	1 415	117 171	15 952	51 330
16	4 349	6 882	14 143	2 284	118 517	20 182	48 830
17	5 218	9 457	19 359	3 012	119 850	26 796	55 040
18	6 242	11 993	24 718	3 819	121 121	33 635	45 821
19	7 408	13 844	29 082	4 530	122 389	40 004	46 989
20	8 651	14 211	32 412	4 810	123 626	43 579	53 429
21	9 876	14 599	33 429	5 262	124 810	46 405	50 145

要求：

（1）运用前进法进行变量选择，给出相应的回归模型。

（2）运用后退法进行变量选择，给出相应的回归模型。

（3）运用逐步回归法进行变量选择，给出相应的回归模型。

10. 房产评估中的科学估价法是将回归模型应用到建筑物资产评估中的一项技术，根据建筑物的某些特性及购房税去预测住宅的价格，下表是变量清单和某地的相关数据。

建筑物变量清单

变　量	定　义
y	房屋的售价（千美元）
x_1	房产税（地方税、教育税、县税）（千美元）
x_2	盥洗室间数
x_3	大小（千平方英尺）
x_4	起居空间（千平方英尺）
x_5	车库数
x_6	房间数
x_7	卧室数
x_8	房龄（年）
x_9	壁炉数

建筑物特性和房产价格

序号	x_1	x_2	x_3	x_4	x_5	x_6	x_7	x_8	x_9	y
1	4.918	1.000	3.742	0.988	1	7	4	42	0	25.9
2	5.021	1.000	3.531	1.500	2	7	4	62	0	29.5
3	4.543	1.000	2.275	1.175	1	6	33	40	0	27.9
4	4.557	1.000	4.050	1.232	1	6	3	54	0	25.9
5	5.060	1.000	4.455	1.121	1	6	3	42	0	29.9
6	3.891	1.000	4.455	0.988	1	6	3	56	0	29.9
7	5.898	1.000	5.850	1.240	1	7	3	51	1	30.9
8	5.604	1.000	9.520	1.501	0	6	3	32	0	28.9
9	5.828	1.000	6.435	1.225	2	6	3	32	0	35.9
10	5.300	1.000	4.988	1.552	1	6	3	30	0	31.5
11	6.271	1.000	5.520	0.975	1	5	2	30	0	31.0
12	5.959	1.000	6.666	1.121	2	6	3	32	0	30.9

(续表)

序号	x_1	x_2	x_3	x_4	x_5	x_6	x_7	x_8	x_9	y
13	5.050	1.000	5.000	1.020	0	5	2	46	1	30.0
14	8.246	1.500	5.150	1.661	2	8	4	50	0	36.9
15	6.697	1.500	6.902	1.488	1.5	7	3	22	1	41.9
16	7.784	1.500	7.102	1.376	2	6	3	50	0	40.5
17	9.038	1.000	7.800	1.500	1.5	7	3	23	0	43.9
18	5.989	1.000	5.520	1.256	2	6	3	40	1	37.9
19	7.542	1.500	5.000	1.690	1	6	3	22	0	37.9
20	8.795	1.500	9.800	1.820	2	8	4	50	1	44.5
21	6.083	1.500	6.727	1.652	1	6	3	44	0	37.9
22	8.361	1.500	9.150	1.777	2	8	4	48	1	38.9
23	8.140	1.000	8.000	1.504	2	7	3	3	0	36.9
24	9.142	1.500	7.326	1.831	1.5	8	4	31	0	45.8

根据上述数据回答下列问题,并说明理由:

(1) 如果拟合一个反映销售价格与各项税收、各建筑特性之间关系的回归模型,你会将所有的变量都包含在内吗?

(2) 一个有经验的房地产代理商说,地方税收、房间数、房龄就能充分地刻画售价,你同意这种说法吗?

(3) 有一位房地产专家作了如下推理:一套住宅的销售价格由其吸引力决定,这是该建筑物特性的一个函数,综合估价已经反映在房东所付的地方税中,因此,销售价格的最佳预测因子是地方税,这样,在一个包含地方税的回归模型中,各建筑物特性都是冗余的变量,仅建立销售价格关于地方税的一元回归模型就可以了。

你同意该论断吗? 请考察包含各项变量的模型来检验上述论断。

第八章　多重共线性数据

在多元线性回归模型中,要求自变量 x_1, x_2, $\cdots$, x_p 是不相关的。此时,运用普通最小二乘法估计模型参数 β,可得到估计结果 $\hat{\beta} = (X'X)^{-1}X'Y$,其中, X 为设计矩阵。可以证明, $\hat{\beta}$ 是 β 的最优线性无偏估计量(BLUE);进一步,若误差 ε 服从正态分布,则 $\hat{\beta}$ 还是 β 的一致最小方差无偏估计量(UMVUE)。[①] $\hat{\beta}$ 的这些优良性质使得它是 β 的最优估计,也使得普通最小二乘估计得到了广泛应用。如果自变量 x_1, x_2, $\cdots$, x_p 是完全线性相关(即 $|X'X| = 0$,该情况不在本书的讨论范围内),或者是相关程度很高的不完全线性相关情形($|X'X| \approx 0$),即自变量之间出现了多重共线性时,会对回归分析产生哪些影响? $\hat{\beta}$ 还会保留这些优良性质吗?

另外,自变量之间的多重共线性该怎么判断? 如何处理自变量之间的多重共线性问题? 我们将围绕这些问题进行讨论。

第一节　多重共线性对回归分析的影响

由第三章的讨论内容易知,线性回归模型的表达形式为:

$$Y = X\beta + \varepsilon$$
$$E(\varepsilon) = 0 \qquad\qquad (8.1)$$
$$Var(\varepsilon) = \sigma^2 I$$

其中: I 为单位矩阵, X 为设计矩阵, $\beta = (\beta_0, \beta_1, \beta_2, \cdots, \beta_p)'$。

当自变量 x_1, x_2, $\cdots$, x_p 不相关时, β 的普通最小二乘估计为 $\hat{\beta} = (X'X)^{-1}X'Y$,它是 β 的无偏估计量,根据 G - M 定理,它还是 β 的最优线性无偏估计量。

当自变量 x_1, x_2, $\cdots$, x_p 近似线性相关时,即存在不全为零的 c_1, c_2, $\cdots$, c_p,使得:

[①] 　BLUE 和 UMVUE 的性质参考茆诗松、王静龙、濮晓龙主编的《高等数理统计》(第二版)。

$$c_1x_1 + c_2x_2 + \cdots + c_px_p \approx 0$$

此时，仍有 β 的最小二乘估计 $\hat{\beta}=(X'X)^{-1}X'Y$，它仍然是 β 的无偏估计。在此情况下，$|X'X| \approx 0$，故 $(X'X)^{-1}$ 的主对角元素是比较大的。另外，结合(8.1)式，有：

$$
\begin{aligned}
\mathrm{Var}(\hat{\beta}) &= \mathrm{Cov}(\hat{\beta}, \hat{\beta}) \\
&= \mathrm{E}[(\hat{\beta}-\beta)(\hat{\beta}-\beta)'] \\
&= \mathrm{E}[(X'X)^{-1}X'\varepsilon\varepsilon'X(X'X)^{-1}] \\
&= \sigma^2(X'X)^{-1}
\end{aligned}
\tag{8.2}
$$

从而 $\hat{\beta}$ 的协方差矩阵对角线元素值很大，即 $\mathrm{Var}(\hat{\beta}_1)$，$\mathrm{Var}(\hat{\beta}_2)$，$\cdots$，$\mathrm{Var}(\hat{\beta}_p)$ 的值都很大，这意味着用 $\hat{\beta}$ 对 β 进行估计的准确率很低，可信度比较低。

当自变量 x_1，x_2，$\cdots$，x_p 完全线性相关时，即存在不全为零的 c_1，c_2，$\cdots$，c_p，使得：

$$c_1x_1 + c_2x_2 + \cdots + c_px_p = 0$$

此时，X 是非列满秩的，$|X'X|=0$，故 $(X'X)^{-1}$ 不存在，从而 β 的最小二乘估计不存在。

通常地，当自变量之间出现近似线性相关或者完全线性相关时，称自变量具有多重共线性。自变量之间出现完全线性相关的情形比较少见，常见的是近似线性相关的情形，故人们习惯性地将数据的多重共线性讨论局限在自变量之间出现近似线性相关的条件下。

"多重共线性"一词由 R. Frisch 在 1934 年提出，它原指模型的解释变量之间存在线性关系。在实际经济问题中，由于经济变量本身的性质，多重共线性问题普遍存在于计量经济学模型中。产生多重共线性的原因一般有以下三种：

第一，许多经济变量之间存在相关关系，有着共同的变化趋势，如国民经济发展使国民增加了收入，随之消费、储蓄和投资出现了共同增长。经济变量在时间上有共同变化的趋势。例如，在经济上升时期，收入、消费、就业率等都增长；在经济收缩时期，收入、消费、就业率等又都下降了。当这些变量同时进入模型后，就会带来多重共线性问题。如果采用其中的两个作为因变量（解释变量），就可能产生多重共线性问题。

第二，在回归模型中使用滞后因变量（解释变量）也可能产生多重共线性问题，由于经济变量的现期值和各滞后期值往往高度相关，因此，使用滞后因变量（解释变量）所形成的分布滞后模型就存在一定程度的多重共线性。

第三，样本数据也会引起多重共线性问题。根据回归模型的假设，因变量（解释变量)是非随机变量,由于收集的数据过窄而造成某些因变量(解释变量)似乎有相同或相反的变化趋势,也就是说,因变量(解释变量)即使在总体上不存在线性关系,其样本也可能是线性相关的。在此意义上说,多重共线性是一种样本现象。

当自变量近似线性相关时,$R = X'X$ 近似奇异矩阵,此时称设计矩阵 X 是"病态"的,这种"病态"的近似共线性数据的回归分析是本章讨论的主要内容。接下来,将通过案例来分析这种"病态"数据作回归分析存在的问题。

例 8.1 为了研究工业总产值(x_1)、农业总产值(x_2)、建筑业总产值(x_3)、社会商品零售总产值(x_4)对财政收入(y)的影响,请利用 1998~2012 年我国财政收入的相关数据进行合理分析,数据见表 8.1。

表 8.1 1998~2012 年我国财政收入相关数据

时 间	x_1	x_2	x_3	x_4	y
1998	34 018.4	14 241.9	10 062.0	39 229.3	9 876.0
1999	35 861.5	14 106.2	11 152.9	41 920.4	11 444.1
2000	40 033.6	13 873.6	12 497.6	45 854.6	13 395.2
2001	43 580.6	14 462.8	15 361.6	49 435.9	16 386.0
2002	47 431.3	14 931.5	18 527.2	53 056.6	18 903.6
2003	54 945.5	14 870.1	23 083.9	57 649.8	21 715.3
2004	65 210.0	18 138.4	29 021.5	65 218.5	26 396.5
2005	77 230.8	19 613.4	34 552.1	72 958.7	31 649.3
2006	91 310.9	21 522.3	41 557.2	82 575.5	38 760.2
2007	110 534.9	24 658.2	51 043.7	96 332.5	51 321.8
2008	130 260.2	28 044.2	62 036.8	111 670.4	61 330.4
2009	135 240.0	30 777.5	76 807.0	123 584.6	68 518.3
2010	160 722.2	36 941.1	96 031.1	140 758.7	83 101.5
2011	188 470.2	41 988.6	116 463.3	168 956.6	103 874.4
2012	199 671.0	46 940.5	137 217.9	190 423.8	117 253.5

为了直观地了解财政收入(y)与工业总产值(x_1)、农业总产值(x_2)、建筑业总产值(x_3)、社会商品零售总产值(x_4)之间的关系,首先绘制它们之间的矩阵式散点图(见图 8.1)。可以看到,y 和 x_1、x_2、x_3、x_4 之间存在明显的线性关系,故可用多元回归模型来分析它们之间的关系。

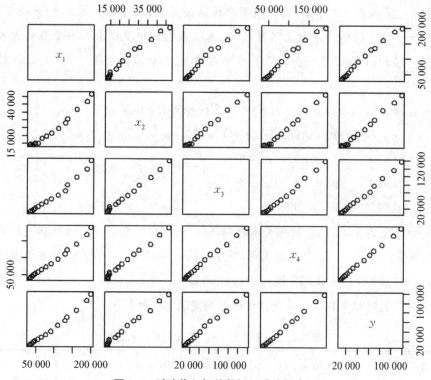

图 8.1　财政收入相关数据矩阵式散点图

接着,以 y 作为因变量,x_1、x_2、x_3 和 x_4 作为自变量,运用普通最小二乘法进行参数估计,得到如下回归结果(见表 8.2)及方差分析表(见表 8.3)。

表 8.2　财政收入相关数据多元回归结果

项　　目	Coefficients	Estimate Std. Error	t 值	$Pr(>\|t\|)$
Intercept	$-2.383e+04$	$6.995e+03$	-3.407	0.006 69
x_1	$2.673e-02$	$6.692e-02$	0.399	0.698 02
x_2	$6.786e-01$	$4.270e-01$	1.589	0.143 10
x_3	$-8.192e-02$	$2.011e-01$	-0.407	0.692 35
x_4	$6.068e-01$	$1.768e-01$	3.432	0.006 42

Adjusted R - squared：0.999 2

表 8.3　方差分析(1)

项　目	df	SS	MS	F	Significance F
回　归	4	16 952 492 446	4 238 123 111	4 480.141	3.235 78E−16
残　差	10	9 459 797.752	945 979.775 2		
总　和	14	16 961 952 244			

由表 8.2 和表 8.3 可知,回归模型整体是显著的,但在 $\alpha = 0.05$ 的水平下,自变量 x_1、x_2 和 x_3 的回归系数均不显著,这意味着它们中至少有一个变量对因变量的变异没有起到解释作用(或许解释作用被其他变量覆盖了),可以从回归模型中剔除。

然后,计算 x_1、x_2、x_3 和 x_4 的相关系数矩阵 R,结果如下:

$$R = \begin{pmatrix} 1 & 0.990 & 0.989 & 0.995 \\ 0.990 & 1 & 0.998 & 0.996 \\ 0.989 & 0.998 & 1 & 0.998 \\ 0.995 & 0.996 & 0.998 & 1 \end{pmatrix}$$

易知 x_1、x_2、x_3 与 x_4 的相关系数都超过 0.99,说明它们近似线性相关。若以 x_4 作为因变量,x_1、x_2 和 x_3 作为自变量,则可得到 x_4 关于 x_1、x_2 和 x_3 的多元回归模型:

$$x_4 = 0.298\,57 x_1 + 2.213\,89 x_2 + 0.175\,54 x_3 \tag{8.3}$$

模型中各回归系数及方差分析结果分别见表 8.4 和表 8.5。

表 8.4　x_4 关于 x_1、x_2 和 x_3 的回归系数表

项　目	Coefficients	Estimate Std. Error	t 值	$Pr(>|t|)$
x_1	0.298 573	0.094 39	3.163 183	0.008 172
x_2	2.213 89	0.266 509	8.307 014	$2.55e-06$
x_3	0.175 535	0.079 413	2.210 399	0.047 247

Adjusted R - squared: 0.999 2

表 8.5　方差分析(2)

项　目	df	SS	MS	F	Significance F
回　归	3	151 923 868 144.07	50 641 289 381	6 295.244	$4.55E-18$
残　差	12	96 532 477.60	8 044 373.133		
总　和	15	152 020 400 621.67			

结合表 8.4 和表 8.5 中的结果可知,在 $\alpha = 0.05$ 的水平下,回归模型(8.3)的整体和各回归系数都是显著的,这也意味着工业总产值(x_1)、农业总产值(x_2)、建筑业总产值(x_3)与社会商品零售总产值(x_4)之间的变化是相互影响的,它们之间存在着多重共线性关系。

最后,综合以上分析结论,可建立以财政收入(y)作为因变量,以社会商品零售总产值(x_4)作为自变量的回归模型,回归结果及其方差分析分别见表 8.6 和表 8.7。

表 8.6 财政收入相关数据回归结果

项 目	Coefficients	Estimate Std. Error	t 值	$Pr(>|t|)$
Intercept	$-1.968\,323e+04$	$5.773e+02$	-34.1	$4.19e-14$
x_4	$7.234\,666e-01$	$5.734e-03$	126.2	$<2e-16$

Adjusted R - squared：0.999 1

表 8.7 方差分析(3)

项 目	df	SS	MS	F	Significance F
回 归	1	16 948 111 950.55	16 948 111 950.55	15 919.13	$1.83E-21$
残 差	13	13 840 293.20	1 064 637.939		
总 和	14	16 961 952 243.75			

结果表明,社会商品零售总产值(x_4)每增加一单位,财政收入(y)平均增加约 0.723单位。

例 8.2 表 8.8 是 Malinvand 于 1966 年研究法国经济问题的一组数据,所考虑的因变量为进口总额(y),三个自变量分别为国内总产值(x_1)、储存量(x_2)和总消费量(x_3)。现收集了 1949~1959 年共 11 年的数据,具体数值见表 8.8,单位均为十亿法郎。

表 8.8 1949~1959 年法国进口总额相关数据

序号(年份)	x_1	x_2	x_3	y
1(1949)	149.3	4.2	108.1	15.9
2(1950)	171.5	4.1	114.8	16.4
3(1951)	175.5	3.1	123.2	19.0
4(1952)	180.8	3.1	126.9	19.1
5(1953)	190.7	1.1	132.1	18.8
6(1954)	202.1	2.2	137.7	20.4
7(1955)	202.1	2.1	146.0	22.7
8(1956)	212.4	5.6	154.1	26.5
9(1957)	226.1	5.0	162.3	28.1
10(1958)	231.9	5.1	164.3	27.6
11(1959)	239.0	0.7	167.6	26.3

对于上述问题,直接运用普通最小二乘法估计因变量 y 关于自变量 x_1、x_2 和 x_3 的回归模型,其结果为:

$$\hat{y} = -8.620\,3 - 0.074\,2x_1 + 0.510\,4x_2 + 0.311\,6x_3 \tag{8.4}$$

模型中各回归系数及方差分析结果分别见表 8.9 和表 8.10。

表 8.9   1949～1959 年法国进口总额相关数据回归结果

项　目	Estimate	Std. Error	t 值	$Pr(>\|t\|)$
(Intercept)	−8.620 264 109	0.896 900 522	−9.611 170 798	2.78E−05
x_1	−0.074 170 907	0.027 559 183	−2.691 331 829	0.031 025 857
x_2	0.510 442 664	0.075 272 117	6.781 298 064	0.000 257 551
x_3	0.311 554 391	0.037 278 495	8.357 483 01	6.89E−05

Adjusted R - squared: 0.993 9

表 8.10   方差分析(4)

项　目	df	SS	MS	F	Significance F
回　归	3	205.564 1	68.521 36	541.974 2	1.2E−08
残　差	7	0.885 004	0.126 429		
总　和	10	206.449 1			

由表 8.9 和表 8.10 可以看到,在 $\alpha = 0.05$ 的水平下,回归模型(8.4)式整体和各回归系数均是显著的。然而,国内总产值(x_1)的系数为负,这不符合法国当时背景下的经济意义。因为法国是一个原材料进口国,当国内总产值(x_1)增加时,进口总额(y)也应该增加,所以,国内总产值(x_1)的回归系数符号应该为正号,其原因是自变量 x_1、x_2 和 x_3 之间存在多重共线性。

可以计算 x_1、x_2 和 x_3 之间的相关系数矩阵 $R = \begin{bmatrix} 1 & 0.026 & 0.997 \\ 0.026 & 1 & 0.036 \\ 0.997 & 0.036 & 1 \end{bmatrix}$,易知

x_1 与 x_3 之间的相关系数高达 0.997,说明 x_1 与 x_3 近似线性相关。若将 x_3 作为因变量,x_1 作为自变量,则可得到 x_3 关于 x_1 的一元线性回归模型:

$$x_3 = 0.705\,1x_1 \tag{8.5}$$

模型中各回归系数及方差分析结果分别见表 8.11 和表 8.12。

表 8.11 x_3 关于 x_1 的回归系数

项 目	Estimate	Std. Error	t 值	$Pr(>|t|)$
x_1	0.705 082	0.005 123	137.635 9	$1.01E-17$

表 8.12 方差分析(5)

项 目	df	SS	MS	F	Significance F
回 归	1	218 931	218 931	18 943.63	$2.87E-16$
残 差	10	115.569 7	11.556 97		
总 和	11	219 046.6			

此时,运用普通最小二乘法估计因变量 y 关于自变量 x_2 和 x_3 的回归模型,可得结果:

$$\hat{y} = -9.742\ 7 + 0.596\ 1x_2 + 0.212\ 3x_3 \tag{8.6}$$

模型中各回归系数及方差分析结果分别见表 8.13 和表 8.14。

表 8.13 1949~1959 年法国进口总额相关数据回归结果修正

项 目	Estimate	Std. Error	t Value	$Pr(>|t|)$
(Intercept)	$-9.742\ 74$	1.059 489	$-9.195\ 7$	$1.58E-05$
x_2	0.596 052	0.091 028	6.548 002	0.000 179
x_3	0.212 305	0.007 276	29.180 41	$2.06E-09$

表 8.14 方差分析(6)

项 目	df	SS	MS	F	Significance F
回 归	2	204.648 3	102.324 2	454.580 9	$5.79E-09$
残 差	8	1.800 765	0.225 096		
总 和	10	206.449 1			

通过上面两个案例可以看到,当自变量之间存在多重共线性时,直接应用普通最小二乘法估计出的回归系数可能是不显著的,或者是有悖于实际意义的。实际上,多重共线性也会使得回归模型的预测结果遭受质疑。

第二节 多重共线性的诊断

造成自变量之间存在多重共线性问题的原因是多样的,如选取了过多的自变量、选

取的自变量客观上存在相关关系、数据采集所用的方法等。自变量之间的多重共线性
会给回归分析带来各种常见问题，如回归参数不显著、参数意义不合理、参数估计不稳
定等。因此，在建立回归模型的过程中有必要对自变量的样本进行多重共线性检验。

设多元线性回归模型中自变量（解释变量）的相关系数矩阵 $R = X'X$ 的特征根为
$\lambda_1 \geqslant \lambda_2 \geqslant \cdots \geqslant \lambda_p > 0$，则由线性代数知识可知，$\sum\limits_{j=1}^{p} \lambda_j = p$，且有 $|R| = |X'X| = \prod\limits_{j=1}^{p} \lambda_j$。当自变量之间出现多重共线性时，$|R| = |X'X| \approx 0$。此时，必定有 $\lambda_p \approx 0$。
考虑到 $\lambda_1, \lambda_2, \cdots, \lambda_p$ 之和为常数，且它们均非负，故 λ_1 不会太小。此时，虽然最小二
乘估计 $\hat{\beta}$ 仍为 β 的具有最小方差的线性无偏估计，但是从均方误差的意义来看，$\hat{\beta}$ 并非
是 β 的好估计。

在说明上述问题前，需要给出一些定义及其相关性质。根据数理统计知识可知，
均方误差（Mean Squared Error，MSE）是指参数估计值与参数真值之差平方的期望
值，即 θ 为一元未知参数，$\hat{\theta}$ 为其参数估计量，则 $\text{MSE}(\hat{\theta}) = \text{E}(\hat{\theta} - \theta)^2$，当参数估计 $\hat{\theta}$
是参数 θ 的无偏估计时，$\text{MSE}(\hat{\theta})$ 即为 $\text{Var}(\hat{\theta})$。MSE 是衡量"平均误差"的一种较方
便的方法，MSE 可以评价数据的变化程度，MSE 的值越小，说明预测模型描述实验数
据具有更好的精确度。

本节需要给出参数向量 β 的有偏估计，并且需要将其与最小二乘估计 $\hat{\beta}$ 进行比
较，所以必须定义一个能够进行比较的平台，而以往用于比较无偏估计好坏的有效性
显然不能再被使用了。因此，在均方误差意义下对它们进行优劣比较是可行的。首
先，定义向量 $\hat{\beta} - \beta$ 的范数，下面所讨论的参数及其估计量都是向量。

定义 8.1　设 θ 为参数向量，$\hat{\theta}$ 为 θ 的估计量，则：

$$\| \hat{\theta} - \theta \| = \sqrt{(\hat{\theta} - \theta)'(\hat{\theta} - \theta)}$$

称其为向量 $\hat{\theta} - \theta$ 的范数，即这里 $\| \cdot \|$ 是向量的范数，其平方等于向量各分量
的平方和。

定义 8.2　设 θ 为参数向量，$\hat{\theta}$ 为 θ 的估计量，则：

$$\text{MSE}(\hat{\theta}) = \text{E}[(\hat{\theta} - \theta)'(\hat{\theta} - \theta)]$$
$$= \text{E}(\| \hat{\theta} - \theta \|)^2$$

其被称为 $\hat{\theta}$ 的均方误差。对于线性回归模型来说，参数 β 的最小二乘估计 $\hat{\beta}$ 的均
方误差即为 $\sum\limits_{j=0}^{p} \text{Var}(\hat{\beta}_j)$。为进一步计算 $\text{MSE}(\hat{\theta})$，还需要给出如下引理：

引理 8.1　$\text{MSE}(\hat{\theta}) = \text{tr}[\text{Cov}(\hat{\theta})] + \| E\hat{\theta} - \theta \|^2$，其中 $\text{tr}(A)$ 为矩阵 A 的迹。

证明：

$$
\begin{aligned}
\mathrm{MSE}(\hat{\theta}) &= \mathrm{E}[(\hat{\theta}-\theta)'(\hat{\theta}-\theta)] \\
&= \mathrm{E}[(\hat{\theta}-E\hat{\theta})+(E\hat{\theta}-\theta)]'[(\hat{\theta}-E\hat{\theta})+(E\hat{\theta}-\theta)] \\
&= \mathrm{E}[(\hat{\theta}-E\hat{\theta})'(\hat{\theta}-E\hat{\theta})]+(E\hat{\theta}-\theta)'(E\hat{\theta}-\theta) \\
&= \Delta_1 + \Delta_2
\end{aligned}
$$

对于可乘矩阵 $A_{m\times n}$ 和 $B_{n\times m}$，$\mathrm{tr}(AB)=\mathrm{tr}(BA)$，所以：

$$
\begin{aligned}
\Delta_1 &= \mathrm{E}[\mathrm{tr}(\hat{\theta}-E\hat{\theta})'(\hat{\theta}-E\hat{\theta})] \\
&= \mathrm{E}[\mathrm{tr}(\hat{\theta}-E\hat{\theta})(\hat{\theta}-E\hat{\theta})'] \\
&= \mathrm{tr}\{\mathrm{E}[(\hat{\theta}-E\hat{\theta})(\hat{\theta}-E\hat{\theta})']\} \\
&= \mathrm{tr}[\mathrm{Cov}(\hat{\theta})]
\end{aligned}
$$

而 $\Delta_2 = (E\hat{\theta}-\theta)'(E\hat{\theta}-\theta) = \|E\hat{\theta}-\theta\|^2$。

上述引理说明 $\hat{\theta}$ 的均方误差可以分解为两项之和，其中一项为 $\hat{\theta}$ 的各分量方差之和，另一项为 $\hat{\theta}$ 的各分量偏差的平方和，即估计量 $\hat{\theta}$ 的均方误差是由它的各分量的方差和偏差所决定的，好的估计量的各分量的方差和偏差都应该较小。

回到线性回归问题，设对应于特征根 $\lambda_1 \geqslant \lambda_2 \geqslant \cdots \geqslant \lambda_p > 0$ 的单位化的相互正交的特征向量为 $l_1, l_2, \cdots, l_p$。

记以特征根为对角元的对角阵为：

$$
\Lambda = \begin{bmatrix} \lambda_1 & & & \\ & \lambda_2 & & \\ & & \ddots & \\ & & & \lambda_p \end{bmatrix} \tag{8.7}
$$

并且记以特征向量为列向量的正交阵为：

$$
L = (l_1 \quad l_2 \quad \cdots \quad l_p) \tag{8.8}
$$

则最小二乘估计 $\hat{\beta}$ 的均方误差为：

$$
\mathrm{MSE}(\hat{\beta}) = \mathrm{E}[(\hat{\beta}-\beta)'(\hat{\beta}-\beta)] = \sigma^2 \sum_{i=1}^{p} \frac{1}{\lambda_i} \tag{8.9}
$$

且：

$$
\mathrm{Var}[(\hat{\beta}-\beta)'(\hat{\beta}-\beta)] = 2\sigma^4 \sum_{i=1}^{p} \frac{1}{\lambda_i^2} \tag{8.10}
$$

这是因为：

$$\begin{aligned}
\mathrm{MSE}(\hat{\beta}) &= \mathrm{tr}[\mathrm{Cov}(\hat{\beta})] \\
&= \sigma^2 \mathrm{tr}(X'X)^{-1} \\
&= \sigma^2 \mathrm{tr}(L'\Lambda L)^{-1} \\
&= \sigma^2 \mathrm{tr}(L\Lambda^{-1}L') \\
&= \sigma^2 \mathrm{tr}(\Lambda^{-1}L'L) \\
&= \sigma^2 \mathrm{tr}(\Lambda^{-1}) \\
&= \sigma^2 \sum_{i=1}^{p} \frac{1}{\lambda_i}
\end{aligned}$$

根据文献①可知：

$$\begin{aligned}
\mathrm{Var}[(\hat{\beta}-\beta)'(\hat{\beta}-\beta)] &= 2\sigma^4 \mathrm{tr}(X'X)^{-1}(X'X)^{-1} \\
&= 2\sigma^4 \mathrm{tr}(\Lambda^{-2}) \\
&= 2\sigma^4 \sum_{i=1}^{p} \frac{1}{\lambda_i^2}
\end{aligned}$$

因此，根据(8.9)式、(8.10)式，当 x_1，x_2，$\cdots$，x_p 存在多重共线性关系时，由于特征根 $\lambda_1 \geqslant \lambda_2 \geqslant \cdots \geqslant \lambda_p > 0$ 中，从某个 λ_j 开始都会变得很小，因此，上述两式给出了向量 $\hat{\beta}-\beta$ 长度平方的期望值和方差。由于它们都依赖于特征根，因此，向量 $\hat{\beta}-\beta$ 的范数均值将很大，并且其波动也很大。这样，最小二乘估计 $\hat{\beta}$ 仍为 β 的具有最小方差的线性无偏估计，但是范数 $\| \hat{\beta}-\beta \|^2$ 的均值和方差都很大，$\hat{\beta}$ 已经变得很差了。

这样，判断解释变量 x_1，x_2，$\cdots$，x_p 之间是否存在多重共线性关系是一个很重要的问题。鉴于此，接下来将介绍判断多重共线性的特征根法、条件指数法和方差膨胀因子判断方法。另外，根据多元回归模型参数的显著性特征介绍可决系数法和 Klein 判别法以判断多重共线性。

(1) 可决系数法。若线性回归模型的可决系数 R^2 很高，F 值很大，但部分或者全部回归参数不显著，则需要怀疑自变量之间存在多重共线性。

(2) Klein 判别法。若存在两个自变量之间的相关系数的绝对值大于可决系数 R^2，即 $| r_{x_i x_j} | > R^2$，则需要高度怀疑自变量之间存在多重共线性。

(3) 特征根法。根据矩阵的性质，矩阵的行列式等于其特征根的乘积。当自变量之间存在多重共线性时，行列式 $| X'X | \approx 0$，从而矩阵 $X'X$ 至少有一个特征根近似等于零。②

---

① Graham M. H. Confronting Multicollinearity in Ecological Multiple Regression [J]. Ecology，2003，84：2809 - 2815.

② 特征根取值为多少时可以被认为是近似等于零还没有一个公认的标准。

（4）条件指数法。条件指数 $CI = \sqrt{\dfrac{\lambda_{\max}}{\lambda_{\min}}}$，其中 $\lambda_{\max}$ 和 $\lambda_{\min}$ 分别表示矩阵 $R = X^T X$ 的最大和最小特征根，它衡量了特征根的分散程度，可以用来判断多重共线性是否存在，以及多重共线性的严重程度。一般地，当 $0 < CI < 10$ 时，认为自变量之间没有多重共线性；当 $10 < CI < 100$ 时，认为自变量之间存在较强的多重共线性；当 $100 < CI$ 时，认为自变量之间存在严重的多重共线性。

（5）方差膨胀因子。自变量 x_j 的方差膨胀因子 $VIF_j = C_{jj} = \dfrac{1}{1 - R_j^2}$，$j = 1$，$2$，$\cdots$，$p$，其中 C_{jj} 为 $(X'X)^{-1}$ 中的第 j 个对角线元素，R_j^2 表示 x_j 作为因变量关于其他 $p - 1$ 个自变量的回归可决系数。显然，方差膨胀因子 VIF_j 刻画了 x_j 与其余自变量之间的线性关系。一般地，当其值超过 10 时，可认为模型中的自变量之间存在多重共线性。如果 $VIF < 5$，则认为自变量之间不存在多重共线性关系。

下面分别通过上述 5 种多重共线性诊断方法来检验例 8.1 中自变量之间的多重共线性，分析过程及其结果如下：

一是采用可决系数法。由表 8.2 中的回归结果可知，回归模型的可决系数 $R^2 = 0.999\,4$ 很高，$F = 4\,480$ 很大，而 X_1 和 X_3 的回归参数都不显著，故怀疑自变量之间存在多重共线性。

二是采用 Klein 判别法。案例 8.1 中已经计算出自变量 x_1、x_2、x_3 和 x_4 的相关系数矩阵 R：

$$R = \begin{pmatrix} 1 & 0.990 & 0.989 & 0.995 \\ 0.990 & 1 & 0.998 & 0.996 \\ 0.989 & 0.998 & 1 & 0.998 \\ 0.995 & 0.996 & 0.998 & 1 \end{pmatrix}$$

由相关系数矩阵结果易知，$r_{x_1 x_4} = 0.995$，$r_{x_2 x_4} = 0.996$，$r_{x_3 x_4} = 0.998$，它们均大于可决系数 $R^2 = 0.999\,4$，故怀疑自变量之间存在多重共线性。

三是采用特征根法。计算矩阵 $R = X'X$ 的特征根，得到特征根的最小值为 $1.933\,105e-02$，比较接近 0，故可怀疑自变量之间存在多重共线性。

四是采用条件指数法。计算矩阵 $R = X'X$ 的特征根，得到特征根的最大值和最小值分别为 $3.976\,596e+11$ 和 $1.933\,105e-02$，从而可得条件指数 $CI = 166.179\,1 > 100$，故可高度怀疑自变量之间存在多重共线性。

五是采用方差膨胀因子法。利用方差膨胀因子法可求得例 8.1 中的工业总产值（x_1）、农业总产值（x_2）、建筑业总产值（x_3）和社会商品零售总产值（x_4）的方差膨胀因子值分别为 213.395 5、325.843 4、990.527 1 和 1 070.178 4,都远远大于 10,故可以高度怀疑自变量之间存在多重共线性。

小结

本章主要讨论多重共线性数据在建立回归模型过程中遇到的问题及处理方法。由于多重共线性直接应用普通最小二乘法估计出的参数将是不可信的,其原因是被估计参数的均方误差很大,因此在回归分析前有必要进行变量之间的多重共线性检验。

另外,根据被估计参数的均方误差变大的根本原因,本章给出了变量之间的多重共线性诊断方法。

习题八

1. 一组预测变量数据的相关矩阵的特征值为 4.603、1.175、0.203、0.015、0.003、0.001,相应的特征向量列于下表:

项　目	L_1	L_2	L_3	L_4	L_5	L_6
x_1	−0.462	0.058	−0.149	−0.793	0.338	−0.135
x_2	−0.462	0.053	−0.278	0.122	−0.150	0.818
x_3	−0.321	−0.596	0.728	−0.008	0.009	0.107
x_4	−0.202	0.798	0.562	0.077	0.024	0.018
x_5	−0.462	−0.046	−0.196	0.590	0.549	−0.312
x_6	−0.465	0.001	−0.128	0.052	−0.750	−0.450

要求:

(1) 在这组数据中有多少个多重共线性变量? 为什么?

(2) 每个共线性变量集合中含有哪些变量? 为什么?

2. 已知 25 家银行的不良贷款额及其相关数据如下:

序号	不良贷款额 Y(万元)	贷款余额 x_1(万元)	本年累计应收贷款 x_2(万元)	贷款项目数 x_3(个)	本年固定资产投资额 x_4(万元)
1	1 800	134 600	13 600	10	103 800
2	2 200	222 600	39 600	32	181 800
3	9 600	346 000	15 400	34	147 400
4	6 400	161 600	14 400	20	29 000
5	15 600	399 400	33 000	38	126 400
6	5 400	32 400	4 400	2	4 400

（续表）

序号	不良贷款额 Y（万元）	贷款余额 x_1（万元）	本年累计应收贷款 x_2（万元）	贷款项目数 x_3（个）	本年固定资产投资额 x_4（万元）
7	3 200	214 800	21 400	34	40 400
8	2 500	370 800	54 200	36	87 600
9	2 000	192 200	3 400	20	111 800
10	5 200	145 600	18 200	28	128 600
11	600	128 400	4 200	22	85 400
12	8 000	264 400	22 400	46	153 400
13	1 600	117 200	12 000	28	45 600
14	7 000	349 200	25 400	52	234 200
15	20 400	527 000	31 200	68	293 600
16	6 000	158 600	17 800	30	59 800
17	400	29 600	1 200	4	84 200
18	800	147 000	11 800	22	50 600
19	2 000	49 400	10 000	8	26 800
20	13 600	278 800	14 400	56	128 600
21	23 200	736 400	33 600	64	327 800
22	3 200	191 400	7 600	20	89 000
23	2 400	219 100	20 600	28	135 800
24	14 400	392 400	31 600	32	79 400
25	6 400	204 400	24 000	20	194 200

要求：

(1) 分析变量之间的相关关系。

(2) 建立 Y 对于 4 个自变量的线性回归模型，变量之间是否存在多重共线性？为什么？

(3) 对所得到的回归系数的含义进行解释，分析回归系数是否合理并给出解释。

3. 为分析汽车油耗的影响因素问题，收集了 30 种型号的汽车基础数据如下：

序号	油耗 Y（加仑/英里）	排气量 x_1（立方英寸）	马力 x_2	扭矩 x_3	压缩比 x_4	后轴动力比 x_5	化油器 x_6	变速档数 x_7	整体长度 x_8（英寸）	宽度 x_9（英寸）	重量 x_{10}（磅）	是否自动 x_{11}
1	18.90	350.0	165	260	8.00	2.56	4	4	200.3	70	3 910	是
2	17.00	350.0	170	275	8.50	2.56	4	3	199.6	73	3 860	是
3	20.00	250.0	105	185	8.25	2.73	1	3	196.7	72	3 510	是
4	18.30	351.0	143	255	8.00	3.00	2	3	199.9	74	3 890	是

（续表）

序号	油耗 Y（加仑/英里）	排气量 x_1（立方英寸）	马力 x_2	扭矩 x_3	压缩比 x_4	后轴动力比 x_5	化油器 x_6	变速档数 x_7	整体长度 x_8（英寸）	宽度 x_9（英寸）	重量 x_{10}（磅）	是否自动 x_{11}
5	20.10	225.0	95	170	8.40	2.76	1	3	194.1	72	3 365	否
6	11.20	440.0	215	330	8.20	2.88	4	3	184.5	69	4 215	是
7	22.10	231.0	110	175	8.00	2.56	2	3	179.3	65	3 020	是
8	21.50	262.0	110	200	8.50	2.56	2	3	179.3	65	3 180	是
9	34.70	89.7	70	81	8.20	3.90	2	4	155.7	64	1 905	否
10	30.40	96.9	75	83	9.00	4.30	2	5	165.2	65	2 320	否
11	16.50	350.0	155	250	8.50	3.08	4	3	195.4	74	3 885	是
12	36.50	85.3	80	83	8.50	3.89	2	4	160.6	62	2 009	否
13	21.50	171.0	109	146	8.20	3.22	2	4	170.4	67	2 655	否
14	19.70	258.0	110	195	8.00	3.08	1	3	171.5	77	3 375	是
15	20.30	140.0	83	109	8.40	3.40	2	4	168.8	69	2 700	否
16	17.80	302.0	129	220	8.00	3.00	2	3	199.9	74	3 890	是
17	14.40	500.0	190	360	8.50	2.73	4	3	224.1	80	5 290	是
18	14.90	440.0	215	330	8.20	2.71	4	3	231.0	80	5 185	是
19	17.80	350.0	155	250	8.50	3.08	4	3	196.7	72	3 910	是
20	16.40	318.0	145	255	8.50	2.45	2	3	197.6	71	3 660	是
21	23.50	231.0	110	175	8.00	2.56	2	4	179.3	65	3 050	是
22	21.50	360.0	180	290	8.40	2.45	2	3	214.2	76	4 250	是
23	31.90	96.9	75	83	9.00	4.30	2	3	165.2	62	2 275	否
24	13.30	460.0	223	366	8.00	3.00	4	3	228.0	80	5 430	是
25	23.90	133.6	96	120	8.40	3.91	2	3	171.5	63	2 535	否
26	19.70	318.0	140	255	8.50	2.71	2	3	215.3	76	4 370	是
27	13.90	351.0	148	243	8.00	3.25	2	4	215.5	79	4 540	是
28	13.30	351.0	148	243	8.00	3.26	2	3	216.1	79	4 715	是
29	13.80	360.0	195	295	8.25	3.15	4	3	209.3	77	4 215	是
30	16.50	350.0	165	255	8.50	2.73	4	3	185.2	69	3 660	是

要求：

（1）计算自变量之间的相关系数矩阵。

（2）自变量之间是否存在多重共线性？请说明理由。

（3）建立 Y 对于 11 个自变量的线性回归模型，说明模型是否合理，并给出理由。

第九章 多元线性回归模型的有偏估计

第一节 引言

模型参数 β 的估计依赖于观测样本,样本是随机的(至少 Y 是随机的),因此,估计量 $\hat{\beta}$ 也是随机的。这意味着用已知样本估计出的参数值并不一定恰好等于被估计参数的真值,它们之间存在估计误差。自然地,希望所有样本对应的估计误差尽可能地在 0 附近波动,且其期望值等于 0,即:

$$\mathrm{E}(\hat{\beta} - \beta) = \mathrm{E}(\hat{\beta}) - \beta = 0$$

满足上述要求的估计量 $\hat{\beta}$ 被称为参数 β 的无偏估计,它被认为是参数估计量所应有的一个优良性质。

在多元线性回归模型中,若自变量之间不相关,则估计量 $\hat{\beta} = (X^T X)^{-1} X^T Y$ 是模型参数 β 的最好线性无偏估计量;若自变量之间出现多重共线性,则 $\hat{\beta} = (X^T X)^{-1} X^T Y$ 仍是 β 的无偏估计,但 $\hat{\beta}$ 中各元素的方差很大,意味着用不同样本估计出来的参数值的差异性会很大,稳定性不好。此时,有必要对参数估计量的无偏性和稳定性做一定的权衡,即寻找稳定性良好、期望偏离真值不大的有偏估计量来估计模型的真实参数。

在讨论有偏估计的性质时,需要把回归模型进行变形,主要通过变换使得转换后模型的设计矩阵 Z 满足 $Z'Z$ 是对角矩阵,此时,模型的参数向量 β 也将发生变化。而转换后的参数向量实际上是原参数向量 β 的一个线性变换,我们关心的是其统计性质是否与原参数向量 β 一致,下面我们给出回归模型典则形式的定义及其相应的性质。

定义 9.1 设回归模型 $Y = X\beta + \varepsilon$,我们可将其写为:

$$Y = Z\alpha + \varepsilon \tag{9.1}$$

其中:$Z = XL$,$\alpha = L'\beta$。这里的 L 为(8.8)式所给,(9.1)式称为回归模型的典则形式。

对于均方误差来说,回归模型典则形式的参数向量 α 的最小二乘估计 $\hat{\alpha}$ 与原模型参数向量 β 的最小二乘估计 $\hat{\beta}$ 是相等的。

引理 9.1   回归模型典则形式的参数向量 α 的最小二乘估计 $\hat{\alpha}$ 与原模型参数向量 β 的最小二乘估计 $\hat{\beta}$ 的均方误差相等,即:

$$\text{MSE}(\hat{\alpha}) = \text{MSE}(\hat{\beta})$$

证明:

$$\begin{aligned}
\text{MSE}(\hat{\alpha}) &= \text{MSE}(L'\hat{\beta}) \\
&= \text{tr}[\text{Cov}(L'\hat{\beta})] \\
&= \text{tr}[L'\text{Cov}(\hat{\beta})L] \\
&= \text{tr}[\text{Cov}(\hat{\beta})LL'] \\
&= \text{tr}[\text{Cov}(\hat{\beta})] \\
&= \text{MSE}(\hat{\beta})
\end{aligned}$$

基于上述思想,本章将重点介绍岭估计和主成分估计这两种常见的有偏估计方法;另外,也将对广义岭估计和 Stein 估计这两种有偏估计方法进行介绍。

第二节   岭估计

岭估计(Ridge Estimate)是由 Hoerl 于 1962 年首先提出的。1970 年,Hoerl 和 Kennard 在此基础上进一步给予了系统讨论。自 1970 年以来,这种估计的研究和应用得到了广泛的重视,目前已经成为最有影响的一种有偏估计方法。

一、岭估计的定义与性质

岭估计提出的想法很自然。当 $x_1, x_2, \cdots, x_p$ 之间存在多重共线性关系时,也就是 $|X'X| \approx 0$,我们设想给 $X'X$ 加上一个正常数矩阵 $k \cdot I(k > 0)$,那么,$(X'X + k \cdot I)^{-1}$ 接近奇异的可能性要比 $(X'X)^{-1}$ 接近奇异的可能性小得多,因此,用:

$$\hat{\beta}(k) = (X'X + k \cdot I)^{-1}X'y \tag{9.2}$$

作为 β 的估计应该比最小二乘估计稳定。为此,可以给出岭估计的定义。

定义 9.2   设 $0 \leqslant k < \infty$,满足(9.2)式的 $\hat{\beta}(k)$ 被称为 β 的岭估计。由 β 的岭估计建立的回归方程被称为岭回归方程,其中,常数 k 被称为岭参数。对于岭回归系数 $\hat{\beta}(k) = [\hat{\beta}_1(k), \cdots, \hat{\beta}_p(k)]$ 中的每一个分量 $\hat{\beta}_j(k)$ 来说,在直角坐标系中,$k - \hat{\beta}_j(k)$ 的图像被称为岭迹。

由定义 9.2 可知,$\hat{\beta}(k)$ 仍是 β 的线性估计,且当 $k=0$ 时,$\hat{\beta}(0)$ 为原来的最小二乘

估计。下面介绍岭估计的一些重要性质。

性质 9.1　$\hat{\beta}(k)$ 是 β 的有偏估计。

证明：

$$\begin{aligned}
\mathrm{E}[\hat{\beta}(k)] &= \mathrm{E}[(X'X + k \cdot I)^{-1} X' y] \\
&= (X'X + k \cdot I)^{-1} X' \mathrm{E}(y) \\
&= (X'X + k \cdot I)^{-1} X' X \beta
\end{aligned} \tag{9.3}$$

显然，只有当 $k = 0$ 时，$\mathrm{E}[\hat{\beta}(k)] = \beta$；当 $k \neq 0$ 时，$\hat{\beta}(k)$ 是 β 的有偏估计。

性质 9.2　$\hat{\beta}(k) = (X'X + k \cdot I)^{-1} X' y$ 是最小二乘估计 $\hat{\beta}$ 的一个线性变换。

证明：

$$\begin{aligned}
\hat{\beta}(k) &= (X'X + k \cdot I)^{-1} X' y \\
&= (X'X + k \cdot I)^{-1} X' X (X'X)^{-1} X' y \\
&= (X'X + k \cdot I)^{-1} X' X \hat{\beta}
\end{aligned}$$

因此，岭估计 $\hat{\beta}(k)$ 是最小二乘估计 $\hat{\beta}$ 的一个线性变换。

性质 9.3　对于任意 $k > 0$，$\| \hat{\beta} \| \neq 0$，总有：

$$\| \hat{\beta}(k) \| < \| \hat{\beta} \| \tag{9.4}$$

证明：

对于回归模型的典则形式(9.1)式，有 $Z'Z = L'X'XL = \Lambda$

故可推导出 α 的最小二乘估计为：

$$\hat{\alpha} = \Lambda^{-1} Z' Y \tag{9.5}$$

而 β 的最小二乘估计 $\hat{\beta}$ 与 $\hat{\alpha}$ 有如下关系：

$$\hat{\beta} = L \hat{\alpha} \tag{9.6}$$

相应的岭估计分别是：

$$\hat{\alpha}(k) = (\Lambda + k \cdot I)^{-1} Z' Y \tag{9.7}$$

$$\hat{\beta}(k) = L \hat{\alpha}(k) \tag{9.8}$$

所以，有：

$$\| \hat{\beta}(k) \| = \| \hat{\alpha}(k) \| = \| (\Lambda + k \cdot I)^{-1} \Lambda \hat{\alpha} \| < \| \hat{\alpha} \| = \| \hat{\beta} \|$$

性质 9.3 表明，$\hat{\beta}(k)$ 是对 $\hat{\beta}$ 向原点的压缩。这是因为：

$$\begin{aligned}
\mathrm{MSE}(\hat{\beta}) &= \mathrm{E}[(\hat{\beta} - \beta)'(\hat{\beta} - \beta)] \\
&= \mathrm{E}[\beta'\beta] - \beta'\beta
\end{aligned}$$

$$E \| \hat{\beta}(k) \|^2 = \| \beta \|^2 + MSE(\hat{\beta})$$

$$= \| \beta \|^2 + \sigma^2 \sum_{i=1}^{p} \frac{1}{\lambda_i} \tag{9.9}$$

当设计矩阵 X 呈病态时,(9.9)式的第二项将会很大,所以平均来说,最小二乘估计 $\hat{\beta}$ 偏长,对它作适当压缩是应该的。这从另一个侧面说明了岭估计的合理性。下面的性质从均方误差意义上说明岭估计要优于最小二乘估计。

性质 9.4 必存在一个 $k > 0$,使 $MSE[\hat{\beta}(k)] < MSE[\hat{\beta}(0)]$。

证明:

根据(9.8)式,只需证明存在一个 $k > 0$,使 $MSE[\hat{\alpha}(k)] < MSE[\hat{\alpha}(0)]$ 即可,因为:

$$Cov[\hat{\alpha}(k)] = \sigma^2 (\Lambda + k \cdot I)^{-1} \Lambda (\Lambda + k \cdot I)^{-1}$$

$$E[\hat{\alpha}(k)] = (\Lambda + k \cdot I)^{-1} Z'Z\alpha$$

$$= (\Lambda + k \cdot I)^{-1} \Lambda \alpha$$

$$MSE[\hat{\alpha}(k)] = tr\{Cov[\hat{\alpha}(k)]\} + \| E[\hat{\alpha}(k)] - \alpha \|$$

$$= \sigma^2 \sum_{i=1}^{p} \frac{\lambda_i}{(\lambda_i + k)^2} + k^2 \sum_{i=1}^{p} \frac{\alpha_i^2}{(\lambda_i + k)^2}$$

$$\hat{=} g_1(k) + g_2(k)$$

$$\hat{=} g(k) \tag{9.10}$$

对上述函数关于 k 求导,得:

$$g_1'(k) = -2\sigma^2 \sum_{i=1}^{p} \frac{\lambda_i}{(\lambda_i + k)^3} \tag{9.11}$$

$$g_2'(k) = 2k \sum_{i=1}^{p} \frac{\lambda_i \alpha_i^2}{(\lambda_i + k)^3} \tag{9.12}$$

因为 $g_1'(0) < 0$、$g_2'(0) = 0$,所以 $g'(0) < 0$。而 $g_1'(k)$ 和 $g_2'(k)$ 在 $k \geqslant 0$ 上都连续,因此,当 $k > 0$ 且充分小时,有 $g'(k) = g_1'(k) + g_2'(k) < 0$。从而证明了,在 $k > 0$ 且充分小时,$g(k) = MSE[\hat{\alpha}(k)]$ 是减函数。故存在 $k > 0$,使 $g(k) < g(0)$,即 $MSE[\hat{\alpha}(k)] < MSE[\hat{\alpha}(0)]$,从而证明了性质 9.4。

二、岭参数 k 的选择

引进岭估计的目的是减少参数估计的均方误差,提高参数估计的稳定性。性质 9.4 指出了这样的岭估计的存在性。从 $g'(k) = g_1'(k) + g_2'(k)$ 的表达式来看,关于最

优的 k 的选择不但依赖于模型的未知参数 β 和 σ^2，而且这种依赖关系没有显式表示。这就使得对于 k 值的确定变得非常困难。到目前为止，已经提出多种确定 k 值的方法，但是，在这些已经提出的方法中，我们还没有找到一种最优的确定 k 值的方法。下面我们介绍几种常用的 k 值的确定方法。

（一）岭迹法

岭估计 $\hat{\beta}(k)=(X'X+k\cdot I)^{-1}X'y$ 的分量 $\hat{\beta}_i(k)$ 作为 k 的函数，当 k 在 $[0,+\infty)$ 变化时，在平面直角坐标系中 $k-\hat{\beta}_j(k)$ 所描绘的图像称为岭迹。利用岭迹可以选择 k，其原则如下：（1）各回归系数的岭估计基本稳定；（2）用最小二乘估计时，符号不合理的回归系数的岭估计的符号将变得合理；（3）回归系数没有不合理的符号；（4）残差平方和增大不多。

关于岭迹的计算问题，如果按照其定义去计算，则关于每一个 k 都要计算一次逆矩阵 $(X'X+k\cdot I)^{-1}$，这将有很大的计算量。我们可以利用 $\hat{\beta}(k)$ 的其他形式进行计算，因为：

$$\hat{\beta}(k)=(L\Lambda L'+k\cdot I)^{-1}X'y$$
$$=L(\Lambda+k\cdot I)^{-1}L'X'y$$
$$=\sum_{i=1}^{p}\left(\frac{1}{\lambda_i+k}\right)l_il_i'X'y$$

根据 $X'X$ 的特征根和特征向量 λ_i、l_i，$i=1,2,\cdots,p$，可以很容易计算出岭迹。

岭迹法与传统的基于残差的方法相比，在概念上是完全不同的，这为我们分析问题提供了一种新的思想方法，对于分析各个变量之间的作用和关系也是有帮助的。但是，岭迹法也有它的缺点，它缺少严格的令人信服的理论依据，k 值的确定具有一定的主观随意性。

（二）方差扩大因子法

在第七章中，我们引入了方差膨胀因子概念，方差膨胀因子 C_{jj} 可以用来度量多重共线性关系的严重程度。一般地，当 $C_{jj}>10$ 时，模型的多重共线性关系就很严重了。计算 $\hat{\beta}(k)$ 的协方差，得：

$$\mathrm{Cov}[\hat{\beta}(k)]=\sigma^2(X'X+k\cdot I)^{-1}X'X(X'X+k\cdot I)^{-1}$$
$$=\sigma^2[R_{ij}(k)] \tag{9.13}$$

（9.13）式中矩阵 $R_{ij}(k)$ 的对角元 $C_{jj}(k)$ 就是岭估计的方差扩大因子。不难看出，$C_{jj}(k)$ 随 k 的增大而减小。应用方差扩大因子选择 k 的经验做法是，选择 k 使所有方差扩大因子 $C_{jj}\leqslant 10$，此时所对应的 k 值的岭估计 $\hat{\beta}(k)$ 就会相对稳定。

(三) Hoerl - Kennad 公式

在线性回归模型 $Y = X\beta + \varepsilon$ 中,设 X 已经中心化,则可将其写为:

$$Y = Z\alpha + \varepsilon$$

其中: $Z = XL$, $\alpha = L'\beta$, 这里 L 为(7.8)式所给。由于 $Z'Z = L'X'XL = \Lambda =$ diag$(\lambda_1, \cdots, \lambda_p)$, 这时, α 的最小二乘估计和岭估计分别为:

$$\hat{\alpha} = \Lambda^{-1} Z'Y$$

$$\hat{\alpha}(k) = (\Lambda + k \cdot I)^{-1} Z'Y$$

Hoerl 和 Kennad 于 1970 年提出:

$$k = \frac{\hat{\sigma}^2}{\max \hat{\alpha}_i^2} \tag{9.14}$$

当 σ^2 和 α 已知时,这样选择的 k 比最小二乘估计有更小的均方误差。

(四) Mcdorard - Garaneau 法

当 X 呈病态时,最小二乘估计 $\hat{\beta}$ 偏长。Mcdorard 和 Garaneau 把 $\hat{\beta}$ 的长度平方 $\| \hat{\beta}^2 \|$ 与 MSE$(\hat{\beta})$ 的估计 $\hat{\sigma}^{-2} \sum_{i=1}^{p} \lambda_i^{-1}$ 作比较,如果:

$$Q = \| \hat{\beta} \|^2 - \hat{\sigma}^{-2} \sum_{i=1}^{p} \lambda_i^{-1} > 0 \tag{9.15}$$

则认为 $\hat{\beta}$ 太长,需要对其进行压缩。压缩量由 $\hat{\sigma}^{-2} \sum_{i=1}^{p} \lambda_i^{-1}$ 决定。Mcdorard 和 Garaneau 建议选择 k,使得:

$$\| \hat{\beta} \|^2 - \| \hat{\beta}(k) \|^2 \approx \hat{\sigma}^{-2} \sum_{i=1}^{p} \lambda_i^{-1}$$

即选择 k,使得:

$$\| \hat{\beta}(k) \|^2 \approx \| \hat{\beta} \|^2 - \hat{\sigma}^{-2} \sum_{i=1}^{p} \lambda_i^{-1} = Q \tag{9.16}$$

如果 $Q \leqslant 0$,则认为 $\hat{\beta}$ 不算太长,此时对 $\hat{\beta}$ 不进行压缩,选择 $k = 0$。

三、岭迹分析

前面已经利用岭迹来确定 k 值,接下来将进一步讨论岭迹问题。岭迹是分析自变量的作用、相互关系以及进行自变量选择的一种工具。图 9.1 将给出几个具有代表性的情况来说明岭迹分析的作用。

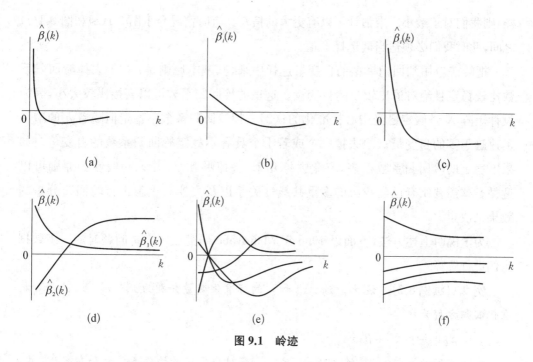

图 9.1　岭迹

在图 9.1(a)中，$\hat{\beta}_i = \hat{\beta}_i(0) > 0$ 且比较大，从最小二乘回归的观点来看，应将 x_i 视为对因变量 y 有重要影响的因素。但是从岭迹来看，$\hat{\beta}_i(k)$ 显示出相当的不稳定性，当 k 从零开始略有增加时，$\hat{\beta}_i(k)$ 显著地下降，而且迅速趋于零，因而失去了"预报能力"。因此，从岭迹回归的观点来看，x_i 对于因变量 y 没有产生重要影响，甚至可以去掉这个自变量。

与图 9.1(a)相反的情况如图 9.1(b)所示。$\hat{\beta}_i = \hat{\beta}_i(0) > 0$ 但很小。从最小二乘回归的观点来看，x_i 被视为对因变量 y 的作用不大。但是，随着 k 略有增加，$\hat{\beta}_i(k)$ 骤然变为负值，且绝对值较大。从岭迹回归的观点来看，x_i 视为对因变量 y 有显著影响。

第三种情况如图 9.1(c)所示，$\hat{\beta}_i = \hat{\beta}_i(0) > 0$ 比较大，但当 k 增加时迅速下降且稳定为负值。从最小二乘回归看，x_i 视为对因变量 y 有"正"影响的重要因素；而从岭迹回归的观点看，x_i 视为对因变量 y 有重要"负"影响的因素。

另一种情况如图 9.1(d)所示。这里 $\hat{\beta}_1(k)$ 和 $\hat{\beta}_2(k)$ 都不稳定，但其和却变动不大。这种情况往往发生在自变量 x_1 和 x_2 相关性很大的场合，即 x_1 与 x_2 之间存在多重共线性关系的场合。因此，从变量的选择来看，两者只要保留其中一个就可以了。

从全局来看，岭迹分析可以用来评价在某一具体场合最小二乘估计是否适用。如图 9.1(e)所示，所有岭迹的不稳定程度很大，整个"系统"呈现比较"乱"的局面，往往就使人怀疑最小二乘估计是否很好地反映了真实情况。反过来，若情况如图 9.1(f)那样,则我们对于最小二乘估计可以有更大的信心。有时情况介于图 9.1(e)和图 9.1(f)之间,此时我们必须适当地选择 k 值。

把岭迹应用到回归模型的自变量选择中来,其基本原则是:(1)去掉岭回归系数比较稳定且绝对值比较小的自变量。这里的岭回归系数可以直接比较大小,因为设计矩阵 X 是假定已经中心标准化的;(2)去掉岭回归系数不稳定但随着 k 的增加迅速趋于零的自变量;(3)去掉一个或若干个具有不稳定岭回归系数的自变量。如果不稳定的岭回归系数很多,究竟去掉几个、去掉哪几个,并无一般性的原则可以遵循。这需要结合已经找出的多重共线性关系以及去掉后重新进行岭回归分析的效果来决定。

为了说明上述方法,下面以 1966 年 Malinvand 研究法国经济问题时的一组数据为例进行解释。

例 9.1(续例 8.2) 设 x_1、x_2、x_3 和 y 的标准化变量分别为 x_1'、x_2'、x_3' 和 y',标准化回归方程为:

$$\hat{y}' = \hat{\beta}_1' x_1' + \hat{\beta}_2' x_2' + \hat{\beta}_3' x_3'$$

对于不同的 k 值,求得的系数 $\hat{\beta}_1'$、$\hat{\beta}_2'$、$\hat{\beta}_3'$ 及对应原变量的残差平方和在表 9.1 中,相应的岭迹图见图 9.2。

表 9.1 岭迹分析结果表

k	$\hat{\beta}_1'$	$\hat{\beta}_2'$	$\hat{\beta}_3'$	$S_残$
0.000	−0.339	0.213	1.303	1.673
0.001	−0.117	0.215	1.080	1.728
0.002	0.010	0.216	0.952	1.809
0.003	0.092	0.217	0.870	1.881
0.004	0.150	0.217	0.811	1.941
0.005	0.193	0.217	0.768	1.990
0.006	0.225	0.217	0.735	2.031
0.007	0.251	0.217	0.709	2.006
0.008	0.272	0.217	0.687	2.095
0.009	0.290	0.217	0.669	2.120
0.010	0.304	0.217	0.654	2.142
0.020	0.379	0.216	0.575	2.276
0.030	0.406	0.214	0.543	2.352
0.040	0.420	0.213	0.525	2.416

（续表）

k	$\hat{\beta}'_1$	$\hat{\beta}'_2$	$\hat{\beta}'_3$	$S_{残}$
0.050	0.427	0.211	0.513	2.480
0.060	0.432	0.209	0.504	2.548
0.070	0.434	0.207	0.497	2.623
0.080	0.436	0.206	0.491	2.705
0.090	0.436	0.204	0.486	2.794
0.100	0.436	0.202	0.481	2.890
0.200	0.426	0.186	0.450	4.236
0.300	0.411	0.173	0.427	6.155
0.400	0.396	0.161	0.408	8.489
0.500	0.381	0.151	0.391	11.117
0.600	0.367	0.142	0.376	13.947
0.700	0.354	0.135	0.361	16.911
0.800	0.342	0.128	0.348	19.957
0.900	0.330	0.121	0.336	23.047
1.000	0.319	0.115	0.325	26.149

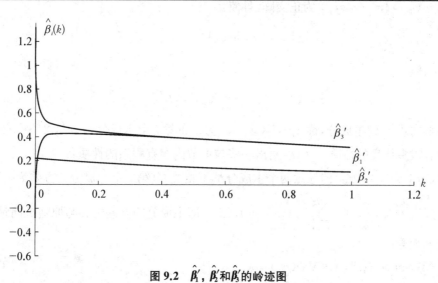

图 9.2　$\hat{\beta}'_1$, $\hat{\beta}'_2$ 和 $\hat{\beta}'_3$ 的岭迹图

由岭迹图可以看出，取 $k=0.4$ 时，三条岭迹均已较平稳，故可取 $k=0.4$，建立岭迹回归方程，此时，标准化方程为：

$$\hat{y}' = 0.420x'_1 + 0.213x'_2 + 0.525x'_3$$

因为 $\bar{x}_1 = 194.59$、$\bar{x}_2 = 3.30$、$\bar{x}_3 = 139.74$、$\bar{y} = 21.89$、$\sigma_{x_1} = 94.87$、$\sigma_{x_2} = 5.22$、$\sigma_{x_3} = 65.25$、$\sigma_y = 14.37$，将标准化回归方程还原后得：

$$\hat{y} = -0.855\,37 + 0.063x_1 + 0.585\,9x_2 + 0.115x_3$$

由上述岭迹回归方程可知，法国在 1949～1959 年，国内总产值 (x_1)、储存量 (x_2) 和总消费量 (x_3) 对进口总额 (y) 均有促进作用，这符合法国当时的经济背景，这说明用岭回归方程克服了普通最小二乘法的不足之处。

第三节　主成分估计

主成分估计是 W. F. Massy 在 1965 年提出的另一种有偏估计。这种估计提出的背景与岭估计不同，它主要基于多元统计中的主成分概念。因此，我们首先引进主成分的概念。

一、主成分

假设 x 为 $p \times 1$ 随机向量，$\mathrm{E}(x) = \mu$，$\mathrm{Cov}(x) = \Sigma > 0$，这里 μ、Σ 都是已知的。记 $\lambda_1 \geqslant \lambda_2 \geqslant \cdots \geqslant \lambda_p$ 是 Σ 的特征根，$l_1, l_2, \cdots, l_p$ 为对应的标准化的正交特征向量，即 $L = (l_1 \quad l_2 \quad \cdots \quad l_p)$ 为正交阵，且使：

$$L'\Sigma L = \Lambda = \mathrm{diag}(\lambda_1, \lambda_2, \cdots, \lambda_p)$$

则称：

$$z = (z_1 \quad z_2 \quad \cdots \quad z_p)' = L'(x - \mu) \tag{9.17}$$

为随机向量 x 的主成分，称 $z_i = l_i'(x - \mu)$ 为 x 的第 i 个主成分，$i = 1, 2, \cdots, p$。主成分有很多优良的性质。在此，给出一些与本节内容有联系的性质：

(1) $\mathrm{Cov}(z) = \Lambda$，即任意两个主成分都不相关，且第 i 个主成分的方差为 λ_i。

(2) $\sum_{i=1}^{p} \mathrm{Var}(z_i) = \sum_{i=1}^{p} \mathrm{Var}(x_i) = \mathrm{tr}(\Sigma)$，即主成分的方差之和与原随机向量的方差之和相等。

(3) $\sup_{a'a=1} \mathrm{Var}(a'x) = \mathrm{Var}(z_1) = \lambda_1 \tag{9.18}$

$$\sup_{\substack{l_j'a=0,\ j=1,\cdots,i-1 \\ a'a=1}} \mathrm{Var}(a'x) = \mathrm{Var}(z_i) = \lambda_i \qquad i = 2, \cdots, p \tag{9.19}$$

这个性质说明，对于任意单位向量 a，在随机变量 $a'x$ 中，第一主成分 $z_1 = l_1'(x - \mu)$ 的方差最大。而在与第一主成分不相关的随机变量 $a'x$ 中，第二主成分

$z_2 = l_2'(x - \mu)$ 的方差最大。一般情况下,在与前 $i-1$ 个主成分不相关的随机变量 $a'x$ 中,第 i 个主成分 $z_i = l_i'(x - \mu)$ 的方差最大。

性质(1)和(2)的证明比较容易,在此略去,这里只证明性质(3)。因为 $\text{Var}(a'x) = a'\Sigma a$,所以,此问题归结为求 $\dfrac{a'\Sigma a}{a'a}$ 的最大值。因为 $l_1, l_2, \cdots, l_p$ 为 R^p 的一组标准正交基,所以对于任何一个向量 $a \in R^p$,存在向量 $t \in R^p$,使得 $a = L \cdot t$,且有:

$$
\begin{aligned}
\sup_{a \neq 0} \frac{a'\Sigma a}{a'a} &= \sup_{t \neq 0} \frac{t'L'\Sigma Lt}{t't} \\
&= \sup_{t \neq 0} \frac{t'\Lambda t}{t't} \\
&= \sup_{t \neq 0} \frac{\sum \lambda_i t_i^2}{\sum t_i^2} \\
&= \sup_{w} \sum \lambda_i w_i \\
&= \lambda_i
\end{aligned}
$$

其中: $w_i = \dfrac{t_i^2}{\sum t_i^2}$,所以, $w_i \geqslant 0$,$\sum w_i = 1$。上式的最大值在 $w_1 = 1$,$w_i = 0$,$i \geqslant 2$,即 $t' = (1, 0, \cdots, 0)$ 时达到,也就是说,在 $a = l_1$ 达到,从而(9.18)式得证。

为了证明(9.19)式,只需注意约束条件 $l_j'a = 0$,$j = 1, \cdots, i-1$ 等价于 $a \in \mu(l_1, \cdots, l_p)$,故用子空间 $\mu(l_1, \cdots, l_p)$ 代替 R^p,使用类似的方法可以证得(9.18)式。

因为各个主成分互不相关,第 i 个主成分 $z_i = l_i'(x - \mu)$ 对总方差 $\text{tr}(\Sigma)$ 的贡献为 λ_i,因此,λ_i 越大,z_i 对总方差的贡献就越大。如果 $\lambda_{r+1}, \cdots, \lambda_p$ 都等于零,则主成分 $z_{r+1}, \cdots, z_p$ 的方差也都等于零,再加上它们的均值都是零,这些主成分就都等于零(即以概率为 1 取零),则这些主成分可以去掉。这样,原来的 x 是 p 维随机向量,现在若考虑主成分,只需处理 r 维向量,降低了问题的维数。有时候,后面的 $p-r$ 个主成分的方差并不是严格等于零,只是近似地等于零,这时候,它们在总方差中所占的比例很小,我们可以把它们去掉。

在实际应用中,μ 和 Σ 往往是未知的,如果 $x_1, \cdots, x_n$ 是一组样本,我们就分别利用 μ 和 Σ 的估计 $\hat{\mu} = \bar{x} = \dfrac{1}{n} \sum_i x_i$ 和 $\hat{\Sigma} = \dfrac{1}{n} \sum_{i, j} (x_i - \bar{x})(x_j - \bar{x})$ 来代替未知参数。记 $\hat{\lambda}_1 \geqslant \hat{\lambda}_2 \geqslant \cdots \geqslant \hat{\lambda}_p$ 和 $\hat{L} = (\hat{l}_1 \quad \hat{l}_2 \quad \cdots \quad \hat{l}_p)$ 分别为 $\hat{\Sigma}$ 的特征根和标准正交化特征

向量,则类似地,我们可以定义:

$$z_i = \hat{L}'(x_i - \bar{x}) \qquad i = 1, \cdots, n \qquad (9.20)$$

为样本主成分,而:

$$z = (z_1 \quad z_2 \quad \cdots \quad z_p)' = \begin{bmatrix} (x_1 - \bar{x}) \\ \vdots \\ (x_2 - \bar{x}) \end{bmatrix} \hat{L}' \qquad (9.21)$$

为样本主成分组成的矩阵。与总体主成分一样,$\hat{\lambda}_1, \cdots, \hat{\lambda}_p$ 度量了各样本主成分对总方差的贡献大小。如果后面的几个 $\hat{\lambda}_i$ 比较接近零或它们在总方差中所占的比例很小,那么,它们对应的样本主成分也就可以略去。

二、回归系数的主成分估计

考虑线性回归模型:

$$Y = X\beta + \varepsilon$$

$$E(\varepsilon) = 0$$

$$D(\varepsilon) = \sigma^2 I$$

其中:I 是单位矩阵。假设 X 已经中心化,且相关系数矩阵 $R = X'X$ 的特征根为 $\lambda_1 \geqslant \lambda_2 \geqslant \cdots \geqslant \lambda_p > 0$,$l_1, l_2, \cdots, l_p$ 为对应的标准化正交特征向量,$L = (l_1 \quad l_2 \quad \cdots \quad l_p)$ 为相应的正交阵,则上述模型的典则形式为:

$$Y = Z\alpha + \varepsilon$$

其中:$Z = XL$,$\alpha = L'\beta$。如果把原来的 p 个回归自变量 $x = (x_1, \cdots, x_p)'$ 看作随机向量,设计矩阵 X 的 n 个行向量作为 x 的 n 个随机样本,那么,$\dfrac{X'X}{n}$ 就是 x 的协方差阵 Σ 的一个估计。而 $Z = (z_1, \cdots, z_p)$ 就是样本主成分组成的设计矩阵。由上所述,其实模型的典则形式就是以原来的 p 个回归自变量 $x = (x_1, \cdots, x_p)'$ 的主成分 $z_1, \cdots, z_p$ 为新自变量的回归模型。根据前面的讨论,如果设计矩阵 X 呈病态,则 $X'X$ 的特征根 $\lambda_1 \geqslant \lambda_2 \geqslant \cdots \geqslant \lambda_p > 0$ 有一部分很小,不妨设后 $p - r$ 个很小,即 $\lambda_{r+1}, \cdots, \lambda_p \approx 0$。这时,后 $p - r$ 个新自变量(主成分)$z_{r+1}, \cdots, z_p$ 在 n 次试验中取值变化很小。所以,新自变量 $z_{r+1}, \cdots, z_p$ 可以从模型中剔除。

为此,若 $\lambda_{r+1}, \cdots, \lambda_p \approx 0$,将 Λ、α、Z 和 L 进行相应的分块:

$$\Lambda = \begin{bmatrix} \Lambda_1 & 0 \\ 0 & \Lambda_2 \end{bmatrix}, \text{其中 } \Lambda_1 \text{ 为 } r \times r \text{ 矩阵}。$$

$$\alpha = \begin{bmatrix} a_1 \\ a_2 \end{bmatrix}, \text{其中 } a_1 \text{ 为 } r \times 1 \text{ 向量}。$$

$Z = (Z_1, Z_2)$，其中 Z_1 为 $n \times r$ 矩阵。

$L = (L_1, L_2)$，其中 L_1 为 $p \times r$ 矩阵。

我们可以把模型的典则形式变形为：

$$Y = Z_1\alpha_1 + Z_2\alpha_2 + \varepsilon \tag{9.22}$$

剔除 $Z_2\alpha_2$ 这一项，即用 $\hat{\alpha}$ 估计 α_2，然后求得 α_1 的最小二乘估计：

$$\hat{\alpha}_1 = \Lambda_1^{-1} Z_1' Y$$

利用关系式 $\alpha = L'\beta$，得到 β 的估计：

$$\begin{aligned} \widetilde{\beta} &= L \begin{bmatrix} \hat{a}_1 \\ 0 \end{bmatrix} \\ &= L_1\hat{a}_1 \\ &= L_1\Lambda_1^{-1} Z_1' Y \end{aligned} \tag{9.23}$$

(9.23)式被称为 β 的主成分估计(Principal Components Estimate)。

与岭估计类似，主成分估计具有下列性质：

(1) $\widetilde{\beta} = L_1 L_1' \hat{\beta}$，即主成分估计是最小二乘估计的一个线性变换。

证明：

$$\begin{aligned} \widetilde{\beta} &= L_1\Lambda_1^{-1} Z' Y \\ &= L_1\Lambda_1^{-1} L_1' X' Y \\ &= L_1\Lambda_1^{-1} L_1' X' X \hat{\beta} \\ &= L_1\Lambda_1^{-1} L_1' L\Lambda L' \hat{\beta} \\ &= L_1 L_1' \hat{\beta} \end{aligned}$$

(2) $\mathrm{E}(\widetilde{\beta}) = L_1 L_1' \beta$，只要 $r < p$，主成分估计就是有偏估计。

(3) $\| \widetilde{\beta} \| < \| \hat{\beta} \|$，即主成分估计 $\widetilde{\beta}$ 压缩估计。

(4) 当设计矩阵 X 呈病态时，选择适当的 r，可使：

$$\mathrm{MSE}(\widetilde{\beta}) < \mathrm{MSE}(\hat{\beta}) \tag{9.24}$$

证明：

由(9.23)式有：

$$\mathrm{MSE}(\tilde{\beta}) = \mathrm{MSE} \begin{bmatrix} \hat{\alpha}_1 \\ 0 \end{bmatrix}$$

$$= \sigma^2 \mathrm{tr}(\hat{\alpha}_1) + \parallel \alpha_2 \parallel^2$$

$$= \sigma^2 \sum_{i=1}^{r} \lambda_i^{-1} + \sum_{i=r+1}^{p} \alpha_i^2$$

$$= \mathrm{MSE}(\hat{\beta}) + \sum_{i=r+1}^{p} \alpha_i^2 - \sigma^2 \sum_{i=r+1}^{r} \lambda_i^{-1} \qquad (9.25)$$

由于设计矩阵 X 呈病态，因此有一部分特征根 λ_i 非常接近零，不妨设后 $p-r$ 个接近零，则 $\sum_{i=r+1}^{p} \lambda_i^{-1}$ 将会很大，这样，(9.25)式的第二项为负。所以，(9.24)式成立。

对于主成分估计，有一个选择保留主成分个数的问题，应用上也要通过数据来确定，通常采用的方法有两种：一是略去特征根接近零的主成分；二是选择 r，使得前 r 个特征根之和在 p 个特征根总和中所占比例达到预先给定的值。如选择 r，使得

$$\frac{\sum_{i=1}^{r} \lambda_i}{\sum_{i=1}^{p} \lambda_i} > 75\% \text{ 或 } 80\% \text{等。下面我们通过实例说明主成分估计的方法和应用。}$$

例 9.2(续例 8.2)   在例 8.2 中，将所有可能子集回归列在表 9.2 中。

表 9.2   回归系数的最小二乘估计

进入回归模型的变量	x_1	x_2	x_3
1	0.146	—	
2	—	0.691	—
3	—	0.214	
1,2	0.145	0.622	—
1,3	−0.109	—	0.372
2,3		0.596	0.212
1,2,3	−0.051	0.587	0.287

从表 9.2 可以看出，自变量 x_3 进入回归方程对于 x_1 的回归系数影响很大，这表明含有 x_1 和 x_3 的复共线性关系是存在的，将原始数据中心标准化，求得 $X'X$ 为：

$$X'X = \begin{pmatrix} 1 & 0.026 & 0.997 \\ 0.026 & 1 & 0.036 \\ 0.997 & 0.036 & 1 \end{pmatrix}$$

它的三个特征根分别为 $\lambda_1 = 1.999$, $\lambda_2 = 0.998$, $\lambda_3 = 0.003$。最后一个特征根很小，由此可以看出复共线性关系存在。再看条件数 $\lambda_1/\lambda_3 = 666.333$，可见，有中等程度的复共线性，$X'X$ 的三个特征向量分别为：

$l'_1 = (0.706\,3,\ 0.043\,5,\ 0.706\,5)$

$l'_2 = (-0.035\,7,\ 0.999\,0,\ -0.025\,8)$

$l'_3 = (-0.707\,0,\ -0.007\,0,\ 0.707\,2)$

三个主成分分别为：

$z_1 = 0.706\,3x_1 + 0.043\,5x_2 + 0.706\,5x_3$

$z_2 = -0.035\,7x_1 + 0.999\,0x_2 - 0.025\,8x_3$

$z_3 = -0.707\,0x_1 - 0.007\,0x_2 + 0.707\,2x_3$

因为 $\lambda_3 = 0.003 \approx 0$，所以 $z_3 \approx 0$ 就是一个复共线性关系，即：

$-0.707\,0x_1 - 0.007\,0x_2 + 0.707\,2x_3 \approx 0$

注意到 x_2 的系数是 $-0.007\,0 \approx 0$，而 x_1 和 x_3 的系数绝对值近似相等，于是，复共线性关系为 $x_1 \approx x_3$，这与 x_1 和 x_3 的相关系数 $r = 0.997$ 是一致的。

保留前两个主成分，算出主成分回归，还原到原来的变量，得到主成分回归方程：

$\hat{y} = -9.105\,7 + 0.072\,7x_1 + 0.609\,1x_2 + 0.106\,2x_3$

这与岭估计大体相近。

第四节　广义岭估计

Hoerl 和 Kennard 于 1970 年还提出了岭估计的一种推广形式，被称为广义岭估计。

一、定义及性质

对于线性回归模型的典则形式(9.1)式，相应的岭估计是：

$$\hat{a}(k) = (\Lambda + k \cdot I)^{-1}Z'Y$$

如果以对角元不必都相等的对角阵 $K = \mathrm{diag}(k_1, \cdots, k_p)$，$k_i \geqslant 0$ 代替 $k \cdot I$，就可以让均方误差进一步下降。基于这种思想，定义：

$$\hat{a}(K) = (\Lambda + K)^{-1}Z'Y \tag{9.26}$$

代回到原来的回归系数 β，得到：

$$\hat{\beta}(K) = L \cdot \hat{\alpha}(K)$$
$$= L(\Lambda + K)^{-1} L' X' Y$$
$$= (X'X + LKL')^{-1} X'Y \qquad (9.27)$$

称(9.26)式和(9.27)式分别为典则回归系数和原回归系数的广义岭估计。显然，当 $K = k \cdot I$ 时，(9.27)式就是通常的岭估计，即岭估计是广义岭估计的特殊情况。

下面我们给出广义岭估计的基本性质：

(1) $\hat{\beta}(K) = B_k \hat{\beta}$，其中 $B_k = (X'X + LKL')^{-1}(X'X)^{-1}$，即广义岭估计也是最小二乘估计的一个线性变换。

(2) $E\hat{\beta}(K) = B_k \beta$，即只要 $B_k \neq I$，等价地 $K \neq 0$，广义岭估计就是有偏估计。

(3) 对于任意的 $K = \mathrm{diag}(k_1, \cdots, k_p)$，$k_i \geqslant 0$，$\| \hat{\beta} \| > 0$ 总有 $\| \hat{\beta}(K) \| < \| \hat{\beta} \|$，即广义岭估计也是最小二乘估计向原点的一种压缩。

(4) 存在 $K = \mathrm{diag}(k_1, \cdots, k_p) > 0$，使得

$$\mathrm{MSE}[\hat{\beta}(K)] < \mathrm{MSE}(\hat{\beta}) \qquad (9.28)$$

注：可以证明使得(9.28)式达到极小值的 $K = \mathrm{diag}(k_1, \cdots, k_p)$ 满足：

$$k_i^* = \frac{\sigma^2}{\alpha_i^2} \qquad i = 1, \cdots, p \qquad (9.29)$$

性质(1)至(4)的证明较为简单，并且类似于前面性质的证明，在此略去。

二、广义岭参数 K 的选择

与通常的岭估计一样，从数据中选择参数 K 是十分重要的问题，目前已经提出了多种方法，我们介绍下列两种方法。

（一）Hemmerle - Brantle 方法

$$\hat{k}_i = \frac{\hat{\sigma}^2}{\hat{\alpha}_i^2 - \hat{\sigma}^2/\lambda_i} \qquad i = 1, \cdots, p \qquad (9.30)$$

当 $\hat{\alpha}_i^2 - \hat{\sigma}^2/\lambda_i \leqslant 0$ 时，取 $\hat{k}_i = \infty$。

(9.30)式可以从两种不同的考虑导出：一是在(9.29)式中，用 σ^2 和 α_i^2 的无偏估计 $\hat{\sigma}^2$ 和 $\tilde{\alpha}_i^2 = \hat{\alpha}_i^2 - \hat{\sigma}^2/\lambda_i$，$i = 1, \cdots, p$ 代替 σ^2 和 α_i^2 得到；二是 Hemmerle 和 Brantle 证明了(9.30)式使 $\mathrm{MSE}[\hat{\alpha}(K)]$ 的一个无偏估计达到最小。

（二）Hemmerle 法

由(9.26)式：

$$\hat{\alpha}(K) = (\Lambda + K)^{-1} Z'Y = (\Lambda + K)^{-1} \Lambda\, \hat{\alpha} = D\, \hat{\alpha}$$

则：

$$\hat{\alpha}_i(k_i) = d_i\, \hat{\alpha}_i \qquad d_i = \frac{\lambda_i}{\lambda_i + k_i}$$

其中：$\hat{\alpha}(K) = [\hat{\alpha}_1(k_1), \cdots, \hat{\alpha}_p(k_p)]'$。所以，选择 k_i 等价于选择 d_i。Hemmerle 法就是选择 d_i，取：

$$d_i = \begin{cases} \dfrac{1}{2} + \sqrt{\dfrac{1}{4} - \hat{\tau}_i^{-1}}, & \hat{\tau}_i \geqslant 4 \\[2mm] 0, & \hat{\tau}_i < 4 \end{cases} \tag{9.31}$$

其中：$\hat{\tau}_i = \dfrac{\lambda_i \hat{\alpha}_i}{\hat{\alpha}^2}$，$i = 1, \cdots, p$。

第五节　Stein 估计

前面岭估计等有偏估计都是对最小二乘估计 $\hat{\beta}$ 向原点作压缩。一般来说，它们是对 $\hat{\beta}$ 各分量的不均匀压缩。本节将讨论一种均匀压缩估计，是 1955 年由 Stein 提出的，这是最简单、提出最早的一种有偏估计。

一、定义及性质

对于线性回归模型，设 $\hat{\beta}$ 为回归系数 β 的最小二乘估计，则称：

$$\hat{\beta}_s(c) = c\, \hat{\beta} \tag{9.32}$$

为 Stein 估计，其中，$0 \leqslant c \leqslant 1$ 称为压缩系数。当 c 在 $[0, 1]$ 区间变化时，就生成了一个估计类。

Stein 估计具有如下性质：

(1) 当 $c \neq 0$ 时，显然 $\hat{\beta}_s(c)$ 是 β 的有偏、压缩估计。

(2) 存在 $0 < c < 1$，使得 $\mathrm{MSE}[\hat{\beta}_s(c)] < \mathrm{MSE}(\hat{\beta})$。

事实上，$\hat{\beta}_s(c)$ 的均方误差：

$$
\begin{aligned}
\mathrm{MSE}[\hat{\beta}_s(c)] &= \mathrm{tr}\{\mathrm{Cov}[\hat{\beta}_s(c)]\} + \| E\hat{\beta}_s(c) - \beta \|^2 \\
&= c^2 \sigma^2 \mathrm{tr}(X'X)^{-1} + (c-1)^2 \| \beta \|^2 \\
&= c^2 \sigma^2 \sum_{i=1}^{p} \lambda_i^{-1} + (c-1)^2 \| \beta \|^2 \\
&\hat{=} g(c)
\end{aligned}
$$

$g(c)$ 关于 c 求导,解得 c 的最优值是:

$$c^* = \frac{\|\beta\|^2}{\sigma^2 \sum_{i=1}^{p} \lambda_i^{-1} + \|\beta\|^2} \tag{9.33}$$

在 c^* 处, $g(c) = \text{MSE}[\hat{\beta}_s(c)]$ 达到最小,且当 $c^* \leqslant c < 1$ 时, $\text{MSE}[\hat{\beta}_s(c)] < \text{MSE}(\hat{\beta})$。

二、压缩系数的选择

压缩系数 c 的最优值依赖于未知参数 β 和 σ^2,因此,与岭估计一样,在应用上, c 必须通过数据来选择。我们给出下列两种方法:

（一）Stein - Jemes 法

假设误差 $\varepsilon \sim N(0, \sigma^2 I)$,取:

$$c = 1 - \frac{d \hat{\sigma}^2}{\hat{\beta}' X' X \hat{\beta}} \tag{9.34}$$

其中, d 满足:

$$0 < d < \frac{2(n-p-1)}{n-p+1}\left(\lambda_p \sum_{i=1}^{p} \lambda_i^{-1} - 2\right)$$

对于一切 β 和 σ^2,Stein 估计比最小二乘估计有更小的均方误差。其中, $\lambda_1 \geqslant \lambda_2 \geqslant \cdots \geqslant \lambda_p$ 为 $X'X$ 的特征根。

（二）应用公式

$$c = \begin{cases} \dfrac{1}{2} + \sqrt{\dfrac{1}{4} - \hat{\tau}^{-1}}, & \text{当}\ \hat{\tau} \geqslant 4\ \text{时} \\ 0, & \text{当}\ \hat{\tau} < 4\ \text{时} \end{cases} \tag{9.35}$$

这里 $\hat{\tau} = \dfrac{\|\hat{\beta}\|^2}{\hat{\sigma}^2 \sum_{i=1}^{p} \lambda_i^{-1}}$。(9.35)式的背景是,对于(9.33)式应用迭代法,产生一个序列 $\{c_m\}$,当 $m \to \infty$ 时, $\{c_m\}$ 的极限就是(9.35)式。

小结

本章讨论了多元线性回归模型的有偏估计。当 $x_1, x_2, \cdots, x_p$ 间存在多重共线性关系时,也

就是 $|X'X| \approx 0$，最小二乘估计总的均方误差会很大，这会导致最小二乘估计结果的不精确和不稳健。Hoerl 和 Kennard(1970) 提出了以 $k > 0$ 为参数的岭估计，这会使所提出的估计量的均方误差变小。在这里，我们重点介绍了较常用的岭估计和主成分估计，同时也介绍其他的估计方法。当处理含自变量较多的大型回归问题时，由于人们对于自变量之间的关系缺乏认识，很可能把一些有多重共线性的自变量引入回归方程，这时需要寻找新的估计方法。我们需要对最小二乘估计作改进，改进方法可以从两个方面着手：一方面从减小 $\mathrm{MSE}(\hat{\beta})$ 着手，岭估计就是这样一种方法；另一方面从消除自变量之间的多重共线性入手，主成分估计就是其中的一个方法。此外，还有广义岭估计和均匀压缩估计(Stein 估计)等方法。

 习题九

为研究某地某消费品销售量 y 与居民可支配收入 x_1、该消费品价格指数 x_2、其他消费品的平均价格指数 x_3 的关系，收集了 10 组数据，并且求得各变量的均值与偏差平方和的算术根如下：

项　目	x_1	x_2	x_3	y
$\bar{x}$	129.37	101.7	102	14
σ	109.247 6	24.374 2	19.235 4	12.903 5

1. 求得岭迹的部分数据及相应的回归方程的残差平方和如下：

k	d_1	d_2	d_3	SSE
0	0.877 2	$-0.355\ 5$	0.474 6	0.337 7
0.01	0.718 7	$-0.081\ 6$	0.356 2	0.635 0
0.02	0.526 2	0.028 9	0.335 8	0.980 8
0.03	0.566 7	0.091 1	0.328 8	1.253 5
0.04	0.526 7	0.131 0	0.325 5	1.466 4
0.05	0.497 6	0.158 8	0.323 6	1.637 7
⋮				

若允许 $SSE(k) < 3 \cdot SSE(0)$，试问 k 最大取什么值？对应的 y 关于 x_1、x_2、x_3 的岭回归方程是什么？

2. 求得 x_1、x_2、x_3 的相关矩阵的特征根依次为 2.973 2、0.020 1、0.006 7，在建立主成分回归方程时，为使累计贡献率不低于 90%，至少取几个主成分？现求得最大特征根对应的特征向量是

$\begin{pmatrix} 0.576\ 3 \\ 0.577\ 1 \\ 0.578\ 6 \end{pmatrix}$，各样本第一主成分 z_1 及 y 的标准化数据 x_1 如下：

i	z_{i1}	x_1
1	−0.716	−0.434
2	−0.605	−0.341
3	−0.441	−0.279
4	−0.460	−0.201
5	−0.162	−0.139
6	−0.038	0.015
7	0.238	0.139
8	0.626	0.302
9	0.751	0.411
10	0.807	0.527

写出相应的 y 关于 x_1、x_2、x_3 的主成分回归方程。

3. (续习题八 2)根据习题八 2 的数据,建立 y 对于 4 个自变量的岭回归模型。

4. (续习题八 3)根据习题八 3 的数据,建立 y 对于 11 个自变量的主成分回归模型,并对影响 y 的因素进行分析。

第十章 Logistic 回归模型

第一节 引言

在前面介绍的回归分析相关章节中,我们总是假定回归模型中的因变量 Y 是连续变化的,对预测变量 X 不作要求。然而,许多经济问题中待研究的现象作为因变量时往往不满足这样的连续性变化要求。例如,在研究企业的经济指标与企业运行状态的关系时,常将企业状态作为因变量,它的取值有"破产"和"未破产"两种状态,它是一个二点分布;在研究上班交通方式的选择与年龄、性别、收入和出行距离等因素的关系时,因变量的取值可以是"私人汽车""合伙打车""公交车""自行车"和"走路"5 个类别,且各类别之间没有自然次序关系,此时的因变量是一个多项分布;在研究网络购物满意度的影响因素时,常将消费者对商品的满意度水平作为因变量,它的取值可以是"非常满意""满意""一般""不满意"和"非常不满意",此时的因变量是一个有明显次序关系的多项分布。

显然,上述三个例子中的因变量的取值是非连续变化的,不满足通常回归分析中因变量的取值是连续变化的要求。另外,三个例子中因变量的属性也是不尽相同的,存在明显的属性扩展关系,这也使得待研究的问题的复杂性不断提升,我们对此类因变量该如何进行回归分析呢?

本章将从下面三个模型的讨论中回答上述问题,它们分别是二项 Logistic 回归模型、多项 Logistic 回归模型和有序数据的 Logistic 回归模型。

第二节 二项 Logistic 回归模型

在许多经济问题中,待研究的现象往往只有两个可能的结果,如评估一个投资项目的结果有"成功"或"失败"、企业的运行状态有"生存"或"倒闭"等。此时,若将待研究现象的结果看成一个随机变量 Y,则它是二点分布。通常,我们用 $Y=1$ 和 $Y=0$ 分别代表因变量的这两种可能结果。例如,用 $Y=1$ 代表"投资成功",用 $Y=0$ 代表"投资失败"。我们进一步关心的问题是:在给定预测变量 x_1, …, x_p 取值的情况下,因变量 Y 会出现哪个结果(如投资成功)? 它与预测变量 x_j 之间存在什么样的关系?

如果像前几章介绍的那样,考虑用线性回归模型:

$$y=x'\beta+\varepsilon \tag{10.1}$$

来研究二点分布因变量 Y 与预测变量 x_1, …, x_p 之间的关系,其中,$x'=(1, x_1, x_2, …, x_p)$、$\beta=(\beta_0, \beta_1, \beta_2, …, \beta_p)'$,那么,将至少会遇到如下两个方面的问题:第一,因变量 Y 的最大取值是 1,最小取值是 0,而(8.1)式右端的取值可能会超出区间 $[0, 1]$ 的范围,它甚至可能在整个实数轴 $(-\infty, +\infty)$ 上取值;第二,因变量 Y 本身只取 0 和 1 两个离散值,而(10.1)式右端的取值可能在一个范围内连续变化。

针对第一个问题,可以寻找一个转换函数使得变换后的取值范围在区间 $[0, 1]$ 内。满足这种条件的函数有很多,如连续型随机变量的分布函数,其中最常用的是标准正态分布的分布函数,另外一个符合要求的函数是 Logistic 函数:

$$f(z)=\frac{e^z}{1+e^z}=\frac{1}{1+e^{-z}} \tag{10.2}$$

其曲线形状如图 10.1 所示,它的自变量取值范围为 $(-\infty, +\infty)$,函数的取值范围为 $(0, 1)$,当自变量从 $-\infty$ 变化到 $+\infty$ 时,Logistic 函数值相应地从 0 变化到 1(如图 10.1 所示)。

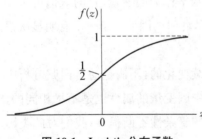

图 10.1　Logistic 分布函数

对于第二个问题,由于因变量 Y 是二点分布,因此在给定预测变量取值 $x=x$ 的条件下,记:

$$P(y=1 \mid x=x)=\pi$$

$$P(y=0 \mid x=x)=1-\pi$$

则根据离散型随机变量期望的定义,有:

$$E(Y)=1 \times P(Y=1 \mid x=x)+0 \times P(Y=0 \mid x=x)=\pi$$

即 π 是随机变量 Y 取 1 的概率,其值可在区间 $[0, 1]$ 内连续变化。到此,我们将第二个问题转换成了第一个问题。因此,用 Logistic 函数作为转换函数来研究二点分布因变量 Y 与预测变量 $x_j (j=1, 2, …, p)$ 的关系是非常合理的。

设有预测变量 x 的 n 次观测值 $x_i'=(1, x_{i1}, x_{i2}, …, x_{ip})$,$i=1, 2, …, n$,以及

相应的因变量 Y 的观测值 y_i，则以 Logistic 函数作为转换函数对(10.1)式进行变换，结果为：

$$\mathrm{E}(y_i) = \frac{1}{1 + \exp\left[-\left(\beta_0 + \sum\limits_{j=1}^{p} \beta_j x_{ij}\right)\right]} \qquad i = 1, 2, \cdots, n \qquad (10.3)$$

其中：$\beta = (\beta_0, \beta_1, \beta_2, \cdots, \beta_p)'$ 为未知参数向量。

由于 $\mathrm{E}(y_i) = \pi_i = P(y_i = 1 \mid x = x)$，$1 - \pi_i = P(y_i = 0 \mid x = x)$，故由(10.3)式有：

$$\frac{1 - \pi_i}{\pi_i} = \exp(-x_i'\beta) \qquad i = 1, 2, \cdots, n \qquad (10.4)$$

对(10.4)式两端同时作自然对数变换：

$$g(x) = \ln\left(\frac{x}{1-x}\right) \qquad 0 < x < 1 \qquad (10.5)$$

可以得到等式：

$$\ln\left(\frac{\pi_i}{1-\pi_i}\right) = x_i'\beta \qquad i = 1, 2, \cdots, n \qquad (10.6)$$

我们称变换(10.5)式为逻辑(Logit)变换，称(10.6)式为二项 Logistic 线性回归模型，简称 Logistic 模型，它很好地描述了事件 $y_i = 1$（如第 i 次投资成功）发生的概率与预测变量 $x_j(j = 1, 2, \cdots, p)$ 之间的关系。

第三节　Logistic 模型的参数估计

Logistic 模型的右端是参数 $\beta = (\beta_0, \beta_1, \beta_2, \cdots, \beta_p)'$ 的线性函数。因此，如果已知事件 $y_i = 1$ 发生的概率 π_i 或预先能够估计出 π_i 的值，那就可以应用前面介绍的线性回归模型相关知识来估计 Logistic 模型中的参数 $\beta = (\beta_0, \beta_1, \beta_2, \cdots, \beta_p)'$，在此不再赘述。如果不知道事件 $y_i = 1$ 发生的概率 π_i 或预先未能估计出 π_i 的值，那么可以用极大似然法估计 Logistic 模型中的参数 $\beta = (\beta_0, \beta_1, \beta_2, \cdots, \beta_p)'$。

一、分组数据情形

在因变量 Y 的 n 次观测结果中，设在第 i $(i = 1, 2, \cdots, c)$ 组预测变量 $x_i' = (1, x_{i1}, x_{i2}, \cdots, x_{ip})$ 处进行了 n_i 次观测，则可以用第 i 组中取值为 1 的观测样本比例对

π_i 进行估计,这种结构的数据称为分组数据,c 为分组个数。用 π_i 的估计值 $\hat\pi_i$ 代替 (10.6)式中的 π_i,并记:

$$y_i^* = \ln\left(\frac{\hat\pi_i}{1-\hat\pi_i}\right) \qquad i=1,\ 2,\ \cdots,\ c \qquad (10.7)$$

则有等式:

$$y_i^* = \beta_0 + \sum_{j=1}^{p}\beta_j x_{ij} \qquad i=1,\ 2,\ \cdots,\ c \qquad (10.8)$$

由线性回归章节中的最小二乘法可知,参数 $\beta=(\beta_0,\ \beta_1,\ \beta_2,\ \cdots,\ \beta_p)'$ 的最小二乘估计为:

$$\hat\beta=(X'X)^{-1}X'Y^* \qquad (10.9)$$

其中:$Y^*=(y_1^*,\ y_2^*,\ \cdots,\ y_c^*)$,$X=\begin{pmatrix} 1 & x_{11} & \cdots & x_{1p} \\ 1 & x_{21} & \cdots & x_{2p} \\ \vdots & \vdots & \vdots & \vdots \\ 1 & x_{c1} & \cdots & x_{cp} \end{pmatrix}$。

例 10.1　在一次住房展销会上,与房地产商签订初步购房意向书的共有 $n=325$ 名顾客,在随后的 3 个月内,只有一部分顾客确实购买了房屋。购买了房屋的顾客记为 1,没有购买房屋的顾客记为 0。以顾客的家庭年收入为预测变量 x,家庭年收入按照高低不同分成了 9 组,数据列在表 10.1 中。表 10.1 还列出了在每个不同的家庭年收入组中签订意向书的人数 n_i 和相应的实际购房人数 m_i。房地产商希望能建立签订意向的顾客最终真正买房的概率与家庭年收入之间的关系式,以便分析家庭年收入的不同对最终购买住房的影响。

表 10.1　签订购房意向和最终买房的客户数据

序号	家庭年收入 (万元)x	签订意向书 人数 n_i	实际购房 人数 m_i	实际购房比例 $\hat\pi_i=\dfrac{m_i}{n_i}$	逻辑变换 $y_i^*=\ln\left(\dfrac{\hat\pi_i}{1-\hat\pi_i}\right)$
1	1.5	25	8	0.320 000	$-0.753\ 77$
2	2.5	32	13	0.406 250	$-0.379\ 49$
3	3.5	58	26	0.448 276	$-0.207\ 64$
4	4.5	52	22	0.423 077	$-0.310\ 15$
5	5.5	43	20	0.465 116	$-0.139\ 76$
6	6.5	39	22	0.564 103	$-0.257\ 829$

（续表）

序号	家庭年收入 （万元）x	签订意向书 人数 n_i	实际购房 人数 m_i	实际购房比例 $\hat{\pi}_i = \dfrac{m_i}{n_i}$	逻辑变换 $y_i^* = \ln\left(\dfrac{\hat{\pi}_i}{1-\hat{\pi}_i}\right)$
7	7.5	28	16	0.571 429	$-0.287\ 682$
8	8.5	21	12	0.571 429	$-0.287\ 682$
9	9.5	15	10	0.666 667	$-0.693\ 147$

　　显然，这里的因变量是二点分布型随机变量，因此，可通过 Logistic 回归来建立签订意向书的顾客最终真正买房的概率与家庭年收入之间的关系。由于表 10.1 中对应于同一个家庭年收入组有多个重复观测值，因此，可用样本比例来估计该家庭年收入组中客户最终购买住房的概率 π_i，记其估计值为 $\hat{\pi}_i$；然后，对 $\hat{\pi}_i$ 进行逻辑变换得到 y_i^* 的值，结果见表 10.1。

　　本例中，$p=1$，$c=9$，由（10.9）式可得 β_0、β_1 的最小二乘估计分别为 $\hat{\beta}_0 = -0.886$、$\hat{\beta}_1 = 0.156$，相应的线性回归方程为：

$$\hat{y}^* = -0.886 + 0.156x \tag{10.10}$$

　　决定系数 $r^2 = 0.924\ 3$，显著性检验 $p \approx 0$，线性回归方程高度显著。从而，客户最终真正买房的概率与家庭年收入之间的关系式为：

$$\hat{\pi} = \frac{1}{1 + \exp(0.886 - 0.156x)} \tag{10.11}$$

　　由（10.11）式可知，x 越大，即家庭年收入越高，$\hat{\pi}$ 就越大，即签订意向后真正买房的概率就越大。对于一个家庭年收入为 9 万元的客户，将 $x = x_0 = 9$ 代入回归方程（10.11）中便可以得到其签订意向后真正买房的概率：

$$\hat{\pi}_0 = \frac{1}{1 + \exp(0.886 - 0.156x_0)} = 0.627$$

　　即年收入为 9 万元的客户中约有 62.7％的家庭在签订购房意向后会真正买房。

　　需要注意的是，等式（10.7）要求 $\hat{\pi}_i$ 不能等于 0 和 1。当 $\hat{\pi}_i$ 等于 0 或 1 时，因变量将不再是一个二点分布，而退化成一个单点分布，不满足二项 Logistic 模型对因变量的要求。也就是说，如果有一组 $\hat{\pi}_i = 0$ 或 $\hat{\pi}_i = 1$，或者没有重复观测（非分组数据），即每个组只有一个观测值，则上述方法都将不再适用。另外，即使每组的 $\hat{\pi}_i$ 不等于 0 也不等于 1，但组数 c 很少；或者每组的样本量很小而不能保证 $\hat{\pi}_i$ 的估计精度，这些情况都会影响最终所得 Logistic 回归方程的精度。也就是说，分组数据的 Logistic 回归只适用于某些大样本的分组数据，对于小样本的未分组数据并不适用。对于小样本的未分组数据，可采用下面介绍的极大似然法对 Logistic 模型中的参数进行估计。

二、非分组数据情形

设 Y 是二点分布型随机变量，x_1，x_2，$\cdots$，x_p 是对 Y 的取值有影响的确定性预测变量。在 x_{i1}，x_{i2}，$\cdots$，x_{ip}，$i=1$，2，$\cdots$，n 处分别有 Y 的 1 次独立观测结果，记其对应观测值为 y_i。 显然，$y_i(i=1,2,\cdots,n)$ 是相互独立的，其概率分布为：

$$P(Y=y_i)=\pi_i^{y_i}(1-\pi_i)^{1-y_i} \qquad y_i=0\ \text{或}\ 1$$

于是，y_1，y_2，$\cdots$，y_n 的似然函数为：

$$
\begin{aligned}
\mathrm{L}(y,\pi) &= \prod_{i=1}^{n} P(Y_i=y_i) \\
&= \prod_{i=1}^{n} \pi_i^{y_i}(1-\pi_i)^{1-y_i}
\end{aligned}
\tag{10.12}
$$

对数似然函数为：

$$
\begin{aligned}
\ln \mathrm{L}(y,\pi) &= \sum_{i=1}^{n}\left[y_i\ln\pi_i+(1-y_i)\ln(1-\pi_i)\right] \\
&= \sum_{i=1}^{n}\left[y_i\ln\frac{\pi_i}{1-\pi_i}+\ln(1-\pi_i)\right]
\end{aligned}
\tag{10.13}
$$

又 Logistic 模型描述了 π_i 与 x_{i1}，x_{i2}，$\cdots$，x_{ip} 之间有如下关系：

$$
\pi_i=\frac{1}{1+\exp\left[-\left(\beta_0+\sum_{j=1}^{p}\beta_j x_{ij}\right)\right]} \qquad i=1,2,\cdots,n
\tag{10.14}
$$

将(10.14)式代入(10.13)式，得到等式：

$$
\ln \mathrm{L}(y,\beta)=\sum_{i=1}^{n}\left\{y_i\left(\beta_0+\sum_{j=1}^{p}\beta_j x_{ij}\right)-\ln\left[1+\exp\left(\beta_0+\sum_{j=1}^{p}\beta_j x_{ij}\right)\right]\right\}
\tag{10.15}
$$

使得 $\ln \mathrm{L}(y,\beta)$ 达到最大值的 $(\hat{\beta}_0,\hat{\beta}_1,\cdots,\hat{\beta}_p)$ 就是 $(\beta_0,\beta_1,\cdots,\beta_p)$ 的极大似然估计。需要注意的是，(10.15)式是 $(\beta_0,\beta_1,\cdots,\beta_p)$ 的一个非线性函数，求其最大值点并不是一件容易的事情。幸运的是，目前已有很多统计软件提供了相应的计算功能。例如，用 SPSS 或 SAS 的 LOGISTIC 过程就可计算出 $(\beta_0,\beta_1,\cdots,\beta_p)$ 的极大似然估计。

例 10.2 发现经营不善的金融商业机构是审计核查工作的重要职能，正如美国 20 世纪 80 年代的存贷款业惨败事件那样，对于金融商业机构的判别失误将导致灾难性的后果。表 10.2 给出了 66 家企业的运营财务比率，其中 33 家两年后破产，另外 33 家一直经营稳定。

表 10.2 有偿付能力和破产企业的财务比率数据

y	x_1	x_2	x_3	y	x_1	x_2	x_3
0	−62.8	−89.5	1.7	1	43	16.4	1.3
0	3.3	−3.5	1.1	1	47	16	1.9
0	−120.8	−103.2	2.5	1	−3.3	4	2.7
0	−18.1	−28.8	1.1	1	35	20.8	1.9
0	−3.8	−50.6	0.9	1	46.7	12.6	0.9
0	−61.2	−56.2	1.7	1	20.8	12.5	2.4
0	−20.3	−17.4	1	1	33	23.6	1.5
0	−194.5	−25.8	0.5	1	26.1	10.4	2.1
0	20.8	−4.3	1	1	68.6	13.8	1.6
0	−106.1	−22.9	1.5	1	37.3	33.4	3.5
0	−39.4	−35.7	1.2	1	59	23.1	5.5
0	−164.1	−17.7	1.3	1	49.6	23.8	1.9
0	−308.9	−65.8	0.8	1	12.5	7	1.8
0	7.2	−22.6	2	1	37.3	34.1	1.5
0	−118.3	−34.2	1.5	1	35.3	4.2	0.9
0	−185.9	−280	6.7	1	49.5	25.1	2.6
0	−34.6	−19.4	3.4	1	18.1	13.5	4
0	−27.9	6.3	1.3	1	31.4	15.7	1.9
0	−48.2	6.8	1.6	1	21.5	−14.4	1
0	−49.2	−17.2	0.3	1	8.5	5.8	1.5
0	−19.2	−36.7	0.8	1	40.6	5.8	1.8
0	−18.1	−6.5	0.9	1	34.6	26.4	1.8
0	−98	−20.8	1.7	1	19.9	26.7	2.3
0	−129	−14.2	1.3	1	17.4	12.6	1.3
0	−4	−15.8	2.1	1	54.7	14.6	1.7
0	−8.7	−36.3	2.8	1	53.5	20.6	1.1
0	−59.2	−12.8	2.1	1	35.9	26.4	2
0	−13.1	−17.6	0.9	1	39.4	30.5	1.9
0	−38	1.6	1.2	1	53.1	7.1	1.9
0	−57.9	0.7	0.8	1	39.8	13.8	1.2
0	−8.8	−9.1	0.9	1	59.5	7	2
0	−64.7	−4	0.1	1	16.3	20.4	1
0	−11.4	4.8	0.9	1	21.7	−7.8	1.6

由表 10.2 可知,因变量是非分组的两点分布型随机变量。因此,可利用预测变量 x_1、x_2、x_3 和因变量 Y 拟合一个非分组情况下的 Logistic 模型,其结果见表 10.3,其中 3 个财务比率的定义如下:x_1 = 未分配利润 / 总资产,x_2 = 支付利息和税金前利润 / 总资产,x_3 = 销售额 / 总资产。因变量 Y = 1 表示两年后公司将破产,Y = 0 表示两年后公司仍有偿付能力。

表 10.3　Logistic 回归模型结果

变　量	系　数	标准误差	Wald	df	Sig.	优势比
x_1	.331	.301	1.213	1	.271	1.393
x_2	.181	.107	2.862	1	.091	1.198
x_3	5.087	5.082	1.002	1	.317	161.979
Constant	−10.153	10.840	.877	1	.349	.000

　- 2Log - likelihood=5.813　　Nagelkerke R Square=.969　　Chi - square=85.683　　Sig.=.000

表 10.3 中各项结果与回归分析的输出结果相似。由表 10.3 可知,拟合模型在整体上是显著的,但模型中各单个参数是不显著的。设 π 为两年后企业有偿付能力的概率,则由表 10.3 可知,拟合的 Logistic 模型为:

$$\ln\left(\frac{\pi}{1-\pi}\right) = -10.153 + 0.331x_1 + 0.181x_2 + 5.087x_3 \tag{10.16}$$

即在支付利息和税金前利润/总资产(x_2)和销售额/总资产(x_3)保持不变的情况下,未分配利润/总资产(x_1)每增加一单位,两年后公司破产和公司仍有偿付能力的概率比将是原来的 $e^{0.331}$ = 1.39 倍。同理,可对 x_2 和 x_3 的系数做相应的解释,在此不再赘述。相应地,由(10.16)式可得到预测模型:

$$\pi = \frac{1}{1 + \exp(10.153 - 0.331x_1 - 0.181x_2 - 5.087x_3)} \tag{10.17}$$

即当某企业财务比率 x_1 = 20、x_2 = 10、x_3 = 0.5 时,该企业两年后有偿付能力的概率为:

$$\pi = \frac{1}{1 + \exp(10.153 - 0.331 \times 20 - 0.181 \times 10 - 5.087 \times 0.5)} = 0.694\,3$$

也就是说,财务比率为 x_1 = 20,x_2 = 10,x_3 = 0.5 的企业有 69.43% 的可能性在两年后有偿付能力。

三、Logistic 模型的应用

在流行病学中,经常需要研究某一疾病发生与不发生的可能性大小,如一个人得

流行性感冒相对于未得流行性感冒的可能性是多少,对此通常用赔率来度量。赔率的具体定义如下:

定义 10.1 一个随机事件 A 发生的概率与其不发生的概率之比称为事件 A 的赔率,记为 odds(A),即:

$$\text{odds}(A) = \frac{P(A)}{P(\bar{A})} = \frac{P(A)}{1 - P(A)}$$

如果一个事件 A 发生的概率 $P(A) = 0.75$,则其不发生的概率 $P(\bar{A}) = 1 - P(A) = 0.25$,所以事件 A 的赔率 odds($A$) $= 0.75/0.25 = 3$。 也就是说,事件 A 发生与不发生的可能性是 $3:1$。粗略地讲,即在 4 次观察中有 3 次事件 A 发生而有一次事件 A 不发生。例如,事件 A 表示"投资成功",那么 odds(A) $= 3$ 表示投资成功的可能性是投资不成功的 3 倍。又如,事件 B 表示"客户理赔事件",且已知 $P(B) = 0.25$,则 $P(\bar{B}) = 0.75$,从而事件 B 的赔率 odds(B) $= 0.25/0.75 = 1/3$,表明发生客户理赔事件的风险是不发生的 1/3。用赔率可以很好地度量一些经济现象发生与否的可能性大小。

仍以上述"客户理赔事件"为例,有时我们还需要研究某一群客户相对于另一群客户发生客户理赔事件的风险大小,如职业为司机的客户群相对于职业为教师的客户群发生客户理赔事件的风险大小,这需要用到赔率比的概念。

定义 10.2 随机事件 A 的赔率与随机事件 B 的赔率之比称为事件 A 对事件 B 的赔率比,记为 OR(A, B),即 OR(A, B) $=$ odds(A)/odds(B)。

记事件 A 和事件 B 分别为司机客户发生理赔事件和教师客户发生理赔事件,又已知 odds(A) $= 1/20$, odds(B) $= 1/30$,那么,事件 A 对事件 B 的赔率比 OR(A, B) $=$ odds(A)/odds(B) $= 1.5$。 这表明职业为司机的客户发生理赔的赔率是职业为教师的客户的 1.5 倍。

应用 Logistic 模型可方便地估计单个事件的赔率及多个事件的赔率比。下面仍以例 10.1 来说明 Logistic 模型在这方面的应用。

例 10.3(续例 10.1) 房地产商希望能估计出一个家庭年收入为 9 万元的客户签订意向后最终买房与不买房的可能性大小之比,以及一个家庭年收入为 9 万元的客户签订意向后最终买房的赔率是年收入为 8 万元的客户的多少倍。

由例 10.1 中所得模型(10.11)式,得:

$$\frac{\hat{\pi}}{1 - \hat{\pi}} = \exp(-0.886 + 0.156x) \tag{10.18}$$

将 $x = x_0 = 9$ 代入上式,得一个家庭年收入为 9 万元的客户在其签订购房意向后最终买房与不买房的可能性大小之比,值为:

$$odds(年收入 9 万) = \frac{\hat{\pi}_0}{1 - \hat{\pi}_0}$$

$$= \exp(-0.886 + 0.156 \times 9)$$

$$= 1.667$$

这说明,一个家庭年收入为 9 万元的客户在签订购房意向后最终买房的可能性是不买房的可能性的约 1.68 倍。另外,由(10.18)式还可得到:

$$OR(年收入 9 万,年收入 8 万) = \frac{\exp(-0.886 + 0.156 \times 9)}{\exp(-0.886 + 0.156 \times 8)} = 1.168 \, 8$$

所以,一个家庭年收入为 9 万元的客户签订意向后最终买房的赔率是年收入为 8 万元客户的约 1.17 倍。

更一般地,如果 Logistic 模型的参数估计为 $(\hat{\beta}_0, \hat{\beta}_1, \cdots, \hat{\beta}_p)$,则在 $x_1 = x_{01}$, $x_2 = x_{02}, \cdots, x_p = x_{0p}$ 条件下的事件赔率估计值为:

$$\frac{\hat{\pi}_0}{1 - \hat{\pi}_0} = \exp\left(\hat{\beta}_0 + \sum_{j=1}^{p} \hat{\beta}_j x_{0j}\right) \tag{10.19}$$

如果记 $x_A = (1, x_{A1}, x_{A2}, \cdots, x_{Ap})'$, $x_B = (1, x_{B1}, x_{B2}, \cdots, x_{Bp})'$,并将相应条件下的事件仍分别记为 x_A 和 x_B,则事件 x_A 对 x_B 赔率比的估计可由下式获得:

$$OR(x_A, x_B) = \exp\left[\sum_{j=1}^{p} \hat{\beta}_j (x_{Aj} - x_{Bj})\right] \tag{10.20}$$

第四节　Logistic 模型诊断

建立好 Logistic 模型后,下一步就可以用模型诊断工具进行检测,如寻找模型的异常点、高杠杆点、强影响点和其他模型缺陷。前面章节中回归模型所采用的回归诊断手段对于 Logistic 模型一样适用。回归分析软件包中的 Logistic 回归部分通常会提供相应的统计量和各种不同模型诊断指标,包括:

(1) 估计的概率 $\hat{\pi}_i$, $i = 1, \cdots, n$。

(2) 不同类型的残差,如标准化偏离残差 DR_i 和标准化皮尔逊残差 PR_i, $i = 1, \cdots, n$。

(3) 加权杠杆值 p_{ii}^*,这是预测变量的观测值在 Logistic 回归方程中的潜在效应的度量。

(4) 删去了第 i 个观测值后,回归系数的标准化差异 $DBETA_i$, $i = 1, \cdots, n$。

（5）删去了第 i 个观测值后，χ^2 统计量的改变量 DFG_i，$i=1$，$\cdots$，n。

以上度量公式及其推导过程均已超出本书范围，在此不再给出推导过程，有兴趣的读者可参阅 Peigibon(1981)、Landwehr, Prigibon and Sheomaker(1984)、Hosmer and Lemeshow 及文中涉及的相关文献。

第五节　多项 Logistic 回归模型

在前面讨论的二项 Logistic 模型中，因变量应满足二点分布。在现实生活中，因变量的取值可能是两个以上的取值情形。例如，在上班所用交通工具选择的研究中，因变量的取值可以是私人汽车、合伙打车、公交车、自行车和走路，其取值共有 5 个类别，且各类别之间没有自然次序。此时，若要了解上班交通方式的选择与年龄、性别、收入和出行距离等因素的关系，则需要推广和改进前面的 Logistic 模型。

设有解释变量 x_1，x_2，$\cdots$，x_p 的 n 次独立观测 $x_i = (x_{i1}, x_{i2}, \cdots, x_{ip})$（$i = 1, \cdots, n$）及相应因变量 Y 的观测值 y_i。假定因变量 y 的取值共有 k 个类别，且各类别之间无次序关系。将这 k 个类别中的任意一个类别设为基础类别，不妨将第 k 个类别设为基础类别。令 π_{ij} 为给定观测值 $x_i = (x_{i1}, x_{i2}, \cdots, x_{ip})$ 时，因变量的取值为第 j 个类别的概率，则在给定观测值 $x_i = (x_{i1}, x_{i2}, \cdots, x_{ip})$ 的条件下，有因变量的取值为第 j 个类别的多项 Logistic 回归模型：

$$\ln\left(\frac{\pi_{ij}}{\pi_{ik}}\right) = x'_i \beta_j \qquad i = 1, 2, \cdots, n; \quad j = 1, 2, \cdots, k-1 \tag{10.21}$$

其中：$x'_i = (1, x_i)$，$\beta_j = (\beta_{0j}, \beta_{1j}, \cdots, \beta_{pj})'$ 为未知参数向量，是因变量的取值为第 j 个类别的回归系数。

由于因变量 Y 的取值总共有 k 个类别，因此，对于任意一组观测变量 x_i，其相应因变量的观测值 y_i 只能是 k 个类别中的一个，从而有：

$$\sum_{j=1}^{k} \pi_{ij} = 1 \quad i = 1, 2, \cdots, n \tag{10.22}$$

对(10.21)式两边同时取指数，并作等价变换，则有：

$$\pi_{ij} = \exp(x'_i \beta_j) \pi_{ik} \qquad i = 1, 2, \cdots, n; \quad j = 1, 2, \cdots, k-1 \tag{10.23}$$

综合(10.22)式和(10.23)式，有：

$$\pi_{ik} = \frac{1}{1 + \sum_{j=1}^{k-1} \exp(x_i'\beta_j)} \qquad i=1, 2, \cdots, n \qquad (10.24)$$

从而将(10.24)式代入(10.23)式,有:

$$\pi_{ij} = \frac{\exp(x_i'\beta_j)}{1 + \sum_{j=1}^{k-1} \exp(x_i'\beta_j)} \qquad i=1, 2, \cdots, n; \quad j=1, 2, \cdots, k-1 \quad (10.25)$$

式中的未知参数变量 β_j 可用极大似然法进行估计,一般的统计软件可提供具体计算。

例 10.4 为了确定糖尿病的治疗和病人的保养方案,必须要判定病人的糖尿病类型,即判定病人是化学糖尿病还是显性糖尿病。表 10.4 是为了研究化学糖尿病的特征而收集的数据,数据来源于有相同生活规律的 145 名非肥胖志愿者,表中指标分别为胰岛素反应水平(IR)、测定胰岛素抵抗的稳态血糖浓度(SSPG)、相对体重(RW)和临床分类(CC)。其中,临床分类 $CC=1$ 表示志愿者是显性糖尿病人,$CC=2$ 表示志愿者是化学糖尿病人,$CC=3$ 表示志愿者是正常的。

表 10.4　糖尿病志愿者特征数据

病人号	RW	IR	SSPG	CC	病人号	RW	IR	SSPG	CC
1	0.81	124	55	3	16	0.98	202	102	3
2	0.95	117	76	3	17	1.1	152	76	3
3	0.94	143	105	3	18	0.85	185	37	3
4	1.04	199	108	3	19	0.83	116	60	3
5	1	240	143	3	20	0.93	123	50	3
6	0.76	157	165	3	21	0.95	136	47	3
7	0.91	221	119	3	22	0.74	134	50	3
8	1.1	186	105	3	23	0.95	184	91	3
9	0.99	142	98	3	24	0.97	192	124	3
10	0.78	131	94	3	25	0.72	279	74	3
11	0.9	221	53	3	26	1.11	228	235	3
12	0.73	178	66	3	27	1.2	145	158	3
13	0.96	136	142	3	28	1.13	172	140	3
14	0.84	200	93	3	29	1	179	145	3
15	0.74	208	68	3	30	0.78	222	99	3

病人号	RW	IR	SSPG	CC	病人号	RW	IR	SSPG	CC
31	1	134	90	3	62	1.02	208	244	2
32	1	143	105	3	63	1.19	201	194	2
33	0.71	169	32	3	64	1.06	131	136	3
34	0.76	263	165	3	65	1.2	162	257	2
35	0.89	174	78	3	66	1.05	148	167	2
36	0.88	134	80	3	67	1.18	130	153	3
37	1.17	182	54	3	68	1.01	137	248	3
38	0.85	241	175	3	69	0.91	375	273	3
39	0.97	128	80	3	70	0.81	146	80	3
40	1	222	186	3	71	1.1	344	270	2
41	1	165	117	3	72	1.03	192	180	3
42	0.89	282	160	3	73	0.97	115	85	3
43	0.98	94	71	3	74	0.96	195	106	3
44	0.78	121	29	3	75	1.1	267	254	3
45	0.74	73	42	3	76	1.07	281	119	3
46	0.91	106	56	3	77	1.08	213	177	2
47	0.95	118	122	3	78	0.95	156	159	3
48	0.95	112	73	3	79	0.74	221	103	3
49	1.03	157	122	3	80	0.84	199	59	3
50	0.87	292	128	3	81	0.89	76	108	3
51	0.87	200	233	3	82	1.11	490	259	3
52	1.17	220	132	3	83	1.19	143	204	2
53	0.83	144	138	3	84	1.18	73	220	3
54	0.82	109	83	3	85	1.06	237	111	2
55	0.86	151	109	3	86	0.95	748	122	2
56	1.01	158	96	3	87	1.06	320	253	2
57	0.88	73	52	3	88	0.98	188	211	2
58	0.75	81	42	3	89	1.16	607	271	2
59	0.99	151	122	2	90	1.18	297	220	2
60	1.12	122	176	3	91	1.2	232	276	2
61	1.09	117	118	3	92	1.08	480	233	2

（续表）

病人号	RW	IR	SSPG	CC	病人号	RW	IR	SSPG	CC
93	0.91	622	264	2	120	0.92	42	346	1
94	1.03	287	231	2	121	1.2	102	319	1
95	1.09	266	268	2	122	1.04	138	351	1
96	1.05	124	60	2	123	1.16	160	357	1
97	1.2	297	272	2	124	1.08	131	248	1
98	1.05	326	235	2	125	0.95	145	324	1
99	1.1	564	206	2	126	0.86	45	300	1
100	1.12	408	300	2	127	0.9	118	300	1
101	0.96	325	286	2	128	0.97	159	310	1
102	1.13	433	266	2	129	1.16	73	458	1
103	1.07	180	239	2	130	1.12	103	339	1
104	1.1	392	242	2	131	1.07	460	320	1
105	0.94	109	157	2	132	0.93	42	297	1
106	1.12	313	267	2	133	0.85	13	303	1
107	0.88	132	155	2	134	0.81	130	152	1
108	0.93	285	194	2	135	0.98	44	167	1
109	1.16	139	198	2	136	1.01	314	220	1
110	0.94	212	156	2	137	1.19	219	209	1
111	0.91	155	100	2	138	1.04	100	351	1
112	0.83	120	135	2	139	1.06	10	450	1
113	0.92	28	455	1	140	1.03	83	413	1
114	0.86	23	327	1	141	1.05	41	480	1
115	0.85	232	279	1	142	0.91	77	150	1
116	0.83	54	382	1	143	0.9	29	209	1
117	0.85	81	378	1	144	1.11	124	442	1
118	1.06	87	374	1	145	0.74	15	253	1
119	1.06	76	260	1					

以正常人（$CC=3$）为基础类别，利用变量 IR、$SSPG$ 和 RW 建立多项 Logistic 回归模型，结果见表10.5。

表 10.5 多项 Logistic 回归模型结果

CC[a]		B	Std. Error	Wald	Sig.	Exp(B)	95% Confidence Interval for Exp(B)	
							Lower Bound	Upper Bound
1	Intercept	−2.735	3.098	.779	.377			
	RW	−5.956	3.235	3.391	.066	.003	$4.571E-6$	1.467
	IR	−.015	.005	10.342	.001	.985	.976	.994
	SSPG	.046	.008	34.874	.000	1.047	1.031	1.063
2	Intercept	−8.346	1.583	27.812	.000			
	RW	3.797	1.617	5.515	.019	44.572	1.874	1 059.986
	IR	.004	.002	6.675	.010	1.004	1.001	1.007
	SSPG	.016	.003	24.324	.000	1.016	1.009	1.022

−2 Log Likelihood=276.615 Chi-Square=269.217 df=6 sig=0.000

由表 10.5 可知,模型在整体上是显著的,显性糖尿病人群(CC=1)模型中的截距项和 RW 的系数都不显著,化学糖尿病人群(CC=2)模型中的各系数都显著,故需要对建立的多项 Logistic 回归模型进行修正,修正后的结果见表 10.6。

表 10.6 修正后的多项 Logistic 回归模型结果

CC[a]		B	Std. Error	Wald	Sig.	Exp(B)	95% Confidence Interval for Exp(B)	
							Lower Bound	Upper Bound
1	Intercept	−8.366	1.660	25.402	.000			
	IR	−.014	.004	12.062	.001	.986	.978	.994
	SSPG	.044	.007	38.350	.000	1.045	1.030	1.059
2	Intercept	−4.960	.515	92.836	.000			
	IR	.004	.002	5.496	.019	1.004	1.001	1.007
	SSPG	.019	.003	44.319	.000	1.019	1.013	1.025

a. The reference category is: 3.

进一步,由表 10.6 中的结果可知,最终建立的多项 Logistic 回归模型为:

$$\pi_{ij} = \frac{\exp(x'_i\beta_j)}{1+\sum_{j=1}^{2}\exp(x'_i\beta_j)} \qquad j=1,2 \tag{10.26}$$

其中：$x_i' = (1, IR_i, SSPG_i)$，$\beta_1 = (-8.366, -0.014, 0.044)'$，$\beta_2 = (-4.960, 0.004, 0.019)'$。

由表 10.6 的多项 Logistic 回归结果可知，显性糖尿病人群相对于正常人而言，增加稳态血糖浓度 SSPG 会增加显性糖尿病的优势，减少胰岛素反应水平 IR 会压缩显性糖尿病的优势；而化学糖尿病人群相对于正常人而言，增加稳态血糖浓度 SSPG 或胰岛素反应水平 IR 都会增加显性糖尿病的优势。胰岛素反应水平 IR 对于显性糖尿病人群和化学糖尿病人群的这种差异性说明了这两种糖尿病的差异，临床中可根据这两种糖尿病的特性差异采取不同的处理方案。

第六节　有序数据的 Logistic 回归模型

在前面讨论的二项 Logistic 模型和多项 Logistic 回归模型中，因变量的取值之间没有次序关系。然而在现实生活中，因变量的取值之间可能存在有序关系。例如，在消费者满意度调查中，消费者对商品的满意度（Y）可分为非常满意、满意、一般、不满意和非常不满意。进一步，我们希望找到对商品满意度评价有影响的因素，此时该如何处理这类问题呢？实际上，只需将多项 Logistic 回归模型稍加修改便可以处理这类因变量取值是有序情形的问题。

设有解释变量 x_1, x_2, $\cdots$, x_p 的 n 次独立观测值 $x_i' = (1, x_{i1}, x_{i2}, \cdots, x_{ip})$（$i = 1, \cdots, n$）及相应因变量的观测值 y_i。假定因变量 Y 的取值共有 k 个类别，且各类别之间是有序的。为了便于叙述，假定因变量各类别已经按照某种顺序排列好，并用数字的自然次序表示这种关系。[①] 此时，在给定观测样本 $(x_{i1}, x_{i2}, \cdots, x_{ip})$ 的情况下，因变量 Y 的累积分布函数为：

$$F_j(x_j) = P(Y \leqslant j) = \sum_{i=1}^{j} P(y=i) \qquad j = 1, \cdots, k \tag{10.27}$$

进一步，对立事件的性质有：

$$1 - F_j(x_i) = P(j+1 \leqslant Y \leqslant k)$$

$$= \sum_{i=j+1}^{k} P(y=i) \tag{10.28}$$

注意到，将 $(Y \leqslant j)$ 和 $(j+1 \leqslant Y \leqslant k)$ 看成两个事件，则这两个事件是互为对立

---

① 如将"非常满意""满意""一般""不满意"和"非常不满意"的顺序排列为"非常满意""满意""不满意""非常满意"，并相应地用自然数 1、2、3 和 4 表示。

事件。借鉴建立二项 Logistic 模型的思想,我们有比例优势模型①:

$$L_j(x_i) = \ln\left(\frac{F_j(x_i)}{1 - F_j(x_i)}\right) = -x_i'\beta_j \qquad j = 1, \cdots, k-1 \qquad (10.29)$$

其中:$x_i = (x_{i1}, x_{i2}, \cdots, x_{ip})$,$x_i' = (-1, x_i)$,$\beta_j = (\beta_{0j}, \beta_{1j}, \cdots, \beta_{pj})'$ 为第 j 类的回归系数,且有 $\beta_{01} < \beta_{02} < \cdots < \beta_{0k-1}$。该模型可以通过统计软件中的极大似然估计对 β_j 进行求解。

例 10.5 为了研究社会经济地位(x_1)和生活重大事件(x_2)对心理健康的影响,对某地居民进行随机抽样,样本结果见表 10.7。将心理健康分为健康、轻度受损、中等受损和严重受损 4 个层次,在表中分别用数值 1、2、3 和 4 表示;社会地位分为高和低两个层次,在表中分别用数值 1 和 0 表示;生活重大事件用数值来衡量,值越大,代表生活中遇到的重大事件越多,对心理的创伤程度越大。请根据表中数据对该地居民的社会经济地位(x_1)和生活重大事件(x_2)对心理健康的影响作分析。

表 10.7 心理健康样本数据

样本	心理健康	社会地位	生活重大事件	样本	心理健康	社会地位	生活重大事件
1	1	1	1	16	2	0	1
2	1	1	9	17	2	1	8
3	1	1	4	18	2	1	2
4	1	1	3	19	2	0	5
5	1	0	2	20	2	1	5
6	1	1	0	21	2	1	9
7	1	0	1	22	2	0	3
8	1	1	3	23	2	1	3
9	1	1	3	24	2	1	1
10	1	1	7	25	3	0	0
11	1	0	1	26	3	1	4
12	1	0	2	27	3	0	3
13	2	1	5	28	3	0	9
14	2	0	6	29	3	1	6
15	2	1	3	30	3	0	4

---

① 由于 $F_k(x_i) = P(Y \leqslant K) = \sum_{i=1}^k P(y = i) = 1$,故在建立比例优势模型时,$j \neq k$。

（续表）

样本	心理健康	社会地位	生活重大事件	样本	心理健康	社会地位	生活重大事件
31	3	0	3	36	4	0	4
32	4	1	8	37	4	0	4
33	4	1	2	38	4	1	8
34	4	1	7	39	4	0	8
35	4	0	5	40	4	0	9

在此例中，因变量是心理健康，它的取值是有序的，需要运用有序数据的 Logistic 回归模型来对本例进行分析，回归结果见表 10.8。

表 10.8　心理健康的 Logistic 回归结果

Parameter Estimates

		Estimate	Std. Error	Wald	df	Sig.	95% Confidence Interval Lower Bound	95% Confidence Interval Upper Bound
Threshold	$[y=1]$	−.282	.623	.205	1	.651	−1.503	.939
Threshold	$[y=2]$	1.213	.651	3.469	1	.063	−.063	2.489
Threshold	$[y=3]$	2.209	.717	9.493	1	.002	.804	3.615
Location	x_1	−1.111	.614	3.273	1	.070	−2.315	.093
Location	x_2	.319	.119	7.129	1	.008	.085	.553

Link function：Logit.

由表 10.8 可知，建立的 Logistic 回归模型为：

$$L_j(x_i) = \ln\left[\frac{F_j(x_i)}{1-F_j(x_i)}\right]$$

$$= \beta_{0j} + 1.111x_1 - 0.319x_2 \qquad j=1, 2, 3$$

其中：$\beta_{01}=-0.282$，$\beta_{02}=1.213$，$\beta_{03}=2.209$。由模型的回归系数可知，随着生活重大事件的增加，心理健康取值为后面次序的概率将增大，即心理健康变差的概率增大；同时，居民的社会经济地位越高，其心理健康变好的概率越大。

 小结

本章主要介绍了名义变量的 Logistic 线性回归模型理论知识和模型建立方法。根据因变量取值的分布情况，分别介绍了因变量是二点分布时的二项 Logistic 回归模型、因变量是多项分布且取值无序时的多项 Logistic 回归模型，以及因变量是多项分布且取值有序时的有序数据的 Logistic 回归模型。

相对于典型的回归模型，Logistic 回归模型没有直接运用因变量的观测值来建立模型，而是通过转换函数这一工具，将因变量的取值转换成对应取值的概率来建立回归模型。在自变量取值是分组的情形下，Logistic 回归模型的参数可以用最小二乘法来估计；而在非分组情况下，Logistic 回归模型的参数则需要运用极大似然估计方法来估计，这两种参数估计方法可以借助统计软件来完成。

在介绍 Logistic 回归模型的过程中，根据 Logistic 回归模型的特点，本章相关处还介绍了赔率这一概念，它能很好地刻画随机事件发生与否的概率比，在金融风险度量中有很好的应用。

 习题十

1. 为了研究抗生素的抗感染效果，德国慕尼黑大学临床中心记录了 251 位新生儿母亲产后的伤口感染状况，数据见下表。表中 $inf=1$ 表示新生儿母亲产后伤口有感染，$inf=0$ 表示新生儿母亲产后伤口没有感染；$Np=0$ 表示新生儿母亲选择剖宫产，$Np=1$ 表示新生儿母亲选择自然妊娠；$Ab=1$ 表示新生儿母亲在妊娠过程中用了抗生素，$Ab=0$ 表示新生儿母亲在妊娠过程中没用抗生素；$Risk=1$ 表示新生儿母亲的感染状况会受到风险因素的影响。请根据表中数据分析抗生素的临床抗感染效果。

inf	Np	Ab	$Risk$	inf	Np	Ab	$Risk$
1	0	1	1	1	0	0	1
1	0	0	1	1	0	0	1
1	0	0	1	1	0	0	1
1	0	0	1	1	0	0	1
1	0	0	1	1	0	0	1
1	0	0	1	1	0	0	1
1	0	0	1	1	0	0	1
1	0	0	1	1	0	0	1
1	0	0	1	1	0	0	1
1	0	0	1	1	0	0	1
1	0	0	1	1	0	0	1
1	0	0	1	1	0	0	1
1	0	0	1	1	0	0	0
1	0	0	1	1	0	0	0
1	0	0	1	1	0	0	0

（续表）

inf	Np	Ab	$Risk$	inf	Np	Ab	$Risk$
1	0	0	0	0	0	0	1
1	0	0	0	0	0	0	1
1	0	0	0	0	0	0	1
1	0	0	0	0	0	0	1
1	0	0	0	0	0	0	1
0	0	1	1	0	0	0	1
0	0	1	1	0	0	0	1
0	0	1	1	0	0	0	1
0	0	1	1	0	0	0	1
0	0	1	1	0	0	0	1
0	0	1	1	0	0	0	1
0	0	1	1	0	0	0	1
0	0	1	1	0	0	0	1
0	0	1	1	0	0	0	1
0	0	1	1	0	0	0	1
0	0	1	1	0	0	0	1
0	0	1	1	0	0	0	1
0	0	1	1	0	0	0	1
0	0	1	1	0	0	0	1
0	0	1	1	0	0	0	1
0	0	1	0	0	0	0	1
0	0	1	0	0	0	0	0
0	0	0	1	0	0	0	0
0	0	0	1	0	0	0	0
0	0	0	1	0	0	0	0
0	0	0	1	0	0	0	0
0	0	0	1	0	0	0	0
0	0	0	1	0	0	0	0
0	0	0	1	0	0	0	0
0	0	0	1	0	0	0	0
0	0	0	1	0	0	0	0

（续表）

inf	Np	Ab	Risk	inf	Np	Ab	Risk
0	0	0	0	1	1	1	1
0	0	0	0	1	1	0	1
0	0	0	0	1	1	0	1
0	0	0	0	1	1	0	1
0	0	0	0	1	1	0	1
0	0	0	0	1	1	0	1
0	0	0	0	1	1	0	1
0	0	0	0	1	1	0	1
0	0	0	0	1	1	0	1
0	0	0	0	1	1	0	1
0	0	0	0	1	1	0	1
0	0	0	0	1	1	0	1
0	0	0	0	1	1	0	1
0	0	0	0	1	1	0	1
0	0	0	0	1	1	0	1
0	0	0	0	1	1	0	1
0	0	0	0	1	1	0	1
0	0	0	0	1	1	0	1
0	0	0	0	1	1	0	1
0	0	0	0	1	1	0	1
0	0	0	0	1	1	0	1
1	1	1	1	1	1	0	1
1	1	1	1	1	1	0	1
1	1	1	1	0	1	1	1
1	1	1	1	0	1	1	1
1	1	1	1	0	1	1	1
1	1	1	1	0	1	1	1
1	1	1	1	0	1	1	1
1	1	1	1	0	1	1	1
1	1	1	1	0	1	1	1
1	1	1	1	0	1	1	1

inf	Np	Ab	Risk	inf	Np	Ab	Risk
0	1	1	1	0	1	1	1
0	1	1	1	0	1	1	1
0	1	1	1	0	1	1	1
0	1	1	1	0	1	1	1
0	1	1	1	0	1	1	1
0	1	1	1	0	1	1	1
0	1	1	1	0	1	1	1
0	1	1	1	0	1	1	1
0	1	1	1	0	1	1	1
0	1	1	1	0	1	1	1
0	1	1	1	0	1	1	1
0	1	1	1	0	1	1	1
0	1	1	1	0	1	1	1
0	1	1	1	0	1	1	1
0	1	1	1	0	1	1	1
0	1	1	1	0	1	1	1
0	1	1	1	0	1	1	1
0	1	1	1	0	1	1	1
0	1	1	1	0	1	1	1
0	1	1	1	0	1	1	1
0	1	1	1	0	1	1	1
0	1	1	1	0	1	1	1
0	1	1	1	0	1	1	1
0	1	1	1	0	1	1	1
0	1	1	1	0	1	1	1
0	1	1	1	0	1	1	1
0	1	1	1	0	1	1	1
0	1	1	1	0	1	1	1
0	1	1	1	0	1	1	1
0	1	1	1	0	1	1	1
0	1	1	1	0	1	1	1
0	1	1	1	0	1	1	1

（续表）

inf	Np	Ab	$Risk$	inf	Np	Ab	$Risk$
0	1	1	1	0	1	1	1
0	1	1	1	0	1	0	1
0	1	1	1	0	1	0	1
0	1	1	1	0	1	0	1
0	1	1	1	0	1	0	0
0	1	1	1	0	1	0	0
0	1	1	1	0	1	0	0
0	1	1	1	0	1	0	0
0	1	1	1	0	1	0	0
0	1	1	1	0	1	0	0
0	1	1	1	0	1	0	0
0	1	1	1				
0	1	1	1				

注：数据来源于 *Regression Models，Methods and Application* 中第五章（Generalized Linear Models）例 5.2。

2. Iris-setosa、Iris-versicolor 和 Iris-virginica 是 3 种基本色为蓝色的花卉，它们因为形状较为相似而常被混淆。现有这三种花卉的花萼和花瓣样本数据，见下表，其中 $y = 1$ 表示花卉为 Iris-setosa；$y = 2$ 表示花卉为 Iris-versicolor；$y = 3$ 表示花卉为 Iris-virginica；x_1、x_2、x_3 和 x_4 分别表示花萼的长度、花萼的宽度、花瓣的长度和花瓣的宽度。请根据表中数据建立合适的模型来协助人们更好地辨别这三种花卉，并作简单分析。

序号	x_1	x_2	x_3	x_4	y	序号	x_1	x_2	x_3	x_4	y
1	5.1	3.5	1.4	0.2	1	11	5.4	3.7	1.5	0.2	1
2	4.9	3.0	1.4	0.2	1	12	4.8	3.4	1.6	0.2	1
3	4.7	3.2	1.3	0.2	1	13	4.8	3.0	1.4	0.1	1
4	4.6	3.1	1.5	0.2	1	14	4.3	3.0	1.1	0.1	1
5	5.0	3.6	1.4	0.2	1	15	5.8	4.0	1.2	0.2	1
6	5.4	3.9	1.7	0.4	1	16	5.7	4.4	1.5	0.4	1
7	4.6	3.4	1.4	0.3	1	17	5.4	3.9	1.3	0.4	1
8	5.0	3.4	1.5	0.2	1	18	5.1	3.5	1.4	0.3	1
9	4.4	2.9	1.4	0.2	1	19	5.7	3.8	1.7	0.3	1
10	4.9	3.1	1.5	0.1	1	20	5.1	3.8	1.5	0.3	1

（续表）

序号	x_1	x_2	x_3	x_4	y	序号	x_1	x_2	x_3	x_4	y
21	5.4	3.4	1.7	0.2	1	53	6.9	3.1	4.9	1.5	2
22	5.1	3.7	1.5	0.4	1	54	5.5	2.3	4.0	1.3	2
23	4.6	3.6	1.0	0.2	1	55	6.5	2.8	4.6	1.5	2
24	5.1	3.3	1.7	0.5	1	56	5.7	2.8	4.5	1.3	2
25	4.8	3.4	1.9	0.2	1	57	6.3	3.3	4.7	1.6	2
26	5.0	3.0	1.6	0.2	1	58	4.9	2.4	3.3	1.0	2
27	5.0	3.4	1.6	0.4	1	59	6.6	2.9	4.6	1.3	2
28	5.2	3.5	1.5	0.2	1	60	5.2	2.7	3.9	1.4	2
29	5.2	3.4	1.4	0.2	1	61	5.0	2.0	3.5	1.0	2
30	4.7	3.2	1.6	0.2	1	62	5.9	3.0	4.2	1.5	2
31	4.8	3.1	1.6	0.2	1	63	6.0	2.2	4.0	1.0	2
32	5.4	3.4	1.5	0.4	1	64	6.1	2.9	4.7	1.4	2
33	5.2	4.1	1.5	0.1	1	65	5.6	2.9	3.6	1.3	2
34	5.5	4.2	1.4	0.2	1	66	6.7	3.1	4.4	1.4	2
35	4.9	3.1	1.5	0.2	1	67	5.6	3.0	4.5	1.5	2
36	5.0	3.2	1.2	0.2	1	68	5.8	2.7	4.1	1.0	2
37	5.5	3.5	1.3	0.2	1	69	6.2	2.2	4.5	1.5	2
38	4.9	3.6	1.4	0.1	1	70	5.6	2.5	3.9	1.1	2
39	4.4	3.0	1.3	0.2	1	71	5.9	3.2	4.8	1.8	2
40	5.1	3.4	1.5	0.2	1	72	6.1	2.8	4.0	1.3	2
41	5.0	3.5	1.3	0.3	1	73	6.3	2.5	4.9	1.5	2
42	4.5	2.3	1.3	0.3	1	74	6.1	2.8	4.7	1.2	2
43	4.4	3.2	1.3	0.2	1	75	6.4	2.9	4.3	1.3	2
44	5.0	3.5	1.6	0.6	1	76	6.6	3.0	4.4	1.4	2
45	5.1	3.8	1.9	0.4	1	77	6.8	2.8	4.8	1.4	2
46	4.8	3.0	1.4	0.3	1	78	6.7	3.0	5.0	1.7	2
47	5.1	3.8	1.6	0.2	1	79	6.0	2.9	4.5	1.5	2
48	4.6	3.2	1.4	0.2	1	80	5.7	2.6	3.5	1.0	2
49	5.3	3.7	1.5	0.2	1	81	5.5	2.4	3.8	1.1	2
50	5.0	3.3	1.4	0.2	1	82	5.5	2.4	3.7	1.0	2
51	7.0	3.2	4.7	1.4	2	83	5.8	2.7	3.9	1.2	2
52	6.4	3.2	4.5	1.5	2	84	6.0	2.7	5.1	1.6	2

（续表）

序号	x_1	x_2	x_3	x_4	y	序号	x_1	x_2	x_3	x_4	y
85	5.4	3.0	4.5	1.5	2	118	7.7	3.8	6.7	2.2	3
86	6.0	3.4	4.5	1.6	2	119	7.7	2.6	6.9	2.3	3
87	6.7	3.1	4.7	1.5	2	120	6.0	2.2	5.0	1.5	3
88	6.3	2.3	4.4	1.3	2	121	6.9	3.2	5.7	2.3	3
89	5.6	3.0	4.1	1.3	2	122	5.6	2.8	4.9	2.0	3
90	5.5	2.5	4.0	1.3	2	123	7.7	2.8	6.7	2.0	3
91	5.5	2.6	4.4	1.2	2	124	6.3	2.7	4.9	1.8	3
92	6.1	3.0	4.6	1.4	2	125	6.7	3.3	5.7	2.1	3
93	5.8	2.6	4.0	1.2	2	126	7.2	3.2	6.0	1.8	3
94	5.0	2.3	3.3	1.0	2	127	6.2	2.8	4.8	1.8	3
95	5.6	2.7	4.2	1.3	2	128	6.1	3.0	4.9	1.8	3
96	5.7	3.0	4.2	1.2	2	129	6.4	2.8	5.6	2.1	3
97	5.7	2.9	4.2	1.3	2	130	7.2	3.0	5.8	1.6	3
98	6.2	2.9	4.3	1.3	2	131	7.4	2.8	6.1	1.9	3
99	5.1	2.5	3.0	1.1	2	132	7.9	3.8	6.4	2.0	3
100	5.7	2.8	4.1	1.3	2	133	6.4	2.8	5.6	2.2	3
101	6.3	3.3	6.0	2.5	3	134	6.3	2.8	5.1	1.5	3
102	5.8	2.7	5.1	1.9	3	135	6.1	2.6	5.6	1.4	3
103	7.1	3.0	5.9	2.1	3	136	7.7	3.0	6.1	2.3	3
104	6.3	2.9	5.6	1.8	3	137	6.3	3.4	5.6	2.4	3
105	6.5	3.0	5.8	2.2	3	138	6.4	3.1	5.5	1.8	3
106	7.6	3.0	6.6	2.1	3	139	6.0	3.0	4.8	1.8	3
107	4.9	2.5	4.5	1.7	3	140	6.9	3.1	5.4	2.1	3
108	7.3	2.9	6.3	1.8	3	141	6.7	3.1	5.6	2.4	3
109	6.7	2.5	5.8	1.8	3	142	6.9	3.1	5.1	2.3	3
110	7.2	3.6	6.1	2.5	3	143	5.8	2.7	5.1	1.9	3
111	6.5	3.2	5.1	2.0	3	144	6.8	3.2	5.9	2.3	3
112	6.4	2.7	5.3	1.9	3	145	6.7	3.3	5.7	2.5	3
113	6.8	3.0	5.5	2.1	3	146	6.7	3.0	5.2	2.3	3
114	5.7	2.5	5.0	2.0	3	147	6.3	2.5	5.0	1.9	3
115	5.8	2.8	5.1	2.4	3	148	6.5	3.0	5.2	2.0	3
116	6.4	3.2	5.3	2.3	3	149	6.2	3.4	5.4	2.3	3
117	6.5	3.0	5.5	1.8	3	150	5.9	3.0	5.1	1.8	3

注：表中数据来源于 R 软件内嵌数据库 iris。

3. 本科生在申请研究生学校时的主观愿望会受很多因素的影响,现有大学生申请研究生学校方面的相关数据见下表,其中:$y=1$、2 和 3 分别表示本科生申请研究生学校的主观愿望为"不强烈""一般"和"非常强烈";$x_1 = 0$ 和 1 分别表示"父母均没有研究生学位"和"父母至少一人拥有研究生学位";$x_2 = 0$ 和 1 分别表示申请者的本科学校为"私立学校"和"公立学校";x_3 表示学生成绩的平均绩点。请建立合适的模型对本科生申请研究生的主观愿望进行分析。

序号	y	x_1	x_2	x_3	序号	y	x_1	x_2	x_3
1	3	0	0	3.26	27	2	1	0	3.14
2	2	1	0	3.21	28	2	0	0	3.37
3	1	1	1	3.94	29	2	0	1	2.79
4	2	0	0	2.81	30	1	0	0	2.90
5	2	0	0	2.53	31	2	0	0	3.38
6	1	0	1	2.59	32	1	0	1	2.95
7	2	0	0	2.56	33	1	0	0	2.98
8	2	0	0	2.73	34	1	1	1	3.81
9	1	0	0	3.00	35	1	0	0	2.74
10	2	1	0	3.50	36	1	0	0	2.62
11	1	1	1	3.65	37	1	0	0	2.85
12	2	0	0	2.84	38	2	0	0	2.50
13	3	0	1	3.90	39	2	0	0	2.75
14	2	0	0	2.68	40	1	0	0	2.26
15	1	1	0	3.57	41	1	0	0	2.03
16	1	0	0	3.09	42	2	1	0	2.85
17	1	0	1	3.50	43	1	0	0	2.72
18	1	0	0	2.17	44	2	0	0	2.89
19	2	0	1	3.36	45	2	1	0	2.47
20	2	0	0	3.40	46	1	0	0	3.04
21	2	0	0	2.75	47	1	0	0	3.10
22	2	1	0	3.20	48	1	0	0	2.57
23	1	0	0	2.44	49	1	0	0	2.09
24	1	0	0	2.83	50	2	0	0	2.94
25	1	0	1	3.00	51	1	0	0	3.45
26	2	0	1	3.27	52	1	0	0	2.76

序号	y	x_1	x_2	x_3	序号	y	x_1	x_2	x_3
53	2	0	1	2.96	85	1	0	0	3.26
54	1	0	0	2.89	86	2	0	0	2.57
55	2	0	0	2.97	87	1	0	0	2.90
56	2	0	1	3.91	88	1	0	0	3.05
57	2	0	0	2.77	89	2	0	0	2.85
58	1	0	0	2.51	90	2	0	0	4.00
59	1	0	0	3.24	91	2	1	0	3.40
60	1	0	0	2.44	92	2	0	1	3.24
61	2	0	0	2.78	93	1	0	1	3.51
62	1	0	0	2.94	94	2	0	0	2.55
63	1	1	0	3.22	95	1	0	0	3.06
64	1	0	0	3.50	96	2	0	0	3.00
65	2	1	0	3.57	97	2	0	0	3.13
66	2	0	0	3.17	98	1	0	0	3.16
67	1	0	1	3.23	99	2	0	0	2.47
68	1	0	0	2.91	100	2	0	0	2.89
69	1	0	0	3.28	101	1	0	0	2.74
70	1	0	1	3.32	102	1	0	0	3.16
71	1	0	0	3.62	103	1	0	0	2.92
72	1	0	0	2.55	104	2	0	0	3.57
73	1	0	0	2.97	105	2	1	0	3.49
74	2	1	0	3.63	106	2	0	1	2.56
75	1	0	1	3.02	107	2	1	0	3.12
76	1	0	1	3.60	108	2	1	0	2.65
77	1	0	0	2.95	109	2	0	0	2.51
78	2	1	1	3.81	110	2	0	0	3.08
79	2	1	0	2.68	111	2	0	0	2.65
80	1	1	0	3.72	112	1	0	0	2.99
81	1	0	0	2.49	113	1	0	0	2.63
82	1	0	0	2.72	114	2	0	0	2.80
83	1	1	0	2.25	115	2	0	1	3.46
84	1	0	0	2.53	116	1	0	0	3.61

序号	y	x_1	x_2	x_3	序号	y	x_1	x_2	x_3
117	1	0	0	3.08	149	1	0	0	2.50
118	1	1	0	3.28	150	1	0	1	2.90
119	1	0	1	3.31	151	2	1	1	3.28
120	1	0	0	2.57	152	2	0	0	2.95
121	2	0	0	3.39	153	2	0	0	3.54
122	1	0	0	2.26	154	2	0	0	3.11
123	1	0	0	2.42	155	1	1	0	3.25
124	1	0	0	2.60	156	1	0	0	2.44
125	2	1	1	3.44	157	1	0	0	2.13
126	2	0	0	2.98	158	2	0	0	3.22
127	2	1	0	3.09	159	2	0	0	3.16
128	1	0	1	3.34	160	1	0	0	3.39
129	1	0	0	2.84	161	2	0	0	2.70
130	1	0	0	2.81	162	2	0	0	3.09
131	1	0	0	2.79	163	2	0	0	3.16
132	1	0	0	2.40	164	1	0	0	2.28
133	1	0	0	3.02	165	1	0	0	2.91
134	2	0	0	2.65	166	1	0	0	3.65
135	2	0	0	2.55	167	1	0	0	2.86
136	2	1	0	3.12	168	1	0	1	3.39
137	1	0	0	2.98	169	1	0	0	3.71
138	2	1	0	3.61	170	1	0	0	3.25
139	1	0	0	2.98	171	1	0	0	3.14
140	1	0	0	3.19	172	1	0	0	2.41
141	1	0	0	3.51	173	2	0	0	3.08
142	1	0	0	3.10	174	1	0	1	3.02
143	1	0	0	3.55	175	2	0	0	3.15
144	1	0	0	2.98	176	2	0	0	2.95
145	2	0	0	2.99	177	1	0	0	2.22
146	1	0	0	3.05	178	2	0	0	2.86
147	1	0	0	2.99	179	2	1	0	2.88
148	1	0	0	2.32	180	2	0	0	2.62

（续表）

序号	y	x_1	x_2	x_3	序号	y	x_1	x_2	x_3
181	1	0	0	3.37	213	1	0	0	2.47
182	2	0	0	3.51	214	3	0	0	3.07
183	2	0	0	3.65	215	2	0	0	3.20
184	2	1	0	3.42	216	1	0	0	2.55
185	2	0	0	2.41	217	1	0	0	2.48
186	2	0	1	3.21	218	1	0	0	3.29
187	1	0	0	3.22	219	2	0	0	2.64
188	1	0	0	2.53	220	2	0	0	3.22
189	2	0	0	2.64	221	2	1	0	2.80
190	1	0	0	2.94	222	2	0	0	3.62
191	2	0	0	2.56	223	1	0	0	2.62
192	1	0	1	3.12	224	2	0	1	3.04
193	2	0	0	3.34	225	1	0	1	2.49
194	1	0	0	3.22	226	1	0	1	3.10
195	2	0	0	3.05	227	3	1	0	3.15
196	2	0	0	3.29	228	2	0	0	2.65
197	2	0	0	2.71	229	1	0	0	3.04
198	1	0	0	2.87	230	1	0	1	3.05
199	1	0	0	3.29	231	1	0	0	2.88
200	1	0	0	3.36	232	2	0	0	2.86
201	1	1	1	2.85	233	2	0	0	3.00
202	1	0	0	2.79	234	1	0	0	2.23
203	2	0	0	3.69	235	1	0	1	3.14
204	3	0	0	3.56	236	1	0	0	2.67
205	1	0	0	3.52	237	1	0	0	3.11
206	1	1	1	3.38	238	2	0	0	3.73
207	3	0	1	3.11	239	2	0	0	2.45
208	2	1	0	3.20	240	1	0	0	3.04
209	1	0	0	2.83	241	1	0	0	2.40
210	1	0	0	3.08	242	2	0	0	3.43
211	3	0	1	2.97	243	2	0	0	2.57
212	1	0	0	2.64	244	1	0	0	2.84

序号	y	x_1	x_2	x_3	序号	y	x_1	x_2	x_3
245	1	0	0	2.67	277	2	0	0	3.38
246	3	1	1	3.45	278	1	0	0	3.16
247	2	1	0	2.88	279	2	0	0	2.60
248	2	0	0	2.78	280	1	0	0	2.76
249	1	0	0	3.22	281	1	0	0	3.56
250	1	1	0	3.30	282	1	0	0	2.87
251	2	1	0	2.86	283	2	1	0	2.99
252	2	0	0	2.83	284	1	0	0	2.68
253	2	0	0	3.70	285	1	0	0	2.99
254	2	0	0	3.15	286	2	0	0	2.96
255	2	1	1	3.08	287	1	1	1	2.77
256	1	0	0	2.92	288	2	0	0	3.28
257	1	0	0	2.89	289	1	0	1	2.74
258	3	1	0	3.53	290	1	0	0	1.90
259	1	0	0	3.10	291	1	0	0	3.05
260	2	1	0	3.36	292	2	0	1	2.44
261	2	0	0	2.74	293	2	0	0	3.33
262	2	0	0	2.73	294	2	0	1	3.56
263	1	1	0	2.72	295	1	0	0	2.15
264	1	0	0	3.53	296	1	0	0	2.83
265	1	1	0	3.45	297	2	0	0	2.79
266	1	0	0	2.98	298	2	0	0	2.72
267	2	0	0	2.88	299	3	1	0	3.04
268	3	1	0	3.21	300	1	0	1	3.03
269	1	0	0	3.06	301	1	0	0	2.88
270	1	0	0	2.40	302	2	0	0	3.21
271	2	0	0	3.57	303	1	0	0	2.74
272	1	1	0	2.88	304	1	0	0	3.57
273	1	0	0	3.27	305	2	0	0	2.43
274	1	0	0	2.92	306	1	0	0	3.11
275	3	0	0	2.70	307	1	0	0	2.76
276	2	1	0	2.53	308	2	0	0	3.13

（续表）

序号	y	x_1	x_2	x_3	序号	y	x_1	x_2	x_3
309	1	0	0	2.75	341	1	0	0	2.85
310	1	0	0	2.60	342	1	0	0	2.25
311	1	0	0	3.67	343	2	0	0	3.56
312	1	0	0	3.26	344	1	0	0	2.70
313	1	0	0	3.41	345	3	0	0	2.94
314	3	0	0	3.24	346	2	1	0	2.58
315	1	0	0	3.05	347	2	0	0	2.97
316	2	1	0	2.38	348	3	0	0	3.38
317	2	0	0	2.61	349	3	0	0	2.96
318	2	1	1	3.18	350	1	0	0	2.44
319	1	0	0	3.34	351	2	0	1	3.75
320	2	0	0	2.84	352	2	0	0	3.07
321	1	0	0	2.80	353	2	0	0	2.72
322	1	0	0	3.21	354	1	0	0	3.13
323	1	0	0	2.63	355	1	0	0	3.39
324	1	0	0	2.31	356	1	0	1	2.38
325	1	0	0	2.29	357	2	0	0	2.87
326	1	0	0	3.51	358	1	0	1	2.91
327	2	0	0	2.87	359	3	1	0	3.25
328	1	0	0	3.09	360	2	1	1	3.51
329	2	1	0	2.88	361	1	1	0	3.65
330	1	1	0	2.47	362	2	0	0	3.11
331	2	0	1	3.72	363	3	0	0	2.71
332	1	0	0	3.20	364	1	0	0	3.05
333	2	0	0	2.57	365	1	0	0	2.93
334	1	0	0	3.05	366	2	0	0	2.35
335	1	0	0	3.27	367	2	0	0	2.49
336	1	0	0	3.30	368	1	0	0	3.26
337	1	0	0	2.73	369	1	0	0	3.77
338	1	1	0	2.63	370	1	0	1	3.49
339	1	0	0	2.77	371	1	0	0	3.39
340	1	0	0	3.15	372	1	0	0	3.37

（续表）

序号	y	x_1	x_2	x_3	序号	y	x_1	x_2	x_3
373	1	0	0	1.98	387	2	0	1	3.48
374	1	1	0	2.93	388	3	0	0	3.08
375	1	0	0	3.36	389	1	0	0	2.79
376	1	0	0	3.12	390	1	0	0	3.12
377	2	0	0	3.23	391	1	0	1	2.67
378	2	0	1	3.90	392	2	0	0	3.54
379	1	0	0	2.70	393	3	0	0	2.98
380	1	0	0	2.34	394	2	1	0	3.32
381	1	0	0	3.30	395	2	1	0	3.54
382	2	0	0	3.11	396	1	0	0	3.70
383	1	0	0	3.14	397	1	0	0	2.63
384	2	1	0	3.68	398	2	0	0	2.25
385	2	0	0	2.22	399	2	0	0	3.26
386	1	0	0	2.61	400	3	0	0	3.52

注：表中数据来源于网站 http://www.ats.ucla.edu/stat/data/ologit.dta。

第十一章　非线性回归模型

第一节　引言

在前面几章的讨论中,我们看到线性回归模型在很多领域得到了广泛的应用。然而,在实际问题中,严格的线性回归模型并不多见。在不少情况下,非线性模型可能更加符合实际。例如,著名的 Cobb - Douglas 生产函数模型为 $Y = AL^{\alpha}K^{\beta}e^{\mu}$,是以美国数学家 C. W.柯布和经济学家保罗·H.道格拉斯的名字命名的,是在生产函数的一般形式上作出的改进,引入了技术资源这一因素,用来预测国家和地区的工业系统或大企业的生产及分析发展生产的途径的一种经济数学模型,式中,Y 是工业总产值,A 是综合技术水平,L 是投入的劳动力(单位是万人或人),K 是投入的资本,一般是指固定资产净值(单位是亿元或万元,但必须与劳动力的单位相对应,如劳动力用万人作单位,固定资产净值就用亿元作单位),α 是劳动力产出的弹性系数,β 是资本产出的弹性系数,μ 表示随机干扰的影响,$\mu \leqslant 1$。

从这个模型可以看出,决定工业系统发展水平的主要因素是投入的劳动力、固定资产和综合技术水平(包括经营管理水平、劳动力素质、引进先进技术等)。根据 α 和 β 的组合情况,它有三种类型:

(1) $\alpha + \beta > 1$,称为递增报酬型,表明按技术用扩大生产规模来增加产出是有利的。

(2) $\alpha + \beta < 1$,称为递减报酬型,表明按技术用扩大生产规模来增加产出是得不偿失的。

(3) $\alpha + \beta = 1$,称为不变报酬型,表明生产效率并不会随着生产规模的扩大而提高,只有提高技术水平,才会提高经济效益。

考察某种产品每百户家庭拥有量这一问题,在产品研制成功投入批量生产开始销售的初期,市场接受这一新产品需要一个过程,这时,产品的销售量不会很大,每百户家庭的拥有量也增长缓慢。但随着用户对该产品的逐渐认同,其销售量会逐渐增加,在这一阶段,每百户家庭的拥有量将随之迅速增长,最后每百户家庭的拥有量将趋于一个饱和值。由此可见，这里的每百户家庭拥有量与时间的关系并不是线性的，而应该是先平坦、后陡峭、再平坦如此变化的一条 S 形曲线，模型为 $Y = a \exp(-\beta e^{-kt}) + \varepsilon$。著名的环境库兹恩曲线由最初的倒"U"形逐渐扩展为"W"形甚至"N"形和"Z"形，著名的菲利普斯曲线则表现为双曲线等。

非线性回归模型的一般形式可表示为：

$$Y_i = f(X_i, \theta) + \varepsilon \qquad i = 1, \cdots, n \tag{11.1}$$

其中：$f(X_i, \theta)$ 是关于 X_i 和 θ 的函数，ε_i 是随机误差，X_i 为第 i 个相应的回归向量或自变量向量，θ 是模型的待估参数向量。所谓非线性，指的是 $f(X_i, \theta)$ 关于自变量 X_i 或未知参数向量 θ 是非线性的。通常假设 $E(\varepsilon_i) = 0$，则：

$$\mathrm{Cov}(\varepsilon_i, \varepsilon_j) = \begin{cases} 0, & i \neq j \\ \sigma^2, & i = j \end{cases} \tag{11.2}$$

一般地，我们也可以假设 $\varepsilon_i \sim N(0, \sigma^2)(i = 1, \cdots, n)$，此即随机误差的正态性假设。在此假设下，有：

$$Y_i \sim N[f(X_i, \theta), \sigma^2] \qquad i = 1, \cdots, n \tag{11.3}$$

第二节　非线性回归模型的分类

一般而言，大部分非线性关系可以通过一些简单的数学处理转化为数学上的线性关系，从而可以运用线性回归的方法进行处理。根据模型是否能够转化为线性模型，非线性模型可以分为两大类：可直接线性化的非线性回归模型和不可直接线性化的非线性回归模型。

一、可直接线性化的非线性回归模型

这类模型（只针对一元回归模型）的参数一般是线性的，但变量不全是线性的，属于非标准线性模型，只要采用适当的变量代换，即可得到标准的线性模型。

（一）倒数模型

倒数模型：

$$\frac{1}{Y} = a + b \frac{1}{X} + \mu$$

只要令 $Y^* = \dfrac{1}{Y}$、$X^* = \dfrac{1}{X}$，则有 $Y^* = a + bX^* + \mu$，即为标准的线性模型。

（二）k 阶多项式模型

多项式模型：

$$Y = \alpha_0 + \alpha_1 X + \alpha_2 X^2 + \cdots + \alpha_k X^k + \mu$$

只要令 $X_1 = X$，$X_2 = X^2$，$\cdots$，$X_k = X^k$，则有 $Y = \alpha_0 + \alpha_1 X_1 + \alpha_2 X_2 + \cdots + \alpha_k X_k + \mu$，即为标准的线性模型。

（三）半对数模型

半对数模型一般包含对数模型和指数模型两类,是指被解释变量和解释变量中,要么被解释变量一方为对数形式,要么解释变量一方为对数形式,半对数中的"半"是指只有一方是对数形式,与下面讨论的双对数模型相对应,"双"是指解释变量和被解释变量两方。

指数模型：

$$\ln Y = \alpha_0 + \alpha_1 X_1 + \alpha_2 X_2 + \mu$$

只要令 $Y^* = \ln Y$，就有 $Y^* = \alpha_0 + \alpha_1 X_1 + \alpha_2 X_2 + \mu$，即为标准的线性模型。

对数函数模型：

$$Y = \alpha_0 + \alpha_1 \ln X_1 + \alpha_2 \ln X_2 + \mu$$

只要令 $X_1^* = \ln X_1$、$X_2^* = \ln X_2$，就有 $Y = \alpha_0 + \alpha_1 X_1^* + \alpha_2 X_2^* + \mu$，即为标准的线性模型。

（四）双对数模型

双对数模型是指被解释变量和解释变量双方都为对数形式,与上面讨论的半对数模型相对应。以二元模型为例,原始模型为：

$$\ln Y = \alpha_0 + \alpha_1 \ln X_1 + \alpha_2 \ln X_2 + \mu$$

只要令 $Y^* = \ln Y$、$X_1^* = \ln X_1$、$X_2^* = \ln X_2$，就有 $Y^* = \alpha_0 + \alpha_1 X_1^* + \alpha_2 X_2^* + \mu$，即为标准的线性模型。

二、不可直接线性化的非线性回归模型

不可直接线性化的回归模型包括两类：一类是可以间接线性化的回归模型,通过适当的变换可变成标准的线性回归模型,如著名的 Cobb-Douglas 生产函数就可以先将原模型求对数再转化为标准的线性回归模型；另一类是无法通过函数转化为标准的

线性回归模型的模型,针对这类模型,还需要一些特殊的转换途径或技巧。

（一）可间接线性化的回归模型

1. 著名的 Cobb - Douglas 生产函数模型

模型为:

$$Y = AL^{\alpha}L^{\beta}e^{\mu}$$

其中:Y 为产出,L 为劳动力投入,K 为资金投入,A 为平均劳动生产率系数,μ 为随机误差项。

将模型两边同时取对数,得:

$$\ln Y = \ln A + \alpha \ln L + \beta \ln K + \mu$$

再用前面所述的方法进行变量代换,即可得到标准的线性回归模型。

2. Logistic 模型

Logistic 模型一般用于描述新产品生命周期理论,因而又称为生命周期模型,其原始模型为:

$$Y = \frac{1}{1 + e^{-(\alpha_0 + \alpha_1 X + \mu)}} \qquad \alpha_1 > 0$$

由上式可知,当 $X \to \infty$ 时,$Y \to 1$; 当 $X \to -\infty$ 时,$Y \to 0$,从而有 $0 < Y < 1$。将模型相除并移项处理得:

$$\frac{1-Y}{Y} = 1 + e^{-(\alpha_0 + \alpha_1 X + \mu)}$$

显然,方程两边均大于零,因而两边同时取对数并整理得:

$$\ln\left(\frac{1-Y}{Y}\right) = -(\alpha_0 + \alpha_1 X + \mu)$$

再用前面所述的方法进行变量代换,即可得到标准的线性回归模型。

（二）不可线性化的回归模型

这类模型既不可直接线性化,也不可间接线性化,其一般形式为:

$$Y = f(X, A) + \mu$$

其中:$X = (X_1, X_2, \cdots, X_k)$ 为 k 个解释变量;$A = (\alpha_0, \alpha_1, \cdots, \alpha_p)$ 为参数的集合,且解释变量与参数的维数未必相等,即 $k \neq p$。

$f(X, A)$ 为非线性函数,运用前面的方法显然已经不能将模型转化为标准的线性回归模型。

1. Taylor 级数展开法

著名的不变替代弹性(CES)生产函数模型为：

$$Q = A(\delta_1 K^{-p} + \delta_2 L^{-p})^{-\frac{1}{p}} \mu$$

其中：Q 为产出，L 为劳动力投入，K 为资金投入，A 为平均劳动生产率系数，μ 为随机误差项。

将模型两边同时取对数，得：

$$\ln Q = \ln A - \frac{1}{p} \ln(\delta_1 K^{-p} + \delta_2 L^{-p}) + \ln \mu$$

式中，$\ln(\delta_1 K^{-p} + \delta_2 L^{-p})$ 仅仅是借助了前面的方法，是无法线性化的。这里采用 Taylor 级数展开法，将其在 $p = 0$ 处进行 Taylor 级数展开，取关于 p 的线性项，即得到一个线性的近似式：

$$\ln Q \approx \ln A + \delta_1 \ln K + \delta_2 \ln L - \frac{1}{2} \rho \delta_1 \delta_2 \left(\ln \frac{K}{L} \right)^2 + \ln \mu$$

再用前面所述的方法进行变量代换，即可得到标准的线性回归模型。

2. 非线性最小二乘法

非线性最小二乘法(Nonlinear Least Square，NLS)是针对不可线性化的非线性模型常用的参数估计方法，其原理是求得 α_i 的估计值 $\hat{\alpha}_i (i = 1, 2, \cdots, p)$，使得：

$$S(A) = \sum_{i=1}^{n} [Y_i - f(X, A)]^2$$

在 $A = \hat{A}$ 处达到最小。这样，$\hat{A} = (\hat{\alpha}_0, \hat{\alpha}_1, \cdots, \hat{\alpha}_p)$ 称为参数的非线性最小二乘估计值。NLS 与普通的最小二乘估计(OLS)一样，求解估计值的过程也是利用函数极值原理，将 $S(A)$ 对参数 A 求导得到相应的正则方程，从而求解使得 $S(A)$ 最小的参数估计值。但 NLS 没有现成的公式可以套用，只能通过初值设置反复迭代，找到最接近目标的估计值，即迭代求解。

NLS 通常先给出参数的初值，利用迭代法求得参数的估计值，如果达不到要求，就再重复迭代，直到估计值收敛为止，也就是最后二次迭代的估计值之间的差异小于事先给定的精度。所以，NLS 求出的估计值只是一定精度下的近似解。

第三节　广义线性模型

在多元线性回归模型中，作了 $Y \sim N_n(X\beta, \sigma^2 I_n)$ 的假设，其中，$Y = (y_1,$

y_2, $\cdots$, y_n)是 $n \times 1$ 阶随机变量的观察向量, X 是 $n \times (p+1)$ 阶的常数矩阵, β 是 $(p+1) \times 1$ 阶的未知参数向量, I_n 是 $n \times n$ 阶的单位矩阵。事实上,这一假设包含如下两个假定:

(1) y_1, y_2, $\cdots$, y_n 相互独立且服从正态分布,即 $y_i \sim N(\mu_i,\ \sigma^2)$, $i = 1$, $\cdots$, n。

(2) $\mu_i = x_i'\beta = \beta_0 + \beta_1 x_{i1} + \cdots + \beta_p x_{ip}$,其中 $\mu_i = \mathrm{E}(y_i)$, $i = 1, 2, \cdots, n$。

然而在实际问题中,有时并不都能满足上述假定。例如,在上述考察投资成功与否的问题中, y_1, y_2, $\cdots$, y_n 均服从贝努里分布而不是正态分布;而且我们已经说明了,将 y_i 的期望 μ_i 表示成 x_{i1}, x_{i2}, $\cdots$, x_{ip} 的线性函数是不合适的。另外, y_i 的方差 $\mathrm{Var}(y_i) = \mu_i(1 - \mu_i)$ 是期望的函数,当 $\mu_i (i = 1, 2, \cdots, n)$ 不全相等时,就不能保证方差 $\mathrm{Var}(y_i)(i = 1, 2, \cdots, n)$ 都相等。在质量管理中,当涉及参数设计时,我们需要找出波动最小的条件,而波动通常是用方差、标准差等去衡量的,因此,这时的因变量常常是指标方差或标准差;而指标方差、标准差等并不服从正态分布。在对均值作灵敏度分析时,等方差性的假设也不满足。由此可见,在这些情况下,我们不能再用多元线性回归模型来研究因变量与解释变量之间的关系了,而需要发展新的模型来考察因变量 y 与自变量 x 之间的关系。广义线性模型正是在这样的背景下产生的。

广义线性模型是多元正态线性回归模型的直接推广和发展,它使因变量的均值通过一个非线性联系函数(Link Function)而依赖于线性预测值,同时允许因变量的概率分布为指数分布族中的任何一员。许多广泛应用的统计模型,如 Logistic 回归模型、Probit 回归模型、Poisson 回归模型等均属于广义线性模型。广义线性模型在两个方面对经典多元正态线性回归模型进行了推广:

(1) 不再假定 y_1, y_2, $\cdots$, y_n 具有正态分布,而假定其分布是一类更广的单参数指数族分布。

(2) 原来要求 $\mu_i = x_i'\beta$,现在只要求它的一个函数为 β 的线性函数,即 $g(\mu_i) = x_i'\beta_i$。

通常,广义线性模型可表示为:

$$\begin{cases} \eta_i = x_i'\beta = \beta_0 + \beta_1 x_{i1} + \cdots + \beta_p x_{ip} \\ \mathrm{Var}(y_i) = a(\varphi)V(\mu_i) \end{cases} \quad i = 1, 2, \cdots, n \qquad (11.4)$$

其中: $\eta_i = g(\mu_i)$, $\mu_i = \mathrm{E}(y_i)$; $g(\bullet)$ 是一个严增可微的函数,称为联系函数(Link 函数); $V(\bullet)$ 称为方差函数; y_1, y_2, $\cdots$, y_n 相互独立。

由于模型(11.4)在多个方面对多元线性回归模型进行了推广,并且其将 y 的均值通过一个联系函数表示成参数的线性函数,故称其为广义线性模型。在广义线性模型中,联系函数可以有多种选择,不同的联系函数对应于不同的回归模型,如 Logistic 回归模型、Probit 回归模型、Poisson 回归模型等。

以下是几种常用的联系函数:

一、单参数指数族

设随机变量 Y 的密度函数(当为离散型随机变量时,为概率函数)为:

$$f(y;\theta)=\exp\left[\frac{y\theta-b(\theta)}{a(\varphi)}+c(y,\varphi)\right] \tag{11.5}$$

其中:θ 称为自然参数,φ 称为散度参数,通常假定 φ 为已知。称具有密度函数 (11.5) 的分布为单参数指数族分布。

如果 Y 服从标准差 σ 已知的正态分布,其均值为 μ,则其密度函数可以表示为:

$$f(y;\mu)=\frac{1}{\sqrt{2\pi}\sigma}\exp\left[-\frac{(y-u)^2}{2\sigma^2}\right]$$

$$=\exp\left[\frac{y\mu-\mu^2/2}{\sigma^2}-\frac{y^2}{2\sigma^2}-\frac{1}{2}\ln(2\pi\sigma^2)\right]$$

令 $\theta=\mu$、$b(\theta)=\frac{\mu^2}{2}$、$a(\varphi)=\sigma^0$、$c(y,\psi)=-\frac{y^2}{2\sigma^2}-\frac{1}{2}\ln(2\pi\sigma^2)$,便成了 (11.5) 式的形式,这里的自然参数为 $\theta=\mu$。 标准差 σ(或方差)已知的正态分布属于单参数指数族分布。

如果 Y 服从二项分布 $b(n,p)$,则其概率函数可以表示为:

$$p(y)=P(Y=y)$$

$$=\binom{n}{y}p^y(1-p)^{n-y}$$

$$=\binom{n}{y}\left(\frac{p}{1-p}\right)^y(1-p)^n$$

$$=\exp\left[y\ln\left(\frac{p}{1-p}\right)+n\ln(1-p)+\ln\binom{n}{y}\right]$$

令 $\theta=\ln\left(\frac{p}{1-p}\right)$、$b(\theta)=-n\ln(1-p)=n\ln\frac{1}{1-p}=n\ln(1+e^\theta)$、$a(\varphi)=1$、

$c(y,\varphi)=\ln\binom{n}{y}$,便成了 (11.5) 式的形式,这里的自然参数为 $\theta=\ln\frac{p}{1-p}=$

$\ln \dfrac{np}{n-np} = \ln \dfrac{\mu}{n-\mu}$，其中，$\mu = E(Y) = np$。二项分布也属于单参数指数族分布。

除了二项分布、方差已知的正态分布外，还有许多常见的分布，如泊松分布、尺度参数已知的 Γ 分布等，都属于单参数指数族分布。

二、单参数指数族的均值与方差

单参数指数族分布的均值和方差与自然参数 θ 之间存在着内在的关系，具体由下面定理给出：

定理 11.1　已知随机变量 Y 的分布属于单参数指数族分布，其概率密度（或概率函数）如(11.5)式所示。如果 $b(\theta)$ 存在一阶、二阶导数，则有：

(1) $E(Y) = b'(\theta)$。

(2) $\mathrm{Var}(Y) = a(\varphi) b''(\theta)$。

证明：

设 Y 的概率密度函数如(11.5)式所示，由 $\displaystyle\int_{-\infty}^{\infty} f(y;\theta)\mathrm{d}y = 1$ 可得：

$$\int_{-\infty}^{\infty} \frac{\mathrm{d}f}{\mathrm{d}\theta}\mathrm{d}y = \frac{\mathrm{d}}{\mathrm{d}\theta}\int_{-\infty}^{\infty} f\mathrm{d}y = 0$$

$$\int_{-\infty}^{\infty} \frac{\mathrm{d}^2 f}{\mathrm{d}\theta^2}\mathrm{d}y = \frac{\mathrm{d}^2}{\mathrm{d}\theta^2}\int_{-\infty}^{\infty} f\mathrm{d}y = 0$$

又记：

$$l = \ln f(y;\theta)$$
$$= \frac{y\theta - b(\theta)}{a(\varphi)} + c(y,\varphi)$$

注意到 $\dfrac{\mathrm{d}l}{\mathrm{d}\theta} = \dfrac{1}{f}\dfrac{\mathrm{d}f}{\mathrm{d}\theta} = \dfrac{y - b'(\theta)}{a(\varphi)}$，则：

$$E\left(\frac{\mathrm{d}l}{\mathrm{d}\theta}\right) = \int_{-\infty}^{\infty} \frac{1}{f}\frac{\mathrm{d}f}{\mathrm{d}\theta} f\mathrm{d}y$$
$$= \int_{-\infty}^{\infty} \frac{\mathrm{d}f}{\mathrm{d}\theta}\mathrm{d}y$$
$$= 0$$

这表明 $E(Y) = b'(\theta)$。

又由于 $\dfrac{\mathrm{d}^2 l}{\mathrm{d}\theta^2} = \dfrac{1}{f}\dfrac{\mathrm{d}^2 f}{\mathrm{d}\theta^2} - \dfrac{1}{f^2}\left(\dfrac{\mathrm{d}f}{\mathrm{d}\theta}\right)^2$，另一方面 $\dfrac{\mathrm{d}^2 l}{\mathrm{d}\theta^2} = -\dfrac{b''(\theta)}{a(\varphi)}$，则：

$$\mathrm{E}\left(\frac{\mathrm{d}^2 l}{\mathrm{d}\theta^2}\right) = \int_{-\infty}^{\infty} \frac{\mathrm{d}^2 l}{\mathrm{d}\theta^2} f \mathrm{d}y$$

$$= \int_{-\infty}^{\infty} \frac{1}{f}\frac{\mathrm{d}^2 f}{\mathrm{d}\theta^2} f \mathrm{d}y - \int_{-\infty}^{\infty} \frac{1}{f^2}\left(\frac{\mathrm{d}f}{\mathrm{d}\theta}\right)^2 f \mathrm{d}y$$

$$= -\mathrm{E}\left(\frac{1}{f}\frac{\mathrm{d}f}{\mathrm{d}\theta}\right)^2$$

$$= -\frac{\mathrm{E}[y - b'(\theta)]^2}{a^2(\varphi)}$$

$$= -\frac{\mathrm{Var}(Y)}{a^2(\varphi)}$$

这表明 $\dfrac{\mathrm{Var}(Y)}{a^2(\varphi)} = \dfrac{b''(\theta)}{a(\varphi)}$，故 $\mathrm{Var}(Y) = a(\varphi)b''(\theta)$。

如果 Y 服从标准差 σ 已知的正态分布，则 $\theta = \mu$、$b(\theta) = \dfrac{\mu^2}{2}$、$a(\varphi) = \sigma^2$，故 $b'(\theta) = \mu$、$b''(\theta) = 1$。由定理 11.1 可知，$\mathrm{E}(Y) = \mu$，$\mathrm{Var}(Y) = \sigma^2$。此结论与用期望和方差的定义计算而得的结果是一致的。

如果 Y 服从二项分布 $b(n, p)$，则 $\theta = \ln\left(\dfrac{p}{1-p}\right)$，$b(\theta) = n\ln(1 + e^\theta)$，$a(\varphi) = 1$。由于 $p = \dfrac{e^\theta}{1 + e^\theta}$，故 $b'(\theta) = \dfrac{ne^\theta}{1 + e^\theta} = np$，$b''(\theta) = \dfrac{n}{(1 + e^\theta)^2}[e^\theta(1 + e^\theta) - e^\theta e^\theta] = \dfrac{ne^\theta}{(1 + e^\theta)^2} = np(1 - p)$。因此，由定理 11.1 得 $\mathrm{E}(Y) = np$，$\mathrm{Var}(Y) = np(1 - p)$。可见，由定理 11.1 所得的与通常结论是一致的。

三、常用的联系函数

定理 11.1 告诉我们，对单参数指数族分布，其均值与自然参数 θ 之间存在这样的关系：

$$\mu = \mathrm{E}(Y) = b'(\theta)$$

可见，θ 是 μ 的函数。在一定条件下可解得：

$$\theta = g(\mu) \tag{11.6}$$

关于方差,由于 $\mathrm{Var}(Y) = a(\varphi)b''(\theta)$,因此,$\dfrac{\mathrm{Var}(Y)}{a(\varphi)} = b''(\theta) = \dfrac{\mathrm{d}\mu}{\mathrm{d}\theta}$。因 θ 是 μ 的函数,故 $\dfrac{\mathrm{d}\mu}{\mathrm{d}\theta}$ 也是 μ 的函数,记:

$$\frac{\mathrm{d}\mu}{\mathrm{d}\theta} = V(\mu) \tag{11.7}$$

所以,$\mathrm{Var}(Y) = a(\varphi)V(\mu)$。

由(11.6)式定义的联系函数 g 称为典则联系函数。据此,可获得一些常见分布的典则联系函数(如表 11.1 所示)。

表 11.1 常见分布的典则联系函数

分布类型	$b'(\theta)$	典则联系函数 $g(\mu)$	$a(\varphi)$	方差函数 $V(\mu)$
正态分布	θ	$g(\mu) = \mu$	σ^2	1
泊松分布 $P(\mu)$	e^θ	$g(\mu) = \ln(\mu)$	1	μ
$0-1$ 分布 $b(1, p)$	$\dfrac{e^\theta}{1+e^\theta}$	$g(\mu) = \ln\dfrac{\mu}{1-\mu}$	1	$\mu(1-\mu)$
二项分布	$\dfrac{ne^\theta}{1+e^\theta}$	$g(\mu) = \ln\dfrac{\mu}{n-\mu} = \ln\dfrac{p}{1-p}$	$\dfrac{1}{n}$	$\mu(n-\mu)$
伽玛分布 $Ga(\alpha, \beta)$	$\dfrac{1}{\theta}$	$g(\mu) = \dfrac{1}{\mu}$	$\dfrac{1}{\alpha}$	μ^2

采用典则联系函数的优点是:在参数值固定的情况下,线性统计量 $\sum\limits_{i=1}^{n} x_{ij}y_i$($j = 1, 2, \cdots, p$)是充分完备统计量。

典则联系函数是最常用的联系函数,但联系函数也可以有其他不同的取法。例如,对 $0-1$ 分布 $b(1, p)$,除了典则联系函数 $g(p) = \ln\dfrac{p}{1-p}$,即逻辑函数以外,还可取:

$$g(p) = \Phi^{-1}(p) \tag{11.8}$$

其中:$\Phi(\cdot)$ 是 $N(0, 1)$ 的分布函数。

或者取:

$$g(p) = \ln[-\ln(1-p)] \tag{11.9}$$

作为联系函数。

(11.8)式也称为概率单位(Probit)变换,而(11.9)式称为重对数(Log - Log)变换。使用这两个变换获得的模型分别称为 Probit 模型和 Log‐Log 线性模型。

第四节 广义线性模型的统计推断

一、极大似然估计

设 y_1，y_2，$\cdots$，y_n 为来自单参数指数族分布的独立样本，则其似然函数为：

$$L = \prod_{i=1}^{n} p(y_i ; \theta_i) = \exp\left\{ \sum_{i=1}^{n} \left[\frac{y_i \theta_i - b(\theta_i)}{a(\varphi)} + c(y_i, \varphi) \right] \right\}$$

其对数似然函数为：

$$l = \ln(L) = \sum_{i=1}^{n} \left[\frac{y_i \theta_i - b(\theta_i)}{a(\varphi)} + c(y_i, \varphi) \right]$$

注意到 l 是 θ 的函数；θ 通过 $\mu = b(\theta)$ 与 μ 发生联系，又是 μ 的函数；μ 通过 $g(\mu_i) = \eta_i = x_i'\beta$ 与 β 发生联系，是 β 的函数，从而：

$$\frac{\partial l}{\partial \beta_j} = \sum_{i=1}^{n} \frac{\partial l}{\partial \theta_i} \frac{\partial \theta_i}{\partial \mu_i} \frac{\partial \mu_i}{\partial \eta_i} \frac{\partial \eta_i}{\partial \beta_j} \qquad j = 0, 1, \cdots, p$$

因此，似然方程组为：

$$\frac{\partial l}{\partial \beta_j} = \sum_{i=1}^{n} \frac{\partial l}{\partial \theta_i} \frac{\partial \theta_i}{\partial \mu_i} \frac{\partial \mu_i}{\partial \eta_i} \frac{\partial \eta_i}{\partial \beta_j} \qquad j = 0, 1, \cdots, p \tag{11.10}$$

其中：

$$\frac{\partial l}{\partial \theta_i} = \frac{y_i - b'(\theta_i)}{a(\varphi)} = \frac{y_i - \mu_i}{a(\varphi)}$$

$$\frac{\partial \theta_i}{\partial \mu_i} = \left(\frac{\partial \mu_i}{\partial \theta_i} \right)^{-1} = [b''(\theta_i)]^{-1} = [V(\mu_i)]^{-1}$$

$$\frac{\partial \eta_i}{\partial \beta_j} = x_{ij}$$

$\dfrac{\partial \mu_i}{\partial \eta_i}$ 由联系函数 g 的形式而定。

解上述似然方程组(11.10)，即可得到参数 $\beta_j (j = 0, 1, \cdots, p)$ 的极大似然估计 $\hat{\beta}_j (j = 0, 1, \cdots, p)$。但是，实际中的似然方程组往往很复杂，要求得其解并非易事，通常采用如下介绍的迭代加权最小二乘估计法进行参数估计。

二、迭代加权最小二乘估计

将联系函数 $g(y)$ 在 $y=\mu$ 处泰勒展开,忽略二次和更高次项,得:

$$g(y) \approx g(\mu) + g'(\mu)(y-\mu) = \eta + (y-\mu)\frac{\mathrm{d}\eta}{\mathrm{d}\mu} \hat{=} z$$

两边求方差[不妨设 $a(\varphi)=1$,否则方差相差一个常数,与估计无关],则有:

$$\mathrm{Var}[g(y)] \approx [g'(\mu)]^2 \mathrm{Var}(y) = \left(\frac{\mathrm{d}\eta}{\mathrm{d}\mu}\right)^2 V(\mu) \hat{=} w^{-1}$$

记模型为:

$$\begin{cases} g(y_i) = \sum_j \beta_j x_{ij} + \varepsilon_i & i=1,2,\cdots,n \\ E(\varepsilon_i)=0,\ \mathrm{Var}(\varepsilon_i)=w_i^{-1} \\ \mathrm{Cov}(\varepsilon_i,\varepsilon_j)=0 & i \neq j \end{cases} \tag{11.11}$$

令:

$$Y = \begin{pmatrix} g(y_1) \\ g(y_2) \\ \vdots \\ g(y_n) \end{pmatrix} = \begin{pmatrix} z_1 \\ z_2 \\ \vdots \\ z_n \end{pmatrix}$$

$$\beta = \begin{pmatrix} \beta_0 \\ \beta_1 \\ \vdots \\ \beta_p \end{pmatrix}$$

$$X = \begin{pmatrix} x_{10} & x_{11} & \cdots & x_{1p} \\ x_{20} & x_{21} & \cdots & x_{2p} \\ \vdots & \vdots & \ddots & \vdots \\ x_{n0} & x_{n1} & \cdots & x_{np} \end{pmatrix}$$

$$G = \begin{pmatrix} w_1^{-1} & 0 & \cdots & 0 \\ 0 & w_2^{-1} & \cdots & 0 \\ \vdots & \vdots & \ddots & \vdots \\ 0 & 0 & \cdots & w_n^{-1} \end{pmatrix}$$

则 $\beta=(\beta_0, \beta_1, \cdots, \beta_p)'$ 的加权最小二乘估计为：

$$\hat{\beta}=(X'G^{-1}X)^{-1}X'G^{-1}Y \tag{11.12}$$

由于模型(11.11)只是原模型的近似描述，简单用(11.12)式计算而得的 β 的估计有较大偏差，因此实际中通常采用迭代法来解得 β 的估计。此方法称为迭代加权最小二乘估计，下面给出迭代加权最小二乘估计的具体计算步骤：

第一，给出 β 的初值，记为 $\beta^{(0)}$，可用最小二乘估计作为 β 的初值；设 $k=0$，记第 k 次迭代的 β 估计值为 $\beta^{(k)}$。

第二，令 $\eta_i^{(k)}=\sum_{j=0}^{p}\beta_j^{(k)}x_{ij}\overset{\triangle}{=}g[\mu_i^{(k)}]$ $(i=1, 2, \cdots, n)$，这里 $x_{i0}=1$，$i=1$, $2, \cdots, n$。

第三，分别计算：

$$\mu_i^{(k)}=g^{-1}[\eta_i^{(k)}]$$

$$\left.\frac{\mathrm{d}\eta_i}{\mathrm{d}\mu_i}\right|_{\mu_i=\mu_i^{(k)}}=\left(\frac{\mathrm{d}\eta_i}{\mathrm{d}\mu_i}\right)^{(k)}$$

$$z_i^{(k)}=\eta_i^{(k)}+[y_i-\mu_i^{(k)}]\left(\frac{\mathrm{d}\eta_i}{\mathrm{d}\mu_i}\right)^{(k)}$$

$$w_i^{(k)}=V[\mu_i^{(k)}]\left[\left(\frac{\mathrm{d}\eta_i}{\mathrm{d}\mu_i}\right)^{(k)}\right]^2$$

第四，令：

$$Y^{(k)}=\begin{pmatrix}z_1^{(k)}\\z_2^{(k)}\\\vdots\\z_n^{(k)}\end{pmatrix}$$

$$X=\begin{pmatrix}x_{10}&x_{11}&\cdots&x_{1p}\\x_{20}&x_{21}&\cdots&x_{2p}\\\vdots&\vdots&\ddots&\vdots\\x_{n0}&x_{n1}&\cdots&x_{np}\end{pmatrix}$$

$$G^{(k)}=\begin{pmatrix}w_1^{(k)}&0&\cdots&0\\0&w_2^{(k)}&\cdots&0\\\vdots&\vdots&\ddots&\vdots\\0&0&\cdots&w_n^{(k)}\end{pmatrix}$$

应用(11.12)式,则第 $k+1$ 次迭代　的加权最小二乘估计值为:

$$\beta^{(k+1)} = \{X^1[G^{(k)}]^{-1}X\}^{-1}X^1[G^{(k)}]^{-1}Y^{(k)}$$

第五,如果存在某个正整数 k 使得对预先给定的 $\delta > 0$, 满足

$$\max_j\{\mid \beta_j^{(k+1)} - \beta_j^{(k)} \mid\} < \delta$$

则停止迭代,并取 $\hat{\beta} = \beta^{(k+1)}$ 为 β 的最终估计;否则,设 $k = k+1$,返回第二步重复上述过程。

可以证明,在一定条件下,上述迭代加权最小二乘估计是收敛的,其收敛值即极大似然估计。

与线性模型相比,广义线性模型可适用于更广泛的问题。广义线性模型把离散数据的分析与连续数据的分析纳入同样的结构中,为回归模型提供了一个重要的统一研究方法。本节我们只简单介绍了广义线性模型及其参数估计等问题,有关模型的诊断和假设检验等其他一些问题可参考 McCullagh 和 Nelder 的专著。

 小结

本章讨论了非线性回归的定义及非线性回归模型的分类,并详细介绍了非线性模型中的广义线性模型,给出了广义线性模型的参数的极大似然估计方法,还给出了广义线性模型迭代加权最小二乘估计的详细计算步骤。

附录 1   t 分布的分位数表

表 1   t 分布表

例：自由度 $f = 10$，$P(t > 1.812) = 0.05$，$P(t < -1.812) = 0.05$

f \ α	0.25	0.20	0.15	0.10	0.05	0.025	0.01	0.005	0.000 5
1	0.100	1.376	1.963	3.076	6.314	12.706	31.821	63.657	636.619
2	0.816	1.061	1.386	1.886	2.920	4.303	6.965	9.925	31.598
3	0.765	0.978	1.250	1.638	2.353	3.182	4.541	5.841	12.941
4	0.741	0.941	1.190	1.533	2.132	2.776	3.747	4.604	8.610
5	0.727	0.920	1.156	1.476	2.015	2.571	3.365	4.032	6.859
6	0.718	0.906	1.134	1.440	1.943	2.447	3.143	3.707	5.959
7	0.711	0.896	1.119	1.415	1.895	2.365	2.998	3.499	5.405
8	0.706	0.889	1.108	1.397	1.860	2.306	2.896	3.355	5.041
9	0.703	0.883	1.100	1.383	1.833	2.262	2.821	3.250	4.781
10	0.700	0.879	1.093	1.372	1.812	2.228	2.764	3.169	4.587
11	0.697	0.876	1.088	1.363	1.796	2.201	2.718	3.106	4.437
12	0.695	0.873	1.083	1.356	1.782	2.179	2.681	3.055	4.318
13	0.694	0.870	1.079	1.350	1.771	2.160	2.650	3.012	4.221
14	0.692	0.868	1.076	1.345	1.761	2.145	2.624	2.977	4.140
15	0.691	0.866	1.074	1.341	1.753	2.131	2.602	2.947	4.073
16	0.690	0.865	1.071	1.337	1.746	2.120	2.583	2.921	4.015
17	0.689	0.863	1.069	1.333	1.740	2.110	2.567	2.898	3.965
18	0.688	0.862	1.067	1.330	1.734	2.101	2.552	2.878	3.922
19	0.688	0.861	1.066	1.328	1.729	2.093	2.539	2.861	3.883
20	0.687	0.860	1.064	1.325	1.725	2.086	2.528	2.845	3.850
21	0.686	0.859	1.063	1.323	1.721	2.080	2.518	2.831	3.819

（续表）

f＼α	0.25	0.20	0.15	0.10	0.05	0.025	0.01	0.005	0.000 5
22	0.686	0.858	1.061	1.321	1.717	2.074	2.508	2.819	3.792
23	0.685	0.858	1.060	1.319	1.714	2.069	2.500	2.807	3.767
24	0.685	0.857	1.059	1.318	1.711	2.064	2.492	2.397	3.745
25	0.684	0.856	1.058	1.316	1.708	2.060	2.485	2.787	3.725
26	0.684	0.856	1.058	1.315	1.706	2.056	2.479	2.779	3.707
27	0.684	0.855	1.057	1.314	1.703	2.052	2.473	2.771	3.690
28	0.683	0.855	1.056	1.313	1.701	2.048	2.467	2.733	3.674
29	0.683	0.854	1.055	1.311	1.699	2.045	2.462	2.756	3.659
30	0.683	0.854	1.055	1.310	1.697	2.042	2.457	2.750	3.646
40	0.681	0.851	1.050	1.303	1.684	2.021	2.423	2.704	3.551
60	0.679	0.848	1.046	1.296	1.671	2.000	2.390	2.660	3.460
120	0.677	0.845	1.041	1.289	1.658	1.980	2.358	2.617	3.373
∞	0.674	0.842	1.036	1.282	1.645	1.960	2.362	2.576	3.291

附录 2　F 检验的临界值表

表 2　F 分布表

例：自由度 $n_1 = 5$，$n_2 = 10$，

$$P(F > 3.33) = 0.05$$

$$P(F > 5.64) = 0.01$$

n_2 中下面的字是 1% 的显著水平，上面的字为 5% 的显著水平。

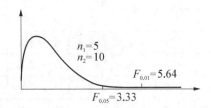

n_2 \ n_1		分 子 的 自 由 度										
		1	2	3	4	5	6	7	8	9	10	11	12
分母的自由度	1	161	200	216	225	230	234	237	239	241	242	243	244
		4 052	4 999	5 403	5 625	5 764	5 859	5 928	5 981	6 022	6 056	6 082	6 106
	2	18.51	19.00	19.16	19.25	19.30	19.33	19.36	19.37	19.38	19.39	19.40	19.41
		98.49	99.00	99.17	99.25	99.30	99.33	99.34	99.36	99.38	99.40	99.41	99.42
	3	10.13	9.55	9.28	9.12	9.01	8.94	8.88	8.84	8.81	8.78	8.76	8.74
		34.12	30.82	29.46	28.71	28.24	27.91	27.67	27.49	27.34	27.23	27.13	27.05
	4	7.71	6.94	6.59	6.39	6.26	6.16	6.09	6.04	6.00	5.96	5.93	5.91
		21.20	18.01	16.69	15.98	15.52	15.21	14.98	14.80	14.66	14.54	14.45	14.37
	5	6.61	5.79	5.41	5.19	5.05	4.95	4.88	4.82	4.78	4.74	4.70	4.68
		16.26	13.27	12.06	11.39	10.97	10.67	10.45	10.27	20.15	10.05	9.96	9.89
	6	5.99	5.14	4.76	4.53	4.39	4.28	4.21	4.15	4.10	4.06	4.03	4.00
		13.74	10.92	9.78	9.15	8.75	8.47	8.26	8.10	7.98	7.87	7.79	7.72
	7	5.59	4.74	4.35	4.12	3.97	3.87	3.79	3.73	3.68	3.63	3.60	3.57
		12.25	9.55	8.45	7.85	7.46	7.19	7.00	6.84	6.71	6.62	6.54	6.47

(续表)

n_2 \ n_1		分 子 的 自 由 度										
		1	2	3	4	5	6	7	8	9	10	11	12
8		5.32	4.46	4.07	3.84	3.69	3.58	3.50	3.44	3.39	3.34	3.31	3.28
		11.26	8.65	7.59	7.01	6.63	6.37	6.19	6.03	5.91	5.82	5.74	5.67
9		5.12	4.26	3.86	3.63	3.48	3.37	3.29	3.23	3.18	3.13	3.10	3.07
		10.56	8.02	6.99	6.42	6.06	5.80	5.62	5.47	5.35	5.26	5.18	5.11
10		4.96	4.10	3.71	3.48	3.33	3.22	3.14	3.07	3.02	2.97	2.94	2.91
		10.04	7.56	6.55	5.99	5.64	5.39	5.21	5.06	4.95	4.85	4.78	4.71
11		4.84	3.98	3.59	3.36	3.20	3.09	3.01	2.95	2.90	2.86	2.82	2.79
		9.65	7.20	6.22	5.67	5.32	5.07	4.88	4.74	4.63	4.54	4.46	4.40
12·		4.75	3.88	3.49	3.26	3.11	3.00	2.92	2.85	2.80	2.76	2.72	2.69
		9.33	6.93	5.95	5.41	5.06	4.82	4.65	4.50	4.39	4.30	4.22	4.16
13		4.67	3.80	3.41	3.18	3.02	2.92	2.84	2.77	2.72	2.67	2.63	2.60
		9.07	6.70	5.74	5.20	4.86	4.62	4.44	4.30	4.19	4.10	4.02	3.96
14		4.60	3.74	3.34	3.11	2.96	2.85	2.77	2.70	2.65	2.60	2.56	2.53
		8.86	6.51	5.56	5.03	4.69	4.46	4.28	4.14	4.03	3.94	3.86	3.80
15		4.54	3.68	3.29	3.06	2.90	2.79	2.70	2.64	2.59	2.55	2.51	2.48
		8.68	6.36	5.42	4.89	4.56	4.32	4.14	4.00	3.89	3.80	3.73	3.67
16		4.49	3.63	3.24	3.01	2.85	2.74	2.66	2.59	2.54	2.49	2.45	2.42
		8.53	6.23	5.29	4.77	4.44	4.20	4.03	3.89	3.78	3.69	3.61	3.55
17		4.45	3.59	3.20	2.96	2.81	2.70	2.62	2.55	2.50	2.45	2.41	2.38
		8.40	6.11	5.18	4.67	4.34	4.10	3.93	3.79	3.68	3.59	3.52	3.45
18		4.41	3.55	3.16	2.93	2.77	2.66	2.58	2.51	2.46	2.41	2.37	2.34
		8.28	6.01	5.09	4.58	4.25	4.01	3.85	3.71	3.60	3.51	3.44	3.37
19		4.38	3.52	3.13	2.90	2.74	2.63	2.55	2.48	2.43	2.38	2.34	2.31
		8.18	5.93	5.01	4.50	4.17	3.94	3.77	3.63	3.52	3.43	3.36	3.30
20		4.35	3.49	3.10	2.87	2.71	2.60	2.52	2.45	2.40	2.35	2.31	2.28
		8.10	5.85	4.94	4.43	4.10	3.87	3.71	3.56	3.45	3.37	3.30	3.23
21		4.32	3.47	3.07	2.84	2.68	2.57	2.49	2.42	2.37	2.32	2.23	2.25
		8.02	5.78	4.87	4.37	4.04	3.81	3.65	3.51	3.40	3.31	3.24	3.17
22		4.30	3.44	3.05	2.82	2.66	2.55	2.47	2.40	2.35	2.30	2.26	2.23
		7.94	5.72	4.82	4.31	3.99	3.76	3.59	3.45	3.35	3.26	3.18	3.12
23		4.28	3.42	3.03	2.80	2.64	2.53	2.45	2.38	2.32	2.28	2.24	2.20
		7.88	5.66	4.76	4.26	3.94	3.71	3.54	3.41	3.30	3.21	3.14	3.07

分母的自由度

(续表)

n_2 \ n_1	分 子 的 自 由 度											
	1	2	3	4	5	6	7	8	9	10	11	12
24	4.26	3.40	3.01	2.78	2.62	2.51	2.43	2.36	2.30	2.26	2.22	2.18
	7.82	5.61	4.72	4.22	3.90	3.67	3.50	3.36	3.25	3.17	3.09	3.03
25	4.24	3.38	2.99	2.76	2.60	2.49	2.41	2.32	2.28	2.24	2.20	2.16
	7.77	5.57	4.68	4.18	3.86	3.63	3.46	3.34	3.21	3.13	3.05	2.99
26	4.22	3.37	2.98	2.74	2.59	2.47	2.39	2.32	2.27	2.22	2.18	2.15
	7.72	5.53	4.64	4.14	3.82	3.59	3.42	3.29	3.17	3.09	3.02	2.96
27	4.21	3.35	2.96	2.73	2.57	2.46	2.37	2.30	2.25	2.20	2.16	2.13
	7.68	5.49	4.60	4.11	3.79	3.56	3.39	3.26	3.14	3.06	2.98	2.93
28	4.20	3.34	2.95	2.71	2.56	2.44	2.36	2.29	2.24	2.19	2.15	2.12
	7.64	5.45	4.57	4.07	3.76	3.53	3.36	3.23	3.11	3.03	2.95	2.90
29	4.18	3.33	2.93	2.70	2.54	2.43	2.35	2.28	2.22	2.18	2.14	2.10
	7.60	5.42	4.54	4.04	3.73	3.50	3.33	3.20	3.08	3.00	2.92	2.87
30	4.17	3.32	2.92	2.69	2.53	2.42	2.34	2.27	2.21	2.16	2.12	2.09
	7.56	5.39	4.51	4.02	3.70	3.47	3.30	3.17	3.06	2.98	2.90	2.84
32	4.15	3.30	2.90	2.67	2.51	2.40	2.32	2.25	2.19	2.14	2.10	2.07
	7.50	5.34	4.46	3.97	3.66	3.42	3.25	3.12	3.01	2.94	2.86	2.80
34	4.13	3.28	2.88	2.65	2.49	2.38	3.30	2.23	2.17	2.12	2.08	2.50
	7.44	5.29	4.42	3.93	6.61	3.38	3.21	3.08	2.97	2.89	2.82	2.76
36	4.11	3.26	2.86	2.63	2.48	2.36	2.28	2.21	2.15	2.10	2.06	2.03
	7.39	5.25	4.38	3.80	3.58	3.35	3.18	3.04	2.94	2.86	2.78	2.72
38	4.10	3.25	2.85	2.62	2.46	2.35	2.26	2.19	2.14	2.09	2.05	2.02
	7.35	5.21	4.34	3.86	3.54	3.32	3.15	3.02	2.91	2.82	2.75	2.69
40	4.08	3.23	2.84	2.61	2.45	2.34	2.25	2.18	2.12	2.07	2.04	2.00
	7.31	5.18	4.31	3.83	3.51	3.29	3.12	2.99	2.88	2.80	2.73	2.66
42	4.07	3.22	2.83	2.59	2.44	2.32	2.24	2.17	2.11	2.06	2.02	1.99
	7.27	5.15	4.29	3.80	3.49	3.26	3.10	2.96	2.86	2.77	2.70	2.64
44	4.06	3.21	2.82	2.58	2.43	2.31	2.23	2.16	2.10	2.05	2.01	1.98
	7.24	5.12	4.26	3.78	3.46	3.24	3.07	2.94	2.84	2.75	2.68	2.62
46	4.05	3.20	2.81	2.57	2.42	2.30	2.22	2.14	2.09	2.04	2.00	1.97
	7.21	5.10	4.24	3.76	3.44	3.22	3.05	2.92	2.82	2.73	2.66	2.60
48	4.04	3.19	2.80	2.56	2.41	2.30	2.21	2.14	2.08	2.03	1.99	1.96
	7.19	5.08	4.22	3.74	3.42	3.20	3.04	2.90	2.80	2.71	2.64	2.58

（续表）

n_2 \ n_1	分　子　的　自　由　度											
	1	2	3	4	5	6	7	8	9	10	11	12
50	4.03	3.18	2.79	2.56	2.40	2.29	2.20	2.13	2.07	2.02	1.98	1.95
	7.17	5.06	4.20	3.72	3.41	3.18	3.02	2.88	2.78	2.70	2.62	2.56
55	4.02	3.17	2.78	2.54	2.38	2.27	2.18	2.11	2.05	2.00	1.97	1.93
	7.12	5.01	4.16	3.68	3.37	3.15	2.98	2.85	2.75	2.66	2.59	2.53
60	4.00	3.15	2.76	2.52	2.37	2.25	2.17	2.10	2.04	1.99	1.95	1.92
	7.08	4.98	4.13	3.65	3.34	3.12	2.95	2.82	2.72	2.63	2.56	2.50
65	3.99	3.14	2.75	2.51	2.36	2.24	2.15	2.08	2.02	1.98	1.94	1.90
	7.04	4.95	4.10	3.62	3.31	3.09	2.93	2.79	2.70	2.61	2.54	2.47
70	3.98	3.13	2.74	2.50	2.35	2.23	2.14	2.07	2.01	1.97	1.93	1.89
	7.01	4.92	4.08	3.60	3.29	3.07	2.91	2.77	2.67	2.59	2.51	2.45
80	3.96	3.11	2.72	2.48	2.33	2.21	2.12	2.05	1.99	1.95	1.91	1.88
	6.96	4.88	4.04	3.56	3.25	3.04	2.87	2.74	2.64	2.55	2.48	2.41
100	3.94	3.09	2.70	2.46	2.30	2.19	2.10	2.03	1.97	1.92	1.88	1.85
	6.90	4.82	3.98	3.51	3.20	2.99	2.82	2.69	2.59	2.51	2.43	2.36
125	3.92	3.07	2.68	2.44	2.29	2.17	2.08	2.01	1.95	1.90	1.86	1.83
	6.84	4.78	3.94	3.47	3.17	2.95	2.79	2.65	2.56	2.47	2.40	2.33
150	3.91	3.06	2.67	2.43	2.27	2.16	2.07	2.00	1.94	1.89	1.85	1.82
	6.81	4.75	3.91	3.44	3.14	2.92	2.76	2.62	2.53	2.44	2.37	2.30
200	3.89	3.04	2.65	2.41	2.26	2.14	2.05	1.98	1.92	1.87	1.83	1.80
	6.76	4.71	3.88	3.41	3.11	2.90	2.73	2.60	2.50	2.41	2.34	2.28
400	3.86	3.02	2.62	2.39	2.23	2.12	2.03	1.96	1.90	1.85	1.81	1.78
	6.70	4.66	3.83	3.36	3.06	2.85	2.69	2.55	2.46	2.37	2.29	2.33
1 000	3.85	3.00	1.61	2.38	2.22	2.10	2.02	1.95	1.89	1.84	1.80	1.76
	6.66	4.62	3.80	3.34	3.04	2.82	2.66	2.53	2.43	2.34	2.26	2.20
∞	3.84	2.99	2.60	2.37	2.21	2.09	2.01	1.94	1.88	1.83	1.79	1.75
	6.64	4.60	3.78	3.32	3.02	2.80	2.64	2.51	2.41	2.32	2.24	2.18

n_2 \ n_1	分　子　的　自　由　度											
	14	16	20	24	30	40	50	75	100	200	500	∞
1	245	246	248	249	250	251	252	253	253	254	254	254
	6 142	6 169	6 208	6 234	6 258	6 286	6 302	6 323	6 334	6 352	6 361	6 366
2	19.42	19.43	19.44	19.45	19.46	19.47	19.47	19.48	19.49	19.49	19.50	19.50
	99.43	99.44	99.45	99.46	99.47	99.48	99.48	99.49	99.49	99.49	99.50	99.50

（续表）

n_2 \ n_1	14	16	20	24	30	40	50	75	100	200	500	∞
3	8.71	8.69	8.66	8.64	8.62	8.60	8.58	8.57	8.56	8.54	8.54	8.53
	26.92	26.83	26.69	26.60	26.50	26.41	26.35	26.27	26.23	26.18	26.14	26.12
4	5.87	5.84	5.80	5.77	5.74	5.71	5.70	5.68	5.66	5.65	5.64	5.63
	14.24	14.15	14.02	13.93	13.83	13.74	13.69	13.61	13.57	13.52	13.48	13.46
5	4.64	4.60	4.56	4.53	4.50	4.46	4.44	4.42	4.40	4.38	4.37	4.36
	9.77	9.68	9.55	9.47	9.38	9.29	9.24	9.17	9.13	9.07	9.04	9.02
6	3.96	3.92	3.87	3.84	3.81	3.77	3.75	3.72	3.71	3.69	3.68	3.67
	7.60	7.52	7.39	7.31	7.23	7.14	7.09	7.02	6.99	6.94	6.90	6.88
7	3.52	3.49	3.44	3.41	3.38	3.34	3.32	3.29	3.28	3.25	3.24	3.23
	6.35	6.27	6.15	6.07	5.98	5.90	5.85	5.78	5.75	5.70	5.67	5.65
8	3.23	3.20	3.15	3.12	3.08	3.05	3.03	3.00	2.98	2.96	2.94	2.93
	5.56	5.48	5.36	5.28	5.20	5.11	5.06	5.00	4.96	4.91	4.88	4.86
9	3.02	2.98	2.93	2.90	2.86	2.82	2.80	2.77	2.76	2.73	2.72	2.71
	5.00	4.92	4.80	4.73	4.64	4.56	4.51	4.45	4.41	4.36	4.33	4.31
10	2.86	2.82	2.77	2.74	2.70	2.67	2.64	2.61	2.59	2.56	2.55	2.54
	4.60	4.52	4.41	4.33	4.25	4.17	4.12	4.05	4.01	3.96	3.93	3.94
11	2.74	2.70	2.65	2.61	2.57	2.53	2.50	2.47	2.45	2.42	2.41	2.40
	4.29	4.21	4.10	4.02	3.94	3.86	3.80	3.74	3.70	3.66	3.62	3.60
12	2.64	2.60	2.54	2.50	2.46	2.42	2.40	2.36	2.35	2.32	2.31	2.30
	4.05	3.98	3.86	3.78	3.70	3.61	3.56	3.49	3.46	3.41	3.38	3.36
13	2.55	2.51	2.46	2.42	2.38	2.34	2.32	2.28	2.26	2.24	2.22	2.21
	3.85	3.78	3.67	3.59	3.15	3.42	3.37	3.30	3.27	3.21	3.18	3.16
14	2.48	2.44	2.39	2.35	2.31	2.27	2.24	2.21	2.19	2.16	2.14	2.13
	3.70	3.62	3.51	3.43	3.34	3.26	3.21	3.14	3.11	3.06	3.02	3.00
15	2.43	2.39	2.33	2.29	2.25	2.21	2.18	2.15	2.12	2.10	2.08	2.07
	3.56	3.48	3.36	3.29	3.20	3.12	3.07	3.00	2.97	2.92	2.89	2.87
16	2.37	2.33	2.28	2.24	2.20	2.16	2.13	2.09	2.07	2.04	2.02	2.01
	3.45	3.37	3.25	3.18	3.10	3.01	2.96	2.89	2.86	2.80	2.77	2.75
17	2.33	2.29	2.23	2.19	2.15	2.11	2.08	2.04	2.02	1.99	1.97	1.96
	3.35	3.27	3.16	3.08	3.00	2.92	2.86	2.79	2.76	2.70	2.67	2.65
18	2.29	2.25	2.19	2.15	2.11	2.07	2.04	2.00	1.98	1.95	1.93	1.92
	3.27	3.19	3.07	3.00	2.91	2.83	2.78	2.71	2.68	2.62	2.59	2.57

分子的自由度（表头栏）

分母的自由度（左侧栏）

n_2 \ n_1	分 子 的 自 由 度											
	14	16	20	24	30	40	50	75	100	200	500	∞
19	2.26	2.21	2.15	2.11	2.07	2.02	2.00	1.96	1.94	1.91	1.90	1.88
	3.19	3.12	3.00	2.92	2.84	2.76	2.70	2.63	2.60	2.54	2.51	2.49
20	2.23	2.18	2.12	2.08	2.04	1.99	1.96	1.92	1.90	1.87	1.85	1.84
	3.13	3.05	2.94	2.86	2.77	2.69	2.63	2.56	2.53	2.47	2.44	2.42
21	2.20	2.15	2.09	2.05	2.00	1.96	1.93	1.89	1.87	1.84	1.82	1.81
	3.07	2.99	2.88	2.80	2.72	2.63	2.58	2.51	2.47	2.42	2.38	2.36
22	2.18	2.13	2.07	2.03	1.98	1.93	1.91	1.87	1.84	1.81	1.80	1.78
	3.02	2.94	2.83	2.75	2.67	2.58	2.53	2.46	2.42	2.37	2.33	2.31
23	2.14	2.10	2.04	2.00	1.96	1.91	1.88	1.84	1.82	1.79	1.77	1.76
	2.97	2.89	2.78	2.79	2.62	2.53	2.48	2.41	2.37	2.32	2.28	2.26
24	2.13	2.09	2.02	1.98	1.94	1.89	1.86	1.82	1.80	1.76	1.74	1.73
	2.93	2.85	2.74	2.66	2.58	2.49	2.44	2.36	2.33	2.27	2.23	2.21
25	2.11	2.06	2.00	1.96	1.92	1.87	1.84	1.80	1.77	1.74	1.72	1.71
	2.89	2.81	2.70	2.62	2.54	2.45	2.40	2.32	2.29	2.23	2.19	2.17
26	2.10	2.05	1.99	1.95	1.90	1.85	1.82	1.78	1.76	1.72	1.70	1.69
	2.86	2.77	2.66	2.58	2.50	2.41	2.36	2.28	2.25	2.19	2.15	2.13
27	2.08	2.03	1.97	1.93	1.88	1.84	1.80	1.76	1.74	1.71	1.68	1.67
	2.83	2.74	2.63	2.55	2.47	2.38	2.33	2.25	2.21	2.16	2.12	2.10
28	2.06	2.02	1.96	1.91	1.87	1.81	1.78	1.75	1.72	1.69	1.67	1.65
	2.80	2.71	2.60	2.52	2.44	2.35	2.30	2.22	2.18	2.13	2.09	2.06
29	2.05	2.00	1.94	1.90	1.85	1.80	1.77	1.73	1.71	1.68	1.65	1.64
	2.77	2.68	2.57	2.49	2.41	2.32	2.27	2.19	2.15	2.10	2.06	2.03
30	2.04	1.99	1.93	1.89	1.84	1.79	1.76	1.72	1.69	1.66	1.64	1.62
	2.74	2.66	2.55	2.47	2.38	2.29	2.24	2.16	2.13	2.07	2.03	2.01
32	2.02	1.97	1.91	1.86	1.82	1.76	1.74	1.69	1.67	1.64	1.61	1.59
	2.70	2.62	2.51	2.42	2.34	2.25	2.20	2.12	2.08	2.02	1.98	1.96
34	2.00	1.95	1.89	1.84	1.80	1.74	1.71	1.67	1.64	1.61	1.59	1.57
	2.66	2.58	2.47	2.38	2.30	2.21	2.15	2.08	2.04	1.98	1.94	1.91
36	1.98	1.93	1.87	1.82	1.78	1.72	1.69	1.65	1.62	1.59	1.56	1.55
	2.62	3.54	2.43	2.35	2.26	2.17	2.12	2.04	2.00	1.94	1.90	1.87
38	1.96	1.92	1.85	1.80	1.76	1.71	1.67	1.63	1.60	1.57	1.54	1.53
	2.59	2.51	2.40	2.32	2.22	2.14	2.08	2.00	1.97	1.90	1.86	1.84

(续表)

n_2 \ n_1	分子的自由度 14	16	20	24	30	40	50	75	100	200	500	∞
40	1.95	1.90	1.84	1.79	1.74	1.69	1.66	1.61	1.59	1.55	1.53	1.51
	2.56	2.49	2.37	2.29	2.20	2.11	2.05	1.97	1.94	1.88	1.84	1.81
42	1.94	1.89	1.82	1.78	1.73	1.68	1.64	1.60	1.57	1.54	1.51	1.49
	2.54	2.46	2.35	2.26	2.17	2.08	2.02	1.94	1.91	1.85	1.80	1.78
44	1.92	1.88	1.81	1.76	1.72	1.66	1.63	1.58	1.56	1.52	1.50	1.48
	2.52	2.44	2.32	2.24	2.15	2.06	2.00	1.92	1.88	1.82	1.78	1.75
46	1.91	1.87	1.80	1.75	1.71	1.65	1.62	1.57	1.54	1.51	1.48	1.46
	2.50	2.42	2.30	2.22	2.13	2.04	1.98	1.90	1.86	1.80	1.76	1.72
48	1.90	1.86	1.79	1.74	1.70	1.64	1.61	1.56	1.53	1.50	1.47	1.45
	2.48	2.40	2.28	2.20	2.11	2.02	1.96	1.88	1.84	1.78	1.73	1.70
50	1.90	1.85	1.78	1.74	1.69	1.63	1.60	1.55	1.52	1.48	1.46	1.44
	2.46	2.39	2.26	2.18	2.10	2.00	1.94	1.86	1.82	1.76	1.71	1.68
55	1.88	1.83	1.76	1.72	1.67	1.61	1.58	1.52	1.50	1.46	1.43	1.41
	2.43	2.35	2.23	2.15	2.06	1.96	1.90	1.82	1.78	1.71	1.66	1.64
60	1.86	1.81	1.75	1.70	1.65	1.59	1.56	1.50	1.48	1.44	1.41	1.39
	2.40	2.32	2.20	2.12	2.03	1.93	1.87	1.79	1.74	1.68	1.63	1.60
65	1.85	1.80	1.73	1.68	1.63	1.57	1.54	1.49	1.46	1.42	1.39	1.37
	2.37	2.30	2.18	2.09	2.00	1.90	1.84	1.76	1.71	1.64	1.60	1.56
70	1.84	1.79	1.72	1.67	1.62	1.56	1.53	1.47	1.45	1.40	1.37	1.35
	2.35	2.28	2.15	2.07	1.98	1.88	1.82	1.74	1.69	1.62	1.56	1.53
80	1.82	1.77	1.70	1.65	1.60	1.54	1.51	1.45	1.42	1.38	1.35	1.32
	2.32	2.24	2.11	2.03	1.94	1.84	1.78	1.70	1.65	1.57	1.52	1.49
100	1.79	1.75	1.68	1.63	1.57	1.51	1.48	1.42	1.39	1.34	1.30	1.28
	2.26	2.19	2.06	1.98	1.89	1.79	1.73	1.64	1.59	1.51	1.46	1.43
125	1.77	1.72	1.65	1.60	1.55	1.49	1.45	1.39	1.36	1.31	1.27	1.25
	2.23	2.15	2.03	1.94	1.85	1.75	1.68	1.59	1.54	1.46	1.40	1.37
150	1.76	1.71	1.64	1.59	1.54	1.47	1.44	1.37	1.34	1.29	1.25	1.22
	2.20	2.12	2.00	1.91	1.83	1.72	1.66	1.56	1.51	1.43	1.37	1.33
200	1.74	1.69	1.62	1.57	1.52	1.45	1.42	1.35	1.32	1.26	1.22	1.19
	2.17	2.09	1.97	1.88	1.79	1.69	1.62	1.53	1.48	1.39	1.33	1.28
400	1.72	1.67	1.60	1.54	1.49	1.42	1.38	1.32	1.28	1.22	1.16	1.13
	2.12	2.04	1.92	1.84	1.74	1.64	1.57	1.47	1.42	1.32	1.24	1.19

分母的自由度

(续表)

n_2 \ n_1		分　子　的　自　由　度											
		14	16	20	24	30	40	50	75	100	200	500	∞
分母的自由度	1 000	1.70	1.65	1.58	1.53	1.47	1.41	1.36	1.30	1.26	1.19	1.13	1.08
		2.09	2.01	1.89	1.81	1.71	1.61	1.54	1.44	1.38	1.28	1.19	1.11
	∞	1.67	1.64	1.57	1.52	1.46	1.40	1.35	1.28	1.24	1.17	1.11	1.00
		2.07	1.99	1.87	1.79	1.69	1.59	1.52	1.41	1.36	1.25	1.15	1.00

附录 3　D－W 检验的临界值表

表 3　D－W 检验上下界表

n	$k=2$		$k=3$		$k=4$		$k=5$		$k=6$	
	d_L	d_u	d_L	d_u	d_L	d_u	d_L	d_u	d_L	d_u
15	1.08	1.36	0.95	1.54	0.82	1.75	0.69	1.97	0.56	2.21
16	1.10	1.37	0.98	1.54	0.86	1.73	0.74	1.93	0.62	2.15
17	1.13	1.38	1.02	1.54	0.90	1.71	0.78	1.90	0.67	2.10
18	1.16	1.39	1.05	1.53	0.93	1.69	0.82	1.87	0.71	2.06
19	1.18	1.40	1.08	1.53	0.97	1.68	0.86	1.85	0.75	2.02
20	1.20	1.41	1.10	1.54	1.00	1.68	0.90	1.83	0.79	1.99
21	1.22	1.42	1.13	1.54	1.03	1.67	0.93	1.81	0.83	1.96
22	1.24	1.43	1.15	1.54	1.05	1.66	0.96	1.80	0.86	1.94
23	1.26	1.44	1.17	1.54	1.08	1.66	0.99	1.79	0.90	1.92
24	1.27	1.45	1.19	1.55	1.10	1.66	1.01	1.78	0.93	1.90
25	1.29	1.45	1.21	1.55	1.12	1.66	1.04	1.77	0.95	1.89
26	1.30	1.46	1.22	1.55	1.14	1.65	1.06	1.76	0.98	1.88
27	1.32	1.47	1.24	1.56	1.16	1.65	1.08	1.76	1.01	1.86
28	1.33	1.48	1.26	1.56	1.18	1.65	1.10	1.75	1.03	1.85
29	1.34	1.48	1.27	1.56	1.20	1.65	1.12	1.74	1.05	1.84
30	1.35	1.49	1.28	1.57	1.21	1.65	1.14	1.74	1.07	1.83
31	1.36	1.50	1.30	1.57	1.23	1.65	1.16	1.74	1.09	1.83
32	1.37	1.50	1.31	1.57	1.24	1.65	1.18	1.73	1.11	1.82
33	1.38	1.51	1.32	1.58	1.26	1.65	1.19	1.73	1.13	1.81
34	1.39	1.51	1.33	1.58	1.27	1.65	1.21	1.73	1.15	1.81
35	1.40	1.52	1.34	1.58	1.28	1.65	1.22	1.73	1.16	1.80

（续表）

n	k=2		k=3		k=4		k=5		k=6	
	d_L	d_u	d_L	d_u	d_L	d_u	d_L	d_u	d_L	d_u
36	1.41	1.52	1.35	1.59	1.29	1.65	1.24	1.73	1.18	1.80
37	1.42	1.53	1.26	1.59	1.31	1.66	1.25	1.72	1.19	1.80
38	1.43	1.54	1.37	1.59	1.32	1.66	1.26	1.72	1.21	1.79
39	1.43	1.54	1.38	1.60	1.33	1.66	1.27	1.72	1.22	1.79
40	1.44	1.54	1.39	1.60	1.34	1.66	1.29	1.72	1.23	1.79
45	1.48	1.57	1.43	1.62	1.38	1.67	1.34	1.72	1.29	1.78
50	1.50	1.59	1.46	1.63	1.42	1.67	1.38	1.72	1.34	1.77
55	1.53	1.60	1.49	1.64	1.45	1.68	1.41	1.72	1.38	1.77
60	1.55	1.62	1.51	1.65	1.48	1.69	1.44	1.73	1.41	1.77
65	1.57	1.63	1.54	1.66	1.50	1.70	1.47	1.73	1.44	1.77
70	1.58	1.64	1.55	1.67	1.52	1.70	1.49	1.74	1.46	1.77
75	1.60	1.65	1.57	1.68	1.54	1.71	1.51	1.74	1.49	1.77
80	1.61	1.66	1.59	1.69	1.56	1.72	1.53	1.74	1.51	1.77
85	1.62	1.67	1.60	1.70	1.57	1.72	1.55	1.75	1.52	1.77
90	1.63	1.68	1.61	1.70	1.59	1.73	1.57	1.75	1.54	1.78
95	1.64	1.69	1.62	1.71	1.60	1.73	1.58	1.75	1.56	1.78
100	1.65	1.69	1.63	1.72	1.61	1.74	1.59	1.76	1.57	1.78

1%的上下界

n	k=2		k=3		k=4		k=5		k=6	
	d_L	d_u	d_L	d_u	d_L	d_u	d_L	d_u	d_L	d_u
15	0.81	1.07	0.70	1.25	0.59	1.46	0.49	1.70	0.39	1.96
16	0.84	1.09	0.74	1.25	0.63	1.44	0.53	1.66	0.44	1.90
17	0.87	1.10	0.77	1.25	0.67	1.43	0.57	1.63	0.48	1.85
18	0.90	1.12	0.80	1.26	0.71	1.42	0.61	1.60	0.52	1.80
19	0.93	1.13	0.83	1.26	0.74	1.41	0.65	1.58	0.56	1.77
20	0.95	1.15	0.86	1.27	0.77	1.41	0.68	1.57	0.60	1.74
21	0.97	1.16	0.89	1.27	0.80	1.41	0.72	1.55	0.63	1.71
22	1.00	1.17	0.91	1.28	0.83	1.40	0.75	1.54	0.66	1.69
23	1.02	1.19	0.94	1.29	0.86	1.40	0.77	1.53	0.70	1.67

(续表)

n	$k=2$		$k=3$		$k=4$		$k=5$		$k=6$	
	d_L	d_u	d_L	d_u	d_L	d_u	d_L	d_u	d_L	d_u
24	1.04	1.20	0.96	1.30	0.88	1.41	0.80	1.53	0.72	1.66
25	1.05	1.21	0.98	1.30	0.90	1.41	0.83	1.52	0.75	1.65
26	1.07	1.22	1.00	1.31	0.93	1.41	0.85	1.52	0.78	1.64
27	1.09	1.23	1.02	1.32	0.95	1.41	0.88	1.51	0.81	1.63
28	1.10	1.24	1.04	1.32	0.97	1.41	0.90	1.51	0.83	1.62
29	1.12	1.25	1.05	1.33	0.99	1.42	0.92	1.51	0.85	1.61
30	1.13	1.26	1.07	1.34	1.01	1.42	0.94	1.51	0.88	1.61
31	1.15	1.27	1.08	1.34	1.02	1.42	0.96	1.51	0.90	1.60
32	1.16	1.28	1.10	1.35	1.04	1.43	0.98	1.51	0.92	1.60
33	1.17	1.29	1.11	1.36	1.05	1.43	1.00	1.51	0.94	1.59
34	1.18	1.30	1.13	1.36	1.07	1.43	1.01	1.51	0.95	1.59
35	1.19	1.31	1.14	1.37	1.08	1.44	1.03	1.51	0.97	1.59
36	1.21	1.32	1.15	1.38	1.10	1.44	1.04	1.51	0.99	1.59
37	1.22	1.32	1.16	1.38	1.11	1.45	1.06	1.51	1.00	1.59
38	1.23	1.33	1.18	1.39	1.12	1.45	1.07	1.52	1.02	1.58
39	1.24	1.34	1.19	1.39	1.14	1.45	1.09	1.52	1.03	1.58
40	1.25	1.34	1.20	1.40	1.15	1.46	1.10	1.52	1.05	1.58
45	1.29	1.38	1.24	1.42	1.20	1.48	1.16	1.53	1.11	1.58
50	1.32	1.40	1.28	1.45	1.24	1.49	1.20	1.54	1.16	1.59
55	1.36	1.43	1.32	1.47	1.28	1.51	1.25	1.55	1.21	1.59
60	1.38	1.45	1.35	1.48	1.32	1.52	1.28	1.56	1.25	1.60
65	1.41	1.47	1.38	1.50	1.35	1.53	1.31	1.57	1.28	1.61
70	1.43	1.49	1.40	1.52	1.37	1.55	1.34	1.58	1.31	1.61
75	1.45	1.50	1.42	1.53	1.39	1.56	1.37	1.59	1.34	1.62
80	1.47	1.52	1.44	1.54	1.42	1.57	1.39	1.60	1.36	1.62
85	1.48	1.53	1.46	1.55	1.43	1.58	1.41	1.60	1.39	1.63
90	1.50	1.54	1.47	1.56	1.45	1.59	1.43	1.61	1.41	1.64
95	1.51	1.55	1.49	1.57	1.47	1.60	1.45	1.62	1.42	1.64
100	1.52	1.56	1.50	1.58	1.48	1.60	1.46	1.63	1.44	1.65

附录 4 F_{max} 的分位数表

表 4 F_{max} 的分位点表

$\alpha = 0.05$

v \ k	2	3	4	5	6	7	8	9	10	11	12
2	39.0	87.5	142	202	266	333	403	475	550	626	704
3	15.4	27.8	39.2	50.7	62.0	72.9	83.5	93.9	104	114	124
4	9.60	15.5	20.6	25.2	29.5	33.6	37.5	41.1	44.6	48.0	51.4
5	7.15	10.8	13.7	16.3	18.7	20.8	22.9	24.7	26.5	28.2	29.9
6	5.82	8.38	10.4	12.1	13.7	15.0	16.3	17.5	18.6	19.7	20.7
7	4.99	6.94	8.44	9.70	10.8	11.8	12.7	13.5	14.3	15.1	15.8
8	4.43	6.00	7.18	8.12	9.03	9.78	10.5	11.1	11.7	12.2	12.7
9	4.03	5.34	6.31	7.11	7.80	8.41	8.95	9.45	9.91	10.3	10.7
10	3.72	4.85	5.67	6.34	6.92	7.42	7.87	8.28	8.66	9.01	9.34
12	3.28	4.16	4.79	5.30	5.72	6.09	6.42	6.72	7.00	7.25	7.48
15	2.86	3.54	4.01	4.37	4.68	4.95	5.19	5.40	5.59	5.77	5.93
20	2.46	2.95	3.29	3.54	3.76	3.94	4.10	4.24	4.37	4.49	4.59
30	2.07	2.40	2.61	2.78	2.91	3.02	3.12	3.21	3.29	3.36	3.39
60	1.67	1.85	1.96	2.04	2.11	2.17	2.22	2.26	2.30	2.33	2.36
∞	1.00	1.00	1.00	1.00	1.00	1.00	1.00	1.00	1.00	1.00	1.00

$\alpha = 0.01$

v \ k	2	3	4	5	6	7	8	9	10	11	12
2	199	448	729	1 036	1 362	1 705	2 063	2 432	2 813	3 204	3 605
3	47.5	85	123	151	481	21(6)	24(9)	28(1)	31(0)	33(7)	36(1)
4	23.2	37	49	59	69	79	89	97	106	113	120
5	14.9	22	28	33	33	42	46	50	54	57	60

（续表）

v \ k	2	3	4	5	6	7	8	9	10	11	12
6	11.1	15.5	19.1	22	25	27	30	32	34	36	37
7	8.89	12.1	14.5	16.5	18.4	20	22	23	24	26	27
8	7.50	9.9	11.7	13.2	14.5	15.8	16.9	17.9	18.9	19.8	21
9	6.54	8.5	9.9	11.1	12.1	13.1	13.9	14.7	15.3	16.0	16.6
10	5.85	7.4	8.6	9.6	10.4	11.1	11.8	12.4	12.9	13.4	13.9
12	4.91	6.1	6.9	7.6	8.2	8.7	9.1	9.5	9.9	10.2	10.6
15	4.07	4.9	5.5	6.0	6.4	6.7	7.1	7.3	7.5	7.8	8.0
20	3.32	3.8	4.3	4.6	4.9	5.1	5.3	5.5	5.6	5.8	5.9
30	2.63	3.0	3.3	3.4	3.6	3.7	3.8	3.9	4.0	4.1	4.2
60	1.96	2.2	2.3	2.4	2.4	2.5	2.5	2.6	2.6	2.7	2.7
∞	1.00	1.0	1.0	1.0	1.0	1.0	1.0	1.0	1.0	1.0	1.0

附录 5　G_{max}的分位数表

表 5　G_{max}的分位点表

$\alpha=0.05$

k \ v	1	2	3	4	5	6	7	8	9	10	16	36	144	—
2	0.998 5	0.975 0	0.939 2	0.905 7	0.877 2	0.853 4	0.833 2	0.815 9	0.801 0	0.783 0	0.734 1	0.660 2	0.581 3	0.500 0
3	0.966 9	0.870 9	0.797 7	0.745 7	0.707 1	0.677 1	0.653 0	0.633 3	0.616 7	0.602 5	0.546 6	0.474 3	0.403 1	0.333 3
4	0.906 5	0.767 9	0.684 1	0.628 7	0.589 5	0.559 8	0.536 5	0.517 5	0.501 7	0.488 4	0.456 6	0.372 0	0.309 3	0.250 0
5	0.841 2	0.683 8	0.593 1	0.544 1	0.506 5	0.478 3	0.456 4	0.438 7	0.424 1	0.411 8	0.364 5	0.306 6	0.251 3	0.200 6
6	0.700 8	0.616 1	0.533 1	0.480 3	0.444 7	0.418 4	0.398 0	0.381 7	0.358 2	0.356 8	0.313 5	0.261 2	0.311 9	0.166 7
7	0.727 1	0.561 2	0.480 0	0.480 7	0.397 4	0.372 6	0.353 5	0.338 4	0.325 9	0.315 4	0.275 6	0.227 8	0.183 3	0.142 9
8	0.679 8	0.515 7	0.437 7	0.091 0	0.359 5	0.336 2	0.318 5	0.304 3	0.292 6	0.282 9	0.226 2	0.202 2	0.161 6	0.125 0
9	0.638 5	0.477 5	0.402 7	0.358 4	0.328 6	0.306 7	0.290 1	0.276 8	0.265 9	0.256 8	0.222 6	0.182 0	0.140 6	0.111 1
10	0.602 0	0.445 0	0.373 3	0.304 1	0.302 9	0.282 3	0.266 6	0.254 1	0.243 9	0.235 3	0.203 2	0.165 5	0.130 8	0.100 0
12	0.541 0	0.392 4	0.326 4	0.288 9	0.262 4	0.243 9	0.229 9	0.218 7	0.209 8	0.202 0	0.173 7	0.140 3	0.110 0	0.083 3
15	0.470 9	0.334 6	0.275 8	0.241 9	0.219 5	0.203 4	0.191 1	0.161 5	0.173 6	0.167 1	0.142 9	0.314 4	0.088 9	0.066 7
20	0.389 4	0.270 5	0.220 5	0.192 1	0.373 5	0.160 2	0.150 1	0.142 2	0.135 7	0.130 3	0.110 8	0.087 9	0.067 5	0.050 0
24	0.343 4	0.235 4	0.190 7	0.165 6	0.149 3	0.137 4	0.128 6	1.121 6	0.116 0	0.111 3	0.094 2	0.074 3	0.056 7	0.041 7
30	0.292 9	0.198 0	0.159 3	0.137 7	0.123 7	0.113 7	0.106 1	0.100 2	0.095 8	0.092 1	0.077 1	0.060 4	0.045 7	0.033 3
40	0.237 0	0.157 6	0.125 9	0.108 2	0.096 8	0.088 7	0.082 7	0.078 0	0.074 5	0.071 3	0.059 5	0.046 2	0.034 7	0.025 0
60	0.173 7	0.113 1	0.089 5	0.076 5	0.068 2	0.062 3	0.058 3	0.055 2	0.052 0	0.049 7	0.041 1	0.031 6	0.020 4	0.016 7

（续表）

k＼v	1	2	3	4	5	6	7	8	9	10	16	36	144	—
120	0.0998	0.0632	0.0495	0.0419	0.0371	0.0337	0.0312	0.0292	0.0279	0.0266	0.0218	0.0165	0.0120	0.0083
∞	0	0	0	0	0	0	0	0	0	0	0	0	0	0

$\alpha=0.01$

k＼v	1	2	3	4	5	6	7	8	9	10	16	36	144	—
2	0.9999	0.9950	0.9794	0.9586	0.9373	0.9172	0.8988	0.8823	0.8674	0.8539	0.7949	0.7067	0.6067	0.5000
3	0.9933	0.9423	0.8831	0.8335	0.7933	0.7606	0.7335	0.7107	0.6912	0.6743	0.6059	0.5153	0.4230	0.3333
4	0.9676	0.8643	0.7814	0.7212	0.6761	0.6410	0.6129	0.5897	0.5702	0.5536	0.4884	0.4057	0.3251	0.2500
5	0.9279	0.7885	0.6957	0.6329	0.5875	0.5531	0.5259	0.5037	0.4854	0.4697	0.4094	0.3351	0.2644	0.2000
6	0.8828	0.7218	0.6258	0.5635	0.5195	0.4866	0.4608	0.4401	0.4229	0.4084	0.3529	0.2858	0.2229	0.1667
7	0.8376	0.6644	0.5685	0.5080	0.4659	0.4347	0.4105	0.3911	0.3751	0.3616	0.3105	0.2494	0.1929	0.1429
8	0.7945	0.6152	0.5209	0.4627	0.4226	0.3932	0.3704	0.3522	0.3373	0.3248	0.2779	0.2214	0.1700	0.1250
9	0.7544	0.5721	0.4810	0.4251	0.3870	0.3592	0.3378	0.3207	0.3067	0.2950	0.2514	0.1992	0.1521	0.1111
10	0.7175	0.5358	0.4469	0.3934	0.3572	0.3308	0.3106	0.2945	0.2813	0.2704	0.2297	0.1811	0.1376	0.1000
12	0.6528	0.4751	0.3919	0.3428	0.3099	0.2861	0.2680	0.2535	0.2419	0.2320	0.1961	0.1535	0.1157	0.0833
15	0.5747	0.4069	0.3317	0.2882	0.2593	0.2386	0.2228	0.2104	0.2002	0.1918	0.1612	0.1251	0.0934	0.0667
20	0.4799	0.3297	0.2654	0.2288	0.2048	0.1877	0.1748	0.1646	0.1567	0.1501	0.1248	0.0960	0.0709	0.0500
24	0.4247	0.2871	0.2295	0.1970	0.1759	0.1608	0.1495	0.1406	0.1338	0.1283	0.1060	0.0810	0.0595	0.0417
30	0.3632	0.2412	0.1913	0.1635	0.1454	0.1327	0.1232	0.1157	0.1100	0.1054	0.0867	0.0653	0.0480	0.0333
40	0.2940	0.1915	0.1508	0.1281	0.1135	0.1033	0.0957	0.0898	0.0853	0.0816	0.0668	0.0503	0.0363	0.0250
60	0.2151	0.1371	0.1069	0.0902	0.0796	0.0722	0.0668	0.0625	0.0594	0.0567	0.0461	0.0344	0.0245	0.0167
120	0.1225	0.0759	0.0585	0.0489	0.0429	0.0387	0.0357	0.0334	0.0316	0.0302	0.0242	0.0178	0.0125	0.0083
∞	0	0	0	0	0	0	0	0	0	0	0	0	0	0

附录6 正交多项式表

表6 正交多项式表

α	$N=2$	$N=3$		$N=4$			$N=5$			
	$2\psi_1$	ψ_1	$3\psi_2$	$2\psi_1$	ψ_2	$\frac{10}{3}\psi_3$	ψ_1	ψ_2	$\frac{5}{6}\psi_3$	$\frac{35}{12}\psi_4$
1	-1	-1	1	-3	1	-1	-2	2	-1	1
2	1	0	-2	-1	-1	3	-1	-1	2	-4
3		1	1	1	-1	-3	0	-2	0	6
4				3	1	1	1	-1	-2	-4
5							2	3	1	1
6										
S_j	2	2	6	20	4	20	10	14	10	70

α	$N=6$					$N=7$				
	$2\psi_1$	$\frac{3}{2}\psi_2$	$\frac{5}{3}\psi_3$	$\frac{7}{12}\psi_4$	$\frac{21}{10}\psi_5$	ψ_1	ψ_2	$\frac{1}{6}\psi_3$	$\frac{7}{12}\psi_4$	$\frac{7}{20}\psi_5$
1	-5	5	-5	1	-1	-3	0	-1	2	-1
2	-3	-1	7	-3	5	-2	5	1	-7	4
3	-1	-4	4	2	-10	-1	-3	1	1	-5
4	1	-4	-4	2	10	0	-4	0	6	0
5	2	-1	-7	-3	-5	1	-3	-1	1	5
6	5	5	5	1	1	2	0	-1	-7	4
7						3	5	1	1	1
8										
9										
S_j	70	84	180	28	252	28	84	6	154	84

（续表）

α	$N=8$					$N=9$				
	$2\psi_1$	ψ_2	$\dfrac{2}{3}\psi_3$	$\dfrac{7}{12}\psi_4$	$\dfrac{7}{10}\psi_5$	ψ_1	$3\psi_2$	$\dfrac{5}{6}\psi_3$	$\dfrac{7}{12}\psi_4$	$\dfrac{3}{20}\psi_5$
1	-7	7	-7	7	-7	-4	28	-14	14	-4
2	-5	1	5	-13	23	-3	7	7	-21	11
3	-3	-3	7	-3	-17	-2	-8	13	-11	-4
4	-1	-3	3	9	-15	-1	-17	9	9	-9
5	1	-5	-3	9	15	0	-20	0	18	0
6	3	-3	-7	-3	17	1	-17	-9	9	9
7	5	7	-5	-13	-23	2	-8	-13	-11	4
8	7	1	7	7	7	3	7	-7	-21	-11
9						4	23	14	14	4
S_j	162	163	264	616	2 184	60	2 772	990	2 002	468

α	$N=18$					$N=19$				
	$2\psi_1$	$\dfrac{3}{2}\psi_2$	$\dfrac{1}{3}\psi_3$	$\dfrac{1}{12}\psi_4$	$\dfrac{3}{10}\psi_5$	ψ_1	ψ_2	$\dfrac{5}{6}\psi_3$	$\dfrac{7}{12}\psi_4$	$\dfrac{1}{40}\psi_5$
1	-17	68	-68	68	-884	-9	51	-204	612	-102
2	-15	44	-20	12	676	-8	34	-68	-68	68
3	-13	23	13	-47	871	-7	19	28	-338	98
4	-11	5	33	-51	429	-6	6	89	-453	58
5	-9	-10	42	-36	-156	-5	-5	120	-354	-3
6	-7	-22	42	-12	-588	-4	-14	126	-168	-54
7	-5	-31	35	13	-733	-3	-21	112	42	-79
8	-3	-37	23	33	-583	-2	-26	83	227	-74
9	-1	-40	8	44	-220	-1	-29	44	352	-44
10						0	-30	0	396	0
S_j	1 938	23 256	23 256	28 424	6 953 544	570	13 566	213 180	2 238 132	89 148

α	$N=20$				
	$2\psi_1$	ψ_2	$\dfrac{10}{3}\psi_3$	$\dfrac{35}{24}\psi_4$	$\dfrac{7}{20}\psi_5$
1	-19	57	-969	1 938	$-1\,938$
2	-17	39	-357	-102	1 122
3	-15	23	85	$-1\,122$	1 802
4	-13	9	377	$-1\,402$	1 222
5	-11	-3	539	$-1\,187$	187
6	-9	-13	591	-687	-771
7	-7	-21	553	-77	$-1\,351$
8	-5	-27	445	503	$-1\,441$
9	-3	-31	287	948	$-1\,076$
10	-1	-33	99	1 188	-396
S_j	2 660	17 556	4 903 140	22 881 320	31 201 800

参考文献

［1］ Daniel T. Larose.刘燕权,胡赛全,冯新平,姜恺,译.数据挖掘方法与模型[M].高等教育出版社,2011.

［2］ David J. Olive. Linear Regression[M]. Springer-Verlag, 2017.

［3］ Hoerl, A. E. and Kennard, R. W.. Ridge Regression: Biased Estimation for Nonorthogonal Problem[J]. Technometrics. 1970, 12, 69－82.

［4］ Kleinbaum, D. G., Kupper, L., Muller, K. E. and Nizam, A.. Applied Regression and Other Multivariable Methods, Third Edition[M]. Duxbury Press, Pacific Grove, 1998.

［5］ Ludwig Fahrmeir, Thomas Kneib, Thomas Kneib, Stefan Lang, Brian Marx. Regression: Models, Methods and Applications[M]. Springer-Verlag, 2013.

［6］ Nelder, J. A. and Wedderburn, R. W. M.. Generalized Linear Models[J]. J. Roy Statist. Soc. Ser. A.,1972, 135, 370－384.

［7］ Samprit Chatterrjee, Ali S. Hadi and Bertram Price.郑明等,译.例解回归分析(第三版)[M].中国统计出版社,2004.

［8］ Samprit Chatterrjee, Ali S. Hadi and Bertram Price.郑忠国,许静,译.例解回归分析(第五版)[M].机械工业出版社,2013.

［9］ S. Weisberg.王静龙,梁小筠,李宝慧,译.应用线性回归(第二版)[M].中国统计出版社,1998.

［10］ Sen, A. K.. Regression Analysis: Theory, Methods and Applications[M]. Springer-Verlag, 1990.

［11］ William D. Berry.余姗姗,译.理解回归假设[M].格致出版社,2012.

［12］ 陈希孺,王松桂.近代回归分析——原理、方法及应用[M].安徽教育出版社,1986.

［13］ 何晓群.回归分析与经济数据建模[M].中国人民大学出版社,1997.

［14］ 何晓群.应用回归分析[M].中国人民大学出版社,2011.

［15］ 李子奈.计量经济学[M].高等教育出版社,2010.

［16］ 马立平.回归分析[M].机械工业出版社,2014.

［17］ 茆诗松,王静龙等.统计手册[M].科学出版社,2003.

［18］ 施锡铨,范正绮.数据分析方法[M].上海财经大学出版社,1997.

［19］ 童恒庆.经济回归模型及计算[M].湖北科学技术出版社,1997.

［20］ 王汉生.商务数据分析与应用[M].中国人民大学出版社,2011.

[21] 王汉生.数据思维——从数据分析到商业价值[M].中国人民大学出版社,2017.

[22] 王静龙,梁小筠,王黎明.数据、模型与决策[M].复旦大学出版社,2012.

[23] 王黎明,张日权,景英川.应用回归分析[M].中国海洋大学出版社,2005.

[24] 王黎明,陈颖,杨楠.应用回归分析[M].复旦大学出版社,2008.

[25] 王黎明,陈颖,杨楠.应用回归分析(第二版)[M].复旦大学出版社,2018.

[26] 王松桂.线性模型的理论及其应用[M].安徽教育出版社,1986.

[27] 韦博成,鲁国斌,史建清.统计诊断引论[M].东南大学出版社,1991.

[28] 吴晓刚.线性回归分析基础[M].格致出版社,2011.

[29] 吴晓刚.高级回归分析[M].格致出版社,2011.

[30] 杨楠.商务统计学[M].上海财经大学出版社,2011.

[31] 易丹辉.统计预测——方法与应用[M].中国统计出版社,2001.

[32] 张尧庭等.定性资料的统计分析[M].广西师范大学出版社,1991.

[33] 周纪芗.回归分析[M].华东师范大学出版社,1993.